Tim Vollert

Mit Physik auf der Suche nach dem Sinn des Lebens

Die Illustration auf dem Cover zeigt eine freie Interpretation eines schwarzen Loches anhand einer Textstelle im Buch, die auf S. 279 nachzulesen ist.

Tim Vollert hat sich der Wissenskommunikation verschrieben: Auf TikTok, YouTube und in seinem erfolgreichen Podcast »Raum & Zeit« spricht er über Physik, den Kosmos und den Sinn des Lebens – ohne hohe Einstiegshürden. Er studiert Physik und Biologie an der Georg-August-Universität Göttingen.

TIM VOLLERT

Mit PHYSIK AUF DER SUCHE NACH DEM SINN *des* LEBENS

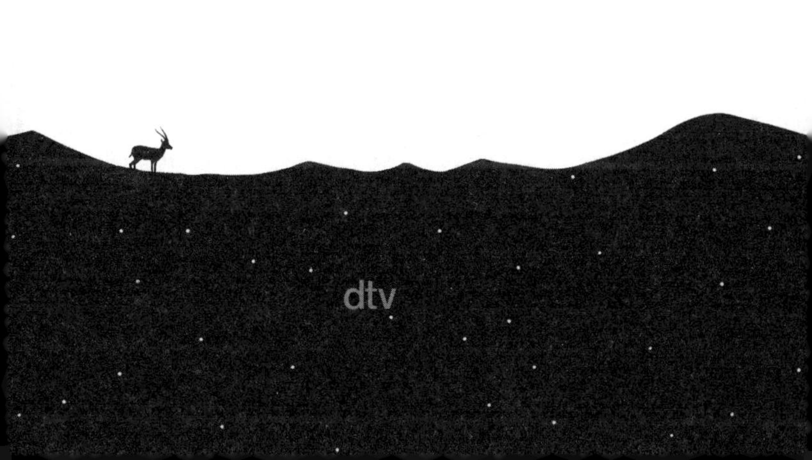

Originalausgabe 2025
9. Auflage 2026

Tumblingerstraße 21, 80337 München
produktsicherheit@dtv.de
Umschlaggestaltung: SERIFA, Christian Otto
Umschlagmotive: Serhii Mudrevskyi / istockphoto.com; RamCreativ / istockphoto.com; ViJul / shutterstock.com; korkeng / shutterstock.com
Redaktion: Fabian Bergmann
Illustrationen: Pooya Dolati Fard
Satz: Fotosatz Amann, Memmingen
Gesetzt aus der Minion Pro
Druck und Bindung: Druckerei C.H.Beck, Nördlingen
Printed in Germany · ISBN 978-3-423-35247-5

INHALT

EINLEITUNG	**9**
PHYSIKGESCHICHTE I	
Die Relativität der Zeit	**15**
VOM ANFANG BIS HEUTE	
Primordiales Universum	**26**
Der Moment Null	26
Die Planck-Ära	30
Die GUT-Ära	33
Die elektroschwache Ära	37
Die Quark-Ära	41
Die Hadronen-Ära	42
Die Leptonen-Ära	42
Die Photonen-Ära	44
VOM ANFANG BIS HEUTE	
Die Sternenreiche Ära	**51**
Das Zeitalter der Dunkelheit	51
Dunkle Materie	54
Geburt der Sterne	58
Supermassive schwarze Löcher	65
Geburt der Milchstraße	77
Der Virgo Infall	82
VOM ANFANG BIS HEUTE	
Entstehung des Lebens	**88**
Gibt es außerirdisches Leben?	88
Extremophile Lebensformen	91
Die Evolution	98

Die Suche nach außerirdischem Leben 104
Höhere Zivilisationen 107
Die habitable Epoche 110
Die Kardaschow-Skala 120

VOM ANFANG BIS HEUTE
Riesen, Zwerge, Reisende **130**
Das Sonnensystem 130
Der Mars 139
Die Panspermie 144

DIE GESCHICHTE UNSERER ERDE
Erde und Menschheit **150**
Die Erde im Hadaikum 150
Die chemische Revolution 157
LUCA 164
Das Kambrium 171
Die Wiege der Menschheit 177
Die Steinzeit 179
Der Homo sapiens 187

PHYSIKGESCHICHTE II
Die Quantisierung der Welt **200**
Die Quantenmechanik 209
Das Doppelspaltexperiment mit Elektronen 211

VON DER GEGENWART BIS ZUM ENDE
Der Mensch **219**
Die Zukunft 219
Das Doomsday-Argument 226
Aussterben der Menschheit 232
Ein Pfad Richtung Aussterben 239
Die Superintelligenz 247

Der goldene Pfad 252
Die ferne Zukunft 259
Was ist Zeit? 270
Der Zeitpunkt 272
Die B-Theorie der Zeit 277

VON DER GEGENWART BIS ZUM ENDE
Der Kältetod **281**
Die Sternenreiche Ära (heute bis 10^{14} Jahre) 281
Die Ära der Degeneration (10^{14} bis 10^{100} Jahre) 289
Die Ära der Dunkelheit (10^{100} Jahre bis zum Ende) 294

DER SINN DES LEBENS
Über Fragen und Antworten **299**
Dreifaltigkeit 303
Der simple Sinn *303*
Der komplexe Sinn *306*
Der schöne Sinn *312*

Dank 316
Literatur 317

Zeit ist das Voranschreiten von Entropie. Das bedeutet, Zeit erzeugt keine Veränderung. Veränderung erzeugt Zeit. Solange sich im Universum noch etwas verändern kann, steht die Zeit nicht still. Solange die Zeit nicht stillsteht, ist unsere Entwicklung nicht vorbei. Sie sind nicht Ihres eigenen Glückes Schmied, sondern durch ein Schicksal dazu gefesselt, ein Funken auf dem Amboss zu sein, der unsere Spezies formt.

Wenn ich an einem Strand bin, kann ich mich zum Rauschen der Wellen verlieren. Ich presse meinen Kopf an den Boden und denke an Sand.

Die Existenz von Sand ist ein Beweis für Millionen Jahre an Veränderung: große Berge, deren Spitzen durch Erosion abgetragen wurden. Quarzsteine, die Tausende Kilometer von Ozeanen entfernt ihre Reise begannen und durch Flüsse transportiert wurden. Felsen, die zu Steinen, und Steine, die zu Kieseln wurden. Einige Sandstrände bestehen aber auch aus zerriebenen Algen und Muscheln, also einst lebenden Organismen, welche nach ihrem Tod zerrieben wurden. Wenn sich eine Muschel im Sand eingräbt, versinkt sie in den Überresten ihrer unzähligen Vorfahren – Lebensformen, zersetzt durch die gleichen Kräfte der Natur, die ihnen ihr Leben ermöglicht hatten.

Südlich des europäischen Kontinents finden wir die größte Ansammlung von Sand. In der Sahara gibt es nach groben Berechnungen ungefähr 80×10^{19} Sandkörner. (Warum man sich dazu berufen gefühlt hat, diese Zahl zu ermitteln, erschließt sich mir allerdings nicht.) Auf ihren riesigen Dünen kann man bei leichtem Wind Sandschleier über die Oberfläche wehen sehen. Jedes dieser wandernden Körner besteht aus ungefähr 100×10^{19} Atomen. Das einzelne Sandkorn besteht also aus mehr Atomen, als es Sandkörner in der größten Trockenwüste der Welt gibt.

Doch selbst eine so große Zahl wie 100×10^{19} Atome an einem Ort mit 80×10^{19} Objekten erblasst im Vergleich zu der Anzahl der Sterne über uns. Im bekannten Universum, das einen Mindestdurchmesser von 93,3 Milliarden Lichtjahren hat, gibt es mindestens 10^{22} Sterne. Und das Wort »mindestens« kann hier nicht genug betont werden. Jeder dieser Sterne, ein paar extreme Kandidaten ausgenommen, ist millionenfach größer als die Erde, doch auch sie sind Zwerge im leeren Raum, welcher nahezu 100 Prozent des Universums ausmacht. Eine genaue Zahl kann ich hier nicht nennen, denn das Vakuum des Weltalls wächst die ganze Zeit. Mit jeder Sekunde wird sein Volumen größer, und zwar schneller als die Lichtgeschwindigkeit, die bei diesen Größenordnungen nur noch schneckenhaft wirkt.

Der Größenunterschied zwischen Ihnen, liebe Leserinnen und Leser, und einem Stern ist gigantisch, wirkt auf dieser kosmischen Skala aber nahezu irrelevant. Und auch der Unterschied zwischen einem Jahrhundert und 10 Milliarden Jahren an Lebenszeit ist kaum noch erkennbar, wenn man beide Zahlen in Relation zu den Ewigkeiten setzt, die unser Universum noch existieren wird. Würde man in einer Septillion Jahren an Sie und mich zurückdenken, wären wir alle kurze Geschehnisse direkt nach dem Urknall. Und wie die Muscheln im Sand schon lange in unsere Einzelteile zerlegt.

Nichts im Universum kann für immer bestehen bleiben. Auch der Sand der Sahara wird nicht ewig bleiben. In 15 000 Jahren wird die Wüste wieder grün werden. Durch den Klimawandel und eine Veränderung der Rotationsachse der Sonne wird die Feuchtigkeit des afrikanischen Monsuns die Region zu neuem Leben erwecken. Wie wir im Verlauf dieses Buches noch lernen werden, wird es den Mensch bis dahin aber höchstwahrscheinlich nicht mehr geben. Vorausgesetzt, dass er nichts ändert.

Diverse Ökosysteme kann es aber auch nach dem Menschen noch geben. Als die Sahara das letzte Mal grün war, lebten dort Jäger und Sammler, frühe menschliche Kulturen. Und Tiere wie die Gazelle. Doch während der Mensch über die Jahrtausende Entwicklungen erlebte, die sich die Jäger und Sammler niemals hätten vorstellen können, wird die Gazelle sich in 15 000 Jahren dort genauso zu Hause fühlen wie die Gazelle vor 11 000 Jahren. So als wenn dazwischen nie etwas gewesen wäre.

Die Gazelle wird niemals verstehen, dass sie sich gerade ganz am Anfang einer gewaltigen Entwicklung befindet. Der Entwicklung von absolut allem. Dass die Realität, wie wir sie kennen mit ihren 13,8 Milliarden Jahren seit dem Urknall, für uns zwar unfassbar alt ist, auf kosmischen Skalen jedoch gerade erst begonnen hat – und noch 10^{3000} Jahre lang andauern wird. Dass die kleinen weißlichen Punkte am Nachthimmel gewaltige Sterne sind, die millionenfach größer als unsere Erde sind, und dass sie selbst auch mal ein Teil eines solchen Sterns war. Die Gazelle wird niemals verstehen, was für ein Wunder es ist, dass aus einer Singularität heraus ein solch komplexes, ästhetisches System entstanden ist, welches in seinem Design so präzise ist, dass die gleichen Kräfte, die gewaltige schwarze Löcher zulassen, es ermöglichen, dass sie auf einer von schier unendlicher Dunkelheit umgebenen blauen Murmel in einer grün gewordenen Sahara steht und beim Knacken von Geäst dank ihres ausgeprägten Bewusstseins ein Gefühl wie Angst verspürt.

Aber Sie, liebe Leserinnen und Leser, sind keine Gazelle. Ihr Gehirn ist das komplexeste Objekt im bekannten Universum, Ihr Lernvermögen allen Arten überlegen. Und wenn wir heute richtig handeln, dann wird der Nachfolger des Homo sapiens eines Tages auf seine Entwicklungsgeschichte zurückblicken, und der Abstand zwischen den Jägern und Sammlern vor 11 000 Jahren und uns wird für ihn wie derselbe Moment am Start eines langen Weges zum Höhepunkt unserer Zivilisation wirken. Zwei weitere Exemplare der Menschheit, beide noch im Brutkasten der Erde. Aber eines von ihnen mit dem Wissen und der Weitsicht, um die Entwicklung unserer Spezies lange über seine eigene Lebenszeit hinaus zu definieren.

Für einen kurzen Moment, nur einige Jahrzehnte, sind Sie da. Ihre organischen Moleküle stehen perfekt zusammen dank eines Designs, welches auf Jahrmilliarden an Evolution und natürlicher Auslese zurückblicken kann. Fast 14 Milliarden Jahre lang haben Ihre Partikel sich in diese Richtung entwickelt. Aus Physik wurde Chemie, aus Chemie Biologie, aus Atomen der Mensch. Und wenn Sie nicht mehr da sind, werden Ihre Partikel dennoch bis zum Ende des Kosmos fortbestehen. Aber nur jetzt haben Sie die kollektive Intelligenz, um nach oben zu blicken und die großen Fragen zu stellen.

Was bin ich? Warum bin ich jetzt gerade hier? Was ist dieses Hier? Bin ich in der Lage, die Realität komplett wahrzunehmen? Warum haben die Naturgesetze des Universums neben Galaxien und schwarzen Löchern für einen Augenblick ein Bewusstsein wie meines erschaffen? Warum gibt es etwas?

Was ist mein Sinn des Lebens? Nein, was ist mein Sinn im Kosmos?

100 Milliarden Menschen Ihrer Bauart kamen vor Ihnen, Billionen könnten Ihnen folgen. Lassen Sie uns einen großen

Plan für sie entwickeln. Solange Ihre Partikel zusammenhalten, solange Sie atmen und denken können, ist es Ihre Pflicht, die Zukunft unserer Spezies mitzulenken. Es musste zuvor zu viel passieren, damit Sie hier sein können, um jetzt Zeit zu verschwenden.

Das perfekte Design. Atom für Atom, Stern für Stern, Sandkorn für Sandkorn. Die Naturkräfte perfekt kalibriert, damit Ihre Existenz möglich ist.

Wenn ich an einem Strand bin, kann ich mich zum Rauschen der Wellen verlieren. Ich presse meinen Kopf an den Boden und denke an Sand. Jedes einzelne Sandkorn ein Stern. Der Strand als Reflektion unseres Kosmos.

PHYSIKGESCHICHTE I
Die Relativität der Zeit

Wo soll man anfangen, wenn man die Tiefen unseres Kosmos und die Fragen ihrer Existenz ergründen will? Am besten wohl am Anfang. Aber nicht am Anfang des Universums, sondern am Anfang der modernen Physik. Ich möchte mit Ihnen in diesem Buch eine Reise durch unseren Kosmos von seinem Anfang bis zu seinem Ende durchführen.

Wir können dies aber nicht tun, ohne nicht zumindest das Fundament der Physik vorwegzunehmen, durch welche unser Weltall und auch Sie existieren können. Wenn ich gleich beim Urknall von der Ausbreitung der *Raumzeit* sprechen werde, setze ich schließlich voraus, dass Sie genau wissen, was ich damit meine.

Die moderne Welt der Physik lässt sich unterteilen in Albert Einsteins *Relativitätstheorie*, welche sich auf alle ganz großen und schnellen Geschehnisse unseres Universums anwenden lässt, und in die Quantenphysik, welche alle Prozesse des subatomar Kleinen, also alles in der Welt der Teilchen, erklärt. Für die physikalischen Prozesse unseres Alltags braucht es beide aber nicht unbedingt. Hier genügt die klassische Mechanik, die ursprünglich die gesamte Welt der Physik ausmachte, bevor zu Beginn des 20. Jahrhunderts alles aus den Fugen geriet. Drehen wir die Uhren also zurück und begeben uns ans Ende des 19. Jahrhunderts.

Im Jahr 1874 fing ein junger Deutscher namens Max Planck in München unter dem Physikprofessor Philipp von Jolly zu studieren an. Zusammen mit der Mathematik durchlief die Physik im 19. Jahrhundert eine Reihe großer Entwicklungen. 1808, also noch während der Napoleonischen Kriege, wurde zum Beispiel von dem englischen Physiker und Chemiker John Dalton das Atom entdeckt. Seine Annahme, dass es sich hierbei um unteilbare, kugelförmige Objekte handele, ist zwar falsch, aber nur selten liegen Theorien anfangs komplett richtig. Zur Zeit von Planck war die Atomphysik dann bereits in der Lage, mithilfe der sogenannten Spektralanalyse zu beweisen, dass die Sterne am Sternenhimmel auch aus unseren Elementen bestehen.

Bevor er aber an der Universität begann, erkundigte sich der 16-jährige Planck bei von Jolly nach dem Physikstudium. Dieser soll ihm davon abgeraten haben. Alle großen Entdeckungen der Physik seien bereits gemacht, und von kleineren ungelösten Fragen abgesehen, könnten jetzt nur noch feinere Messungen durchgeführt werden. Dies sei jedoch nur eine Aufgabe für »Geister zweiter Ordnung«. 44 Jahre später bekam Planck den Nobelpreis für Physik, weil er das Planck'sche Wirkungsquantum entdeckt hatte, was ihn zum Begründer der Quantentheorie machte. Von der Quantenphysik wollen wir uns aber erst später verwirren lassen. Planck wird uns allerdings auch bis dahin noch einige Male begegnen.

Bis heute wird darüber debattiert, wie verbreitet die Einstellung von Jollys unter Physikern war. Der Einzige, der so dachte, war er auf jeden Fall nicht. Niemand würde es heute wagen zu sagen, die Physik sei bald fertig erforscht. Und auch in der damaligen Zeit gab es mehr als genug ungelöste Probleme. Ein Indiz dafür, dass viele Physiker wie von Jolly gedacht haben, ist jedoch, dass der Berufsstand des Physikers die Nase bis heute gern ziemlich hoch trägt.

Aber der Gedanke, dass die Physik bald durchdrungen sei, kam nicht von irgendwoher. Von Jolly konnte damals nicht ahnen, dass die Welt der Wissenschaft kurz vor einem gewaltigen Umbruch stand, welcher jahrhundertealte Konzepte aushebeln würde. Für unseren Einstieg in die Welt der Physik starten wir am Ende des 19. Jahrhunderts, da diese Epoche heute als Ende der klassischen Physik gilt. Bis in diese Zeit war die Grundlage der Physik die *Newton'sche Mechanik*.

Obgleich Isaac Newton auch heute noch als genialer Mensch gilt, verdient er dennoch so viel mehr Anerkennung. Praktisch im Alleingang entwickelte er die erste Naturwissenschaft der Welt. Er erklärte, wie Körper sich im Bewegungszustand und in Ruhelage verhalten, und formulierte damit die Grundgesetze der Bewegung. Im Zentrum dessen steht insbesondere eine physikalische Größe. Die *Kraft*. Auch wenn wir sie nicht direkt beobachten können, wirken Kräfte auf alle Dinge und erzeugen Auswirkungen, die wir dann wahrnehmen können. Zum Beispiel, als Newton beobachtete, wie ein Apfel von einem Baum fiel, und daraufhin das *Gravitationsgesetz* aufstellte, welches besagt, dass alle Massen eine Anziehungskraft auf andere Massen ausüben. Damit wurden unter anderem mathematische Grundlagen für die *Bewegung von Planeten* geliefert, welche vorher von Johannes Kepler ab Ende des 16. Jahrhunderts beobachtet wurden.

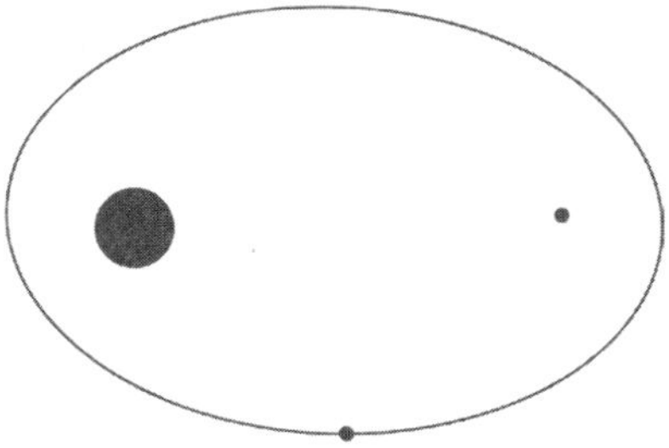

Laut Kepler bewegten sich Planeten nicht in Kreisbahnen um die Sonne, sondern in Ellipsen. Bei diesen befindet sich die Sonne nicht in der Mitte, sondern in einem von zwei Brennpunkten, also quasi links oder rechts von der Mitte. Und weil dies so auch richtig ist, finden wir genau hier eines der großen ungelösten Probleme der Physik am Ende des 19. Jahrhunderts.

Wenn sich Planeten in einer Ellipsenbahn um die Sonne bewegen, so bedeutet dies, dass es einen Punkt gibt, das sogenannte Perihel, an dem die Planeten der Sonne jeweils am nächsten sind. Durch verschiedene Effekte im Sonnensystem befindet sich dieser Punkt aber nicht immer am gleichen Ort, sondern bewegt sich. Diese Veränderung kann mit der Newton'schen Mechanik genau vorausberechnet und dann von Astronomen beobachtet werden. Außer beim Planeten Merkur, welcher der Sonne am nächsten ist – hier wurde in den 1850er-Jahren eine Abweichung von 0,43 Bogensekunden gemessen. Eine Bogensekunde ist ein 3600stel eines Grades in einem Winkel. Simpel formuliert, reden wir hier also von einer winzigen Abweichung. Aber wenn die Newton'sche Mechanik den Kosmos perfekt erklären sollte, durfte es auch diese nicht geben. Als Erklärung dafür wurde unter anderem ein neuer Planet namens Vulkan erdacht, welcher in derselben Umlaufbahn wie der Merkur liegen könnte. Als er sich aber nicht zeigte, wurde die Idee wieder verworfen.

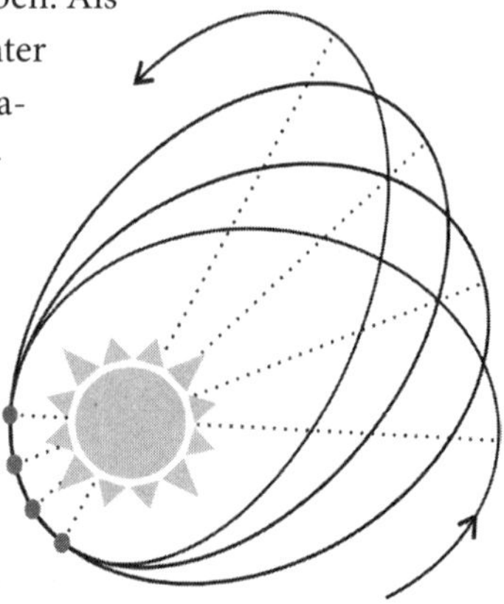

Neben der Newtonschen Mechanik als Grundlage gewann die *Elektrodynamik* im 19. Jahrhundert an Bedeutung und wurde ebenfalls zu einem Problemkind der Physik. Elektrizität und Magnetismus lassen sich nämlich nicht wirklich der Newton'schen Mechanik unterordnen, die ja weiterhin das Fundament von allem sein sollte. Daher wurde die Elektrodynamik ebenfalls zu einer der Grundsäulen der Physik und die sogenannten *Maxwell-Gleichungen* zur Basis, auf der sich Berechnungen zu elektromagnetischen Wellen und Feldern aufstellen lassen. Dadurch war jetzt endlich auch Licht als Welle zu erklären. Denn laut Newton müsste Licht aus Teilchen, den sogenannten Korpuskeln, bestehen, was aber verschiedene Beobachtungen wie das Doppelspaltexperiment des Engländers Thomas Young nicht ganz erklären konnte. Und genau hier begann das Problem, welches das Ende der klassischen Physik einläuten würde: Worin breitet sich eine Lichtwelle aus?

Im Weltall kann man keine Geräusche hören, denn Schallwellen brauchen Luft, um sich zu verbreiten. Worin breitet sich also das Licht der Sterne aus? Laut Physikern der damaligen Zeit im Äther. Dieser sollte ein Medium sein, welches sich durch das gesamte Universum zieht. Quasi eine Materie wie die Luft, die wir atmen, aber eben nicht nur innerhalb der Erdatmosphäre, sondern im ganzen Kosmos verteilt. Und natürlich von uns nicht wahrnehmbar.

Bereits 1848 schaffte es der Franzose Armand Fizeau, die Geschwindigkeit von Licht zu messen. Dementsprechend war es 1881 auch möglich, Abweichungen in der Lichtgeschwindigkeit festzustellen. Wenn die Erde sich die ganze Zeit um die Sonne dreht und das Licht durch den Äther reist, dann sollte man dadurch eine Veränderung der Lichtgeschwindigkeit messen können. Physiker stellten sich den Äther wie einen Ozean vor, in welchem Licht quasi mit der oder gegen die Strömung fließen kann. Dieser Ozean, so ihre Vermutung, ziehe sich durch das gesamte Universum und habe überall die gleiche Strömungsrichtung. Diesen Effekt bezeichneten sie als *Ätherwind*.

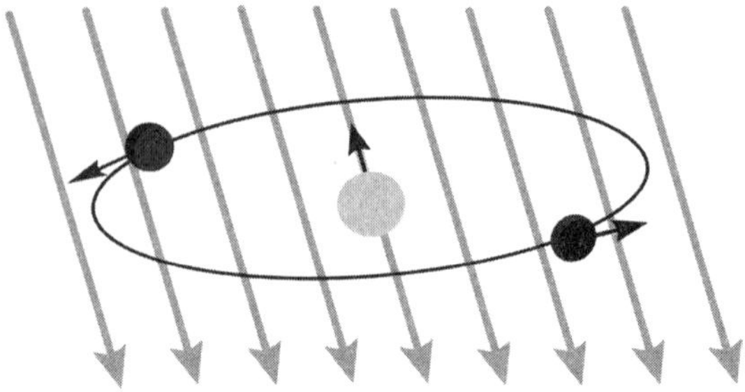

Dementsprechend sollte Licht entgegen der Richtung des Ätherwindes bei Messungen also langsamer sein. Das Michelson-Morley-Experiment sollte genau dies beweisen, scheiterte jedoch. Auch weitere Experimente konnten keinen Äther nachweisen. Die ständige Bewegung der Erde schien keinen Einfluss auf die Geschwindigkeit zu haben, mit der Licht bei ihr ankommt. Einen Äther schien es auch nicht zu geben. Eine Erkenntnis, die in der klassischen Mechanik pseudowissenschaftlich wirkt. Man stelle sich zwei Züge vor, die sich auf einem Gleis mit einer Geschwindigkeit von 50 Kilometern pro Stunde aufeinander zubewegen. Ihre Relativgeschwindigkeit zueinander, welche die Zuginsassen wahrnehmen, ist dann 100 Kilometer pro Stunde. Wenn sich aber zwei Lichtstrahlen aufeinander zubewegen, ist ihre Relativgeschwindigkeit nicht das Doppelte der Lichtgeschwindigkeit, sondern immer noch einfach die normale Lichtgeschwindigkeit. Auch wenn die Lichtphotonen ihre Geschwindigkeit so oder so nicht wahrnehmen können.

Und eben genau dieses Problem wurde erst 1905 von einem in der schwäbischen Provinz geborenen Mitarbeiter im Patentamt von Bern gelöst, als dieser die *spezielle Relativitätstheorie* aufstellte. Albert Einsteins neues Konzept zur Erklärung unserer Welt war genauso sehr eine Ergänzung zur bestehenden Ordnung der Physik, wie eine Handgranate eine Ergänzung zur bestehenden Ordnung Ihrer Schlafzimmereinrichtung wäre.

Als Grundlage für seine Theorie nutzte Albert Einstein das *Relativitätsprinzip*, welches Galileo Galilei 1632 aufgestellt hatte. Dieses besagt, dass die Gesetze der klassischen Mechanik genauso sehr in einem Inertialsystem gelten wie in jedem anderen. Wenn ich in einem fahrenden Zug als Inertialsystem stehe und einen Ball fallen lasse, dann verhält sich dieser nicht anders, als wenn ich neben den Gleisen stehe und einen Ball fallen lasse. Deswegen fallen Sie auch nicht nach hinten, wenn Sie in einem fahrenden Zug springen, denn Sie springen relativ zum Zug. In Albert Einsteins spezieller Relativitätstheorie bedeutet dies jetzt, dass die Lichtgeschwindigkeit immer konstant gleich schnell ist, egal ob man sie im Weltall wahrnimmt oder auf der sich bewegenden Erde. Sie können hier also Ihren Sprung im Zug mit der Lichtgeschwindigkeit vergleichen.

Um dies mathematisch-physikalisch zu erklären, veränderte Albert Einstein unser Verständnis der Realität. Unser Universum ist kein absolut konstanter Raum als Bühne aller Dinge mit der Zeit als Begleitung, die alles in Bewegung setzt. Stattdessen sind Raum und Zeit auch relativ, werden von uns aber immer gleich wahrgenommen, auch wenn sie an verschiedenen Orten unterschiedlich sind. Dazu kommt, dass wir im Universum nicht Raum und Zeit haben, sondern eine Raumzeit. Wenn der Raum gekrümmt wird, wird auch immer die Zeit gekrümmt. Und gekrümmt werden können beide. Wobei die Krümmung der Zeit noch nicht in der speziellen Relativitätstheorie, sondern später auftauchte. Die spezielle Relativitätstheorie ist nichts, was im Alltag wahrnehmbar ist. Erst bei 10 Prozent der Lichtgeschwindigkeit begibt man sich in den Bereich der Relativität. Dann werden die Unterschiede zwischen Ihrem System, zum Beispiel wieder der fahrende Zug, diesmal mit 99 Prozent der Lichtgeschwindigkeit, und meinem System, in diesem Fall der Bahnhof, erst richtig ersichtlich. Schließlich nehmen wir beide die Gesetze der Physik innerhalb unserer Orte immer noch gleich wahr, obwohl es gewaltige Unterschiede zwischen unseren Zuständen gibt. Dies erzeugt spannende Wunder wie die *Zeitdilatation*.

Je schneller Sie sich in Ihrem Zug bewegen, umso langsamer vergeht Ihre Zeit relativ zu mir. Würden Sie mit Ihrem Lichtgeschwindigkeitszug zur 2,5 Millionen Lichtjahre entfernten Andromedagalaxie reisen, würde dies aus meiner Erdperspektive ungefähr 2,5 Millionen Jahre dauern, aus Ihrer eigenen Perspektive aber nur etwas mehr als 12 Jahre. Dementsprechend würden Sie in dem Zeitraum auch nur ein Dutzend Jahre altern, während ich bei Ihrer Ankunft schon lange tot wäre. Auch wenn wir von Lichtgeschwindigkeitszügen noch weit entfernt sind, können wir diesen Effekt schon heute beobachten. Ein Astronaut, welcher sich ein Jahr lang auf der Internationalen Raumstation ISS befände und währenddessen alle 90 Minuten eine Planetenumdrehung schaffte, würde bei seiner Rückkehr im Vergleich zu einem Menschen auf der Erde um 0,014 Sekunden weniger gealtert sein. Bei genauerer Betrachtung dieser Zahl können wir den Effekt also vielleicht doch noch nicht beobachten.

Wenn unser Relativitätszug mit seiner Zeitdilatation an uns vorbeifährt, sorgt der Unterschied der Inertialsysteme dafür, dass der Zug kürzer wirkt. Durch die sogenannte Längenkontraktion würde sich Ihr Zug bei 99 Prozent der Lichtgeschwindigkeit stark zusammenziehen und wäre aus meiner Perspektive kleiner als im stehenden Zustand.

Natürlich kann man nicht über Einsteins Relativitätstheorie sprechen, ohne seine wichtigste Formel zu erwähnen: $E=mc^2$. Die Äquivalenz von Masse m und Energie E besagt, dass Masse eine bestimmte Form der Energie ist und vice versa. Das c in der Formel steht für die Lichtgeschwindigkeit. Durch diese Formel wissen wir, dass Energie und Masse ineinander umgewandelt werden können. Ein sehr wichtiger Aspekt des Urknalls, wie wir gleich sehen werden.

1915 veröffentlichte Einstein seine *allgemeine Relativitätstheorie* und ergänzte seine Theorie dadurch um das Element der *Gravitation*. Bisher konnte die eigene Zeit durch eine hohe Bewegungsgeschwindigkeit relativ zu einem stehenden Beobachter stark verändert werden.

Die allgemeine Relativitätstheorie sagt uns aber, dass das Universum auch im Stillstand keine bestimmte Raumzeit hat, sondern dass diese überall unterschiedlich ist. Die Raumzeit als Konzept wird erst hier offiziell eingeführt. Große Massen können durch ihre Gravitation die Raumzeit krümmen. Das bedeutet also, dass wir hier auf der Erde eine lokale Zeit haben, welche aber mit einer ganz anderen Geschwindigkeit abläuft als die Zeit in der Nähe eines schwarzen Loches.

Um das leichter zu verstehen, stellen wir uns die Raumzeit in unserem Universum als eine Gummimatte vor, welche wir in der Luft aufspannen. Wenn ich jetzt eine Papierkugel auf diese Gummimatte lege, macht dies keinen wirklichen Unterschied. Das Papier ist schließlich leicht. Wenn ich aber eine Eisenkugel danebenlege, dehnt diese natürlich die Gummimatte an der Stelle kräftig aus und hängt sichtbar durch. Das Gummi wird dort, wo die Eisenkugel ist, in die Länge gezogen.

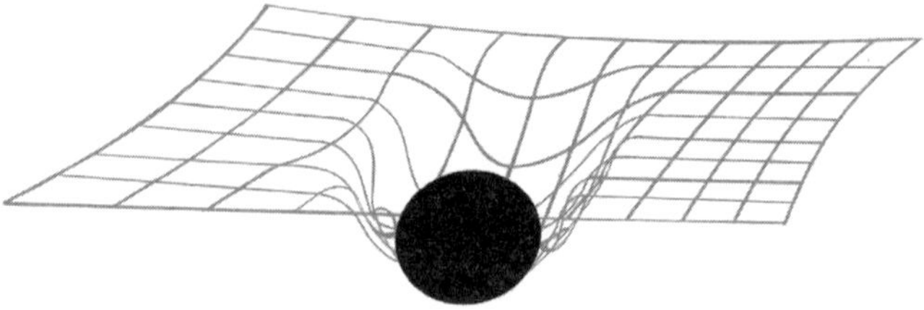

Wenn jetzt Zeit in der Nähe eines schwarzen Loches in die Länge gezogen wird, bedeutet dies, dass eine Stunde in der Nähe des schwarzen Loches viel länger ist als eine Stunde auf der Erde. Sie ist eben in die Länge gezogen, würde für uns aber dennoch gleich lang wirken. Man könnte sagen, dass ein schwarzes Loch durch die Raumzeit fällt. In den extremsten Fällen vergehen in einer Schwarzes-Loch-Stunde mehrere Erdjahre. Dies bedeutet, dass es Planeten in der Nähe von schwarzen Löchern geben kann, auf denen erst einige Monate vergangen sind, seitdem hier auf der Erde der Homo sapiens vor 300 000 Jahren entstanden ist. Zeit ist relativ.

Und mit diesen Erkenntnissen konnte auch endlich das Merkur-Problem gelöst werden. Die Reise dieses Planeten um die Sonne wird durch deren gewaltige Gravitation beeinflusst. Das Merkur-Problem galt als eine der ersten großen Prüfungen der Relativitätstheorie und zeigte, dass diese vermochte, woran die Newton'sche Mechanik 60 Jahre lang gescheitert war.

Natürlich blieb dieser Umbruch in der Physik nicht ohne Kritiker. 1931 brachte eine Gruppe ein Buch namens *100 Autoren gegen Einstein* heraus, in dem sie gegen die Relativitätstheorie argumentierte. Albert Einstein sagte dazu:

»Hätte ich unrecht, würde ein einziger Autor genügen, um mich zu widerlegen.« Dies geschah bis heute nicht, obgleich die Welt der Wissenschaft es weiter versucht.

Frei von Fehlern war der Theoretiker Einstein aber nicht. Auch er war wie der Großteil aller Physiker seiner Zeit anfangs fest davon überzeugt, dass unser Universum unendlich alt sei. Die allgemeine Relativitätstheorie besagt aber, dass unser Universum einen Anfang hatte, aus dem heraus sich die Raumzeit ausgebreitet hat. Denn laut den Berechnungen hätte die Gravitation aller Massen im Universum bereits dazu führen müssen, dass es wieder in sich selbst zusammenfällt. Da dies aber nicht der Fall ist, muss die Raumzeit wohl expandieren und den Zusammenbruch dadurch verhindern. Wenn die Raumzeit aber die ganze Zeit wächst, dann war das Universum gestern ein bisschen kleiner, als es heute ist. Dementsprechend kann es nicht unendlich groß sein. Um dieses Problem zu umgehen, führte Albert Einstein die kosmologische Konstante, also eine Art Stabilisierung, ein. Angeblich bezeichnete er dies später als »größte Eselei meines Lebens«.

Es ist unmöglich, über unseren Kosmos zu sprechen und an der Relativitätstheorie vorbeizukommen. Wenn wir das Verständnis über das Universum im 19. Jahrhundert mit dem aus dem 20. Jahrhundert vergleichen, dann können wir uns glücklich schätzen, in dieser neuen Welt der Physik zu leben. Bis heute stellt die Erkenntnis, dass Zeit relativ ist, für viele Menschen einen Schock dar. In gewisser Weise leben wir im Vergleich zu so vielen anderen Orten im Kosmos auf unserem kleinen blauen Planeten in unserer eigenen kleinen Zeitblase.

Auf Basis dieser Erkenntnisse können wir jetzt dort anfangen, wo der wahre Anfang wirklich liegt. Drehen wir die Uhren um 13,8 Milliarden Jahre zurück. Zum Anfang des Universums und in gewisser Weise auch zu Ihrem Anfang, liebe Leserinnen und Leser.

VOM ANFANG BIS HEUTE

Primordiales Universum

DER MOMENT NULL

Wir befinden uns jetzt im *Moment Null.* Von der Sekunde Null kann nicht gesprochen werden, denn die folgenden Ereignisse entziehen sich in ihrer Dauer so gigantischen Zeiteinheiten wie Sekunden.

In der Bibel heißt es: »Und Gott sprach: Es werde Licht! Und es ward Licht.« Anders als heutzutage gerne dargestellt, darf man sich den Urknall aber auf keinen Fall als grell leuchtende Explosion vorstellen. Licht würde es noch für eine lange Zeit gar nicht geben können. Stattdessen war der Urknall die Ausbreitung von Raum und Zeit. Albert Einstein hatte schließlich gegen seinen Willen bewiesen, dass diese einen Anfang hatten – oder zumindest haben konnten.

Im Moment Null existiert unser heute sichtbares Universum als ein Punkt. Subatomar groß, also kleiner als ein Atom. Für einen unvorstellbar kleinen Moment ist da nicht mehr als das. Ein winziger Punkt an Raumzeit. Nicht ein Licht in der Dunkelheit, nicht etwas in irgendwas. Da ist kein Außerhalb, welches wir kennen könnten. Für uns gibt es nur diesen Punkt. Und in wenigen Augenblicken wird es anfangen. Wird alles anfangen. Aber wie sind wir hierhergekommen?

1929 gelang dem amerikanischen Astronomen Edwin Hubble, dessen Namen heute viele durch das nach ihm benannte Hubble-Teleskop kennen, ein entscheidender Durchbruch. In den 14 Jahren seit Veröffentlichung der allgemeinen Relativitätstheorie griffen einige Physiker, insbesondere der Russe Alexander Friedmann wieder die Idee auf, dass unser Universum expandieren könnte. Damit verbunden war die Überlegung, dass unser Kosmos womöglich doch nicht unendlich groß ist. Dieser Gedanke war zwar spannend, aber genauso wenig nachweisbar wie der, dass unser Universum unendlich groß ist. Die Physiker der damaligen Zeit hatten aber eine eindeutige Präferenz, und somit geriet die Vorstellung von einem Kosmos, welcher sich in der Expansion befindet, für einige Jahre ins Hintertreffen. Bis eben Hubble das Sternenlicht einiger weiter entfernt liegender Galaxien beobachtete und dabei sah, dass ihre Distanz zur Erde proportional zu ihrer *Rotverschiebung* ist, welche die Verlängerung der Wellenlänge im Vergleich zur anfänglich ausgesandten Welle markiert.

Haben Sie schon mal bemerkt, dass sich das Martinshorn eines Krankenwagens anders anhört, je nachdem, ob dieser noch eine große Distanz von Ihnen entfernt ist oder direkt an Ihnen vorbeirauscht? Dies liegt am *Dopplereffekt*. Dieser besagt, dass sich die Frequenz von Wellen verändert, wenn der Erzeuger sich relativ zu Ihnen bewegt. Ein Krankenwagen fährt schnell auf Sie zu, dabei wird die Frequenz der Schallwellen höher, entfernt er sich wieder, erzeugen die nun gestreckten Schallwellen einen tieferen Ton.

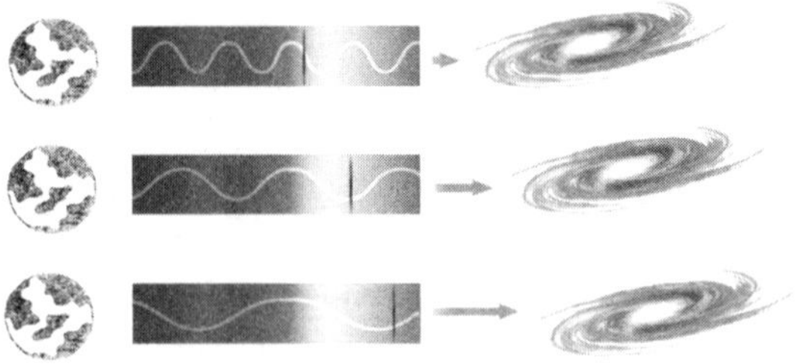

Dieser Prozess funktioniert aber nicht nur mit Schall, sondern auch mit der Wellenlänge von Licht. Je weiter eine Galaxie von uns entfernt ist, umso rötlicher ist das Licht, welches von ihr ausgesendet wird. Bedeutet dies also laut dem Dopplereffekt, dass die von Hubble beobachteten Galaxien sich von uns wegbewegen? Nein.

Zum einen lässt sich dies nicht akkurat mit dem Dopplereffekt beschreiben, zum anderen ist dies bei allen Galaxien zu beobachten. Es würde voraussetzen, dass sich zufällig alle Galaxien in jede Himmelsrichtung gleichzeitig von uns wegbewegen (und voneinander ebenfalls). In der Realität bewegen sie sich jedoch nicht, zumindest nicht so. Stattdessen wird das von ihnen ausgestrahlte Licht, welches Millionen bis Milliarden an Lichtjahren zurücklegen muss, unterwegs gekrümmt. Es ist der dreidimensionale Raum selbst, der expandiert. Wie ein Ballon, welcher aufgeblasen wird, wächst er an jeder Stelle gleichzeitig. Durch diese kosmische Expansion, besser bekannt als das Wirken der *dunklen Energie*, wird auch die Wellenlänge von Licht gekrümmt – dies ist die von Hubble entdeckte *kosmologische* Rotverschiebung.

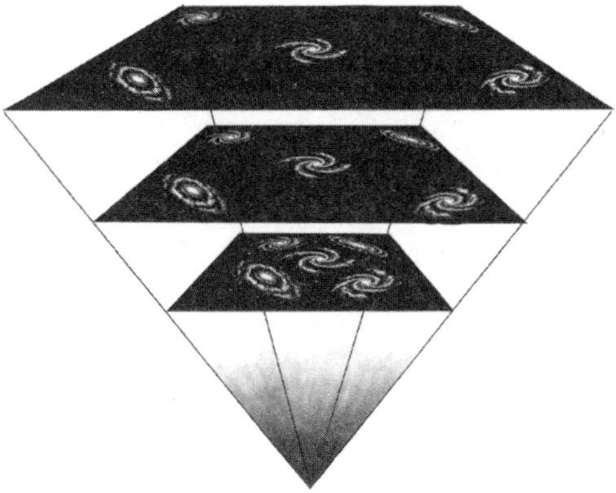

Die Expansion des Kosmos war plötzlich eine Tatsache. Die Vorstellung seiner Unendlichkeit, zeitlich wie auch räumlich, hatte sich in den Augen vieler damit potenziell erledigt. Der mathematische Wert, mit dem die Expansionsgeschwindigkeit des Universums beschrieben wird, nennt sich bis heute *Hubble-Konstante*.

Kombiniert man die Erkenntnisse Hubbles mit Einsteins Relativitätstheorie, kommt man zu dem Schluss, dass unser Universum aus einem winzigen Punkt heraus expandiert sein muss; dass all die Materie, welche heute Billionen von Galaxien ausmacht, einst durch den dreidimensionalen Raum selbst so zusammengedrückt wurde, dass der Abstand zwischen allem null gewesen sein muss. Eine Singularität mit absoluter Dichte, in welcher unsere Naturgesetze zusammenbrechen – oder sagen wir lieber, noch nicht existieren. *Uratom* nannte der Begründer der Urknalltheorie, der belgische Theologe und Physiker Georges Lemaître, das. Und eben dieses Uratom ist unser Punkt im Moment Null.

DIE PLANCK-ÄRA

Der zeitliche Ablauf unseres Universums wird in Ären unterteilt. Wie wir im Folgenden noch sehr gut sehen werden, ist jede nachfolgende Ära immer länger als die vorherige, und dies mit gewaltigen Zeitsprüngen.

Die allererste Ära unseres Universums ist die Planck-Ära. Erinnern Sie sich daran, dass ich Ihnen sagte, Max Planck werde uns noch einige Male begegnen? Hier kommt er nun ins Spiel, weil nach ihm die kleinsten messbaren Dinge benannt sind, so zum Beispiel die Planck-Länge, eine Distanz, die so klein ist, dass es nicht möglich ist, darunter noch irgendwas sinnvoll zu vermessen.

Die Planck-Ära ist die unklarste und in einem gewissen Maß mysteriöseste Ära des frühen Universums. Sie hielt nur für ungefähr 5×10^{-44} Sekunden an. Zumindest ist das die kleinste messbare Zeitdistanz, die wir allgemein in der Physik haben; in jedem Maßstab darunter wird die exakte Messung der Zeit ebenfalls unmöglich. Dazu aber später mehr.

Eigentlich können wir der Planck-Ära aber keine genaue Dauer geben, da so etwas wie feste Zeit noch nicht existierte. Um ehrlich zu sein, scheint es momentan so, als würde unsere gesamte bisher bekannte Physik die Planck-Ära nicht erklären können.

Um dies genauer nachzuvollziehen, müssen wir uns erst mal ins Gedächtnis rufen, dass es in unserer kleinen Raumzeit-Singularität mindestens eine weitere Sache gegeben haben muss: Energie.

Im Verlaufe dieses Buches werde ich Stück für Stück die drei Hauptsätze der Thermodynamik einführen. Der erste, und wohl bekannteste, ist der *Energieerhaltungssatz*. Energie kann niemals erschaffen oder zerstört, sondern nur umgewandelt werden. Dies bedeutet, dass die gesamte Energie, welche heute in den Galaxien, in den Sternen, in jedem Partikel sitzt, von Anfang an da gewesen sein muss.

Aus dieser puren Energie entstand jetzt die gesamte Materie, die es im Kosmos gibt.

Um den Einstieg in dieses Buch möglichst erträglich zu gestalten, habe ich darauf verzichtet, nach der Relativitätstheorie auch die Quantenphysik zu erläutern. Über diese werde ich in einem späteren Teil noch sprechen. Festzuhalten bleibt hier allerdings schon einmal, dass in der ersten Ära des Universums der Kosmos noch so klein war, dass er in keiner Weise in unserer Welt der Physik stattfand. Alles, was subatomar groß ist, unterliegt nämlich den Gesetzen der Quantenmechanik. Dieses Problem hält sich aber in Grenzen, da der Versuch einer detaillierten Erklärung der Planck-Ära ohne das Heranziehen zahlreicher nicht bewiesener Theorien sowieso nicht möglich ist.

An dieser Stelle muss ich Sie, liebe Leserinnen und Leser, um viel Aufmerksamkeit bitten. Den Urknall im Detail durchzugehen, ist eines der komplizierteren Themen in diesem Buch, jedoch glaube ich, Ihnen eine gute, und leider durchaus seltene, Möglichkeit zu bieten, um diesen Prozess zu verstehen.

Für uns wichtig ist jetzt, dass die besagte große Menge an Energie mit ihrer gewaltigen Energiedichte Materie in sogenannten *Fluktuationen* erschaffen hat. Um genau zu sein, nicht nur Materie, sondern auch Antimaterie. Im vorherigen Kapitel habe ich bereits die Äquivalenz von Materie und Energie angesprochen: $E=mc^2$. Einsteins Formel hat uns schon nahegelegt, dass in diesem Prozess Materie zusammen mit Antimaterie entstehen kann. Das bedeutet also, es müsste gleich viel Materie wie Antimaterie im Universum geben. Allerdings wäre dies ein großes Problem, denn Materie und Antimaterie sind die perfekten Gegenteile voneinander – was wiederum bedeutet, dass sie sich extrem ähnlich sind. So könnte es heute Antiatome, Antisterne, ja sogar Antileben geben. Wenn Antimaterie und Materie sich aber berühren, lösen sie sich gegenseitig auf, und Energie wird wieder freigesetzt. In unserem winzigen Punkt, in unserer kurzen Planck-Ära sind also Partikelpaare an einem Ort mit gewaltiger Dichte aufgetaucht und wieder verschwunden. Diese gewaltige Dichte an sowohl Energie als auch Materie hatte zur Folge, dass unser ganz frühes Universum so heiß war wie nie wieder danach. In Celcius betrug diese Planck-Temperatur $1{,}42 \times 10^{32}$ Grad.

Aber wenn das oben beschriebene Gleichgewicht bestanden hätte, dann dürfte es uns eigentlich gar nicht geben. Schließlich hätte sich alles im Universum am Anfang gegenseitig auslöschen müssen. Ketzerisch könnte man unsere Existenz daher als Fehler in der Symmetrie bezeichnen.

Schöner Start.

Bevor dieses Problem in der nächsten Ära des Universums gelöst wurde, hielt die Planck-Ära noch eine Überraschung für uns bereit: Gravitation.

Zu Beginn des Universums waren laut heutigen Theorien alle seine fundamentalen Kräfte in einer einzigen Grundkraft. Die wohl bekannteste von ihnen, eben die Gravitation, hat sich demnach direkt am Anfang von den anderen losgelöst und durch reine Anwesenheit eine klare Definition von Zeit im frühen Universum stark erschwert. Denn wenn die Planck-Ära eine dichte blubbernde Masse an Partikeln war, welche die ganze Zeit in die Existenz hinein- und aus ihr heraussprangen, hat sich deren Masse spontan und schnell auf die umliegende Raumzeit ausgewirkt.

Hier sollte erwähnt werden, dass wir nicht von der Gravitation sprechen, wie wir sie heute kennen, sondern von der Quantengravitation – einer Theorie, welche erklären soll, wie diese Kraft auf der Quantenebene abläuft. Für unsere Gravitation war das Universum noch viel zu klein. Wie genau es zur Entstehung der (Quanten-)Gravitation kam, ist bis heute unklar, aber ein falsches Vakuum, also ein Zusammenbruch des ersten Energiefeldes des Universums, könnte dafür verantwortlich sein. Aber auch dazu später mehr.

DIE GUT-ÄRA

Oben hatte ich geschrieben, dass jede Ära des Universums massiv länger als die vorherige ist. Die GUT-Ära bildet hier keine Ausnahme, wobei »länger als die vorherige« in diesem Fall einfach bedeutet, dass ihre Länge zeitlich messbar ist. Die GUT-Ära begann demnach bei 10^{-43} Sekunden und dauerte bis 10^{-36} Sekunden, eine halbe Ewigkeit also. Schauen wir uns kurz an, wie unser Kosmos bisher aussah – nicht visuell natürlich, denn das Universum war immer noch so dicht, dass es Licht noch nicht geben konnte. Es hatte gar keinen Platz, um sich auszubreiten. Und die Temperatur war bis jetzt runtergekühlt auf angenehme 10^{27} Grad Celcius.

Die Abkürzung GUT steht für *Grand Unified Theory*, Große Vereinheitlichte Theorie, und bezieht sich auf die anderen fundamentalen Kräfte der Physik, welche gleich noch entstehen würden. Es war aber nicht so, dass sie noch gar nicht existierten, eher so, dass man sie unter diesen heißen und dichten Bedingungen noch nicht voneinander unterscheiden konnte. Dies sollte sich nun ändern.

Die drei fundamentalen Kräfte des Universums neben der Gravitation sind die *elektromagnetische Kraft*, die *starke Wechselwirkung* und die *schwache Wechselwirkung*. Alles, was heute im Universum existiert, ist eine direkte Konsequenz ihres Wirkens.

Die elektromagnetische Kraft ist wohl die populärste nach der Gravitation. Elektrizität, Magnetismus und Spannungen begegnen uns überall im Alltag und werden durch die bereits erwähnten Maxwell-Gleichungen beschrieben. Daher beschränke ich mich auf den Hinweis, dass die elektromagnetische Kraft die Ladung von Teilchen und dadurch die Interaktionen zwischen Teilchen beeinflusst. Die schwache und die starke Wechselwirkung sind ihrerseits beide sehr relevant für die Partikelphysik.

Sie müssen kurz bedenken, wie dicht und klein das Universum zu diesem Zeitpunkt noch war. Atome und die Bauteile ihrer Kerne, Neutronen und Protonen, gab es noch nicht. Besonders für die Entstehung von Atomen herrschte noch viel zu wenig Platz in dieser heißen Ursuppe, sie bestehen nämlich zu 99 Prozent aus reiner Leere. Stattdessen gab es, neben anderen theoretischen Partikeln, die sogenannten Elementarteilchen. Dazu gehören die Gruppen der Quarks und Leptonen, welche die kleinsten Bausteine sind, aus denen alles besteht. Außerdem die Eichbosonen, welche die beiden Wechselwirkungskräfte zwischen Partikeln bewegen. Eines der Leptonen, das Elektron, ist ebenfalls essenziell für Atome.

Die schwache Wechselwirkung sorgt insbesondere dafür, dass Teilchen ineinander umgewandelt werden können – was vor allem wichtig werden wird, wenn wir später über Sterne sprechen.

Die starke Wechselwirkung wird ihr Wirken hingegen in wenigen Momenten demonstrieren.

Davor muss aber noch ein anderes Problem gelöst werden. Partikel sprangen in unserer dichten Ursuppe weiterhin in die Existenz und verschwanden wieder. Wir haben festgestellt, dass diese Fifty-fifty-Aufteilung der Materie und der Antimaterie im Kosmos nicht lange Bestand gehabt haben kann, da es uns sonst nicht geben könnte.

Der notwendige Symmetriefehler entstand womöglich durch die *Baryogenese*. Wie genau dieser Prozess ablief, ist höchst theoretisch, aber im Grunde konnten die im Universum existierenden Partikel in diesem winzigen Moment rapide zwischen Antimaterie und Materie hin- und herspringen – so als hätte man unzählige Münzen auf einer Tischplatte kreiseln lassen. Kopf lag oft genug oben, also erlaubte der Kosmos unsere Existenz. Für eine Milliarde Partikel, die ausgelöscht wurden, konnte in dieser Asymmetrie ungefähr ein Partikel übrig bleiben. Alles, was Sie heute sehen, ist also ein Milliardstel der Stoffe, die am Anfang im Kosmos da waren.

Damit war diese verwirrende Phase seiner Entstehung vorbei, unser Universum hatte Raumzeit, Energie und eindeutig bestehende Materie. Der Prozess der Annihilation, der Paarvernichtung, ereignete sich nicht instantan, sondern zog sich bis ungefähr eine Sekunde nach dem Urknall hin. Das entscheidende Ungleichgewicht zugunsten der Materie bildete sich jedoch am Ende der GUT-Ära.

Bevor wir weiter durch den Urknall reisen, lohnt es sich innezuhalten. Denn erst jetzt, ziemlich spät, hat unsere Hauptfigur die Bühne der Existenz betreten. Sie. Noch nicht identifizierbar, aber dennoch schon da. Denn für den jetzigen Zeitpunkt lässt sich zum ersten Mal sicher sagen, dass die Materie, aus der Sie bestehen, definitiv schon existierte.

Ein abstrakt-verrückter Gedanke: Diese gewaltige Hitze, diese unglaubliche Dichte – und Sie waren dabei. Nicht in Fleisch und Blut, aber doch bereits indirekt physisch. Und wenn es jemals wieder passieren sollte, werden Sie wieder dabei sein. Und wieder und wieder und wieder. Dieses Buch möchte Ihnen nicht einfach die Relativitätstheorie oder die Entstehung von Partikeln erläutern, sondern versuchen, die Frage zu beantworten, was der Platz von uns Menschen im Kosmos ist. Was unser Sinn oder Existenzgrund sein mag. Und deshalb kann man Sie nicht einfach als Individuum betrachten. Denn das Individuum, welches Sie gerade sind, existiert von seiner Geburt bis zu seinem Tod, lebt nicht länger als bestenfalls ein Jahrhundert. Aber ich kann nicht den Sinn eines Knopfes an einer Maschine beurteilen, wenn ich nur in dem Moment zuschaue, in dem der Knopf gedrückt wird, und direkt davor und danach meine Augen verschließe.

Sie sind die Summe Ihrer Teilchen. Das ist keine Abwertung Ihrer Person, sondern eine Aufwertung. Zwar sind Sie vergänglich und die Teilchen, aus denen Sie bestehen, lassen sich herunterbrechen oder umwandeln, jedoch werden die elementarsten Bauteile, welche der Ursuppe des Urknalls entstiegen sind, immer da sein. Für den Rest der Lebenszeit unseres Universums. Und in dieser Ursuppe waren Sie wahrhaftig vereint mit dem ganzen Kosmos. Mit der Materie jeden Sterns, jeder Galaxie, jedes Baums und jeder Asphaltstraße. Und auch jeder anderen Lebensform in unserem Universum, egal, zu welchem Zeitpunkt sie existiert hat. In den Sternen an unserem Himmel könnte heute die Materie ungeahnter, dem Menschen fremder Zivilisationen schlummern, welche noch Jahrmilliarden von ihrer Geburt entfernt sind. Auch sie waren mit Ihnen einst zusammen in dieser Ursuppe. Aber diese künftigen anderen werden nie von uns wissen, so wenig wie wir heute von ihnen. Wir sind nicht lediglich Bewohner dieses Universums. Wir sind ein Teil davon.

DIE ELEKTROSCHWACHE ÄRA

Betreten wir die nächste Ära des Universums.

Am Ende der GUT-Ära spaltete sich die starke Wechselwirkung von den beiden anderen verbliebenen Elementen der einheitlichen Grundkraft ab. Damit blieben als Letztes die elektromagnetische Kraft und die schwache Wechselwirkung zusammen, welche dieser Epoche ihren Namen gaben. Doch das wird häufig davon überschattet, dass sich nun einer der berühmtesten Schlüsselmomente des Urknalls ereignen würde: *die kosmische Inflation.*

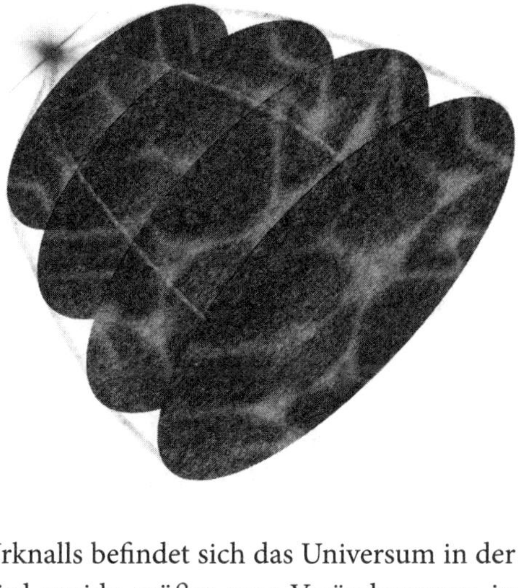

Seit Beginn des Urknalls befindet sich das Universum in der Expansion. Es wird rapide größer, was Veränderungen in Temperatur und Dichte und dadurch die Entstehung der Grundkräfte zulässt. Der Umstand, dass es in der Theorie aus einem Ort mit unendlicher Dichte herauswächst, würde es sogar weiterhin zulassen, dass das Universum unendlich groß ist. Es hatte dann nur eine gewaltig höhere Dichte beim Urknall. Dennoch kann man Rückschlüsse ziehen, wie groß das heute bekannte Universum gewesen sein muss. Aber hätte es sich vom Urknall an bis heute sehr gleichmäßig vergrößert, müsste die gesamte Materie darin perfekt gleichmäßig sein, wie der Sand in einem Zen-Garten. Stattdessen werden wir später die Entstehung von großen Galaxie-Clustern mitverfolgen können.

Außerdem gibt es ein grundlegenderes Problem: Auch wenn unser heutiger Kosmos mit mysteriösen Orten und noch unentdeckten Phänomenen gefüllt ist, so muss man dennoch feststellen, dass das Weltall überall recht gleich ist. Die Durchschnittstemperatur oder die Dichte an Galaxien etwa ist, auf einer sehr großen Skala betrachtet, überall gleich. Aber es kann keinen kausalen Zusammenhang dafür geben. Wir können heute von der Erde aus 13,8 Milliarden Lichtjahre in jede Richtung blicken. Mit jedem Lichtjahr schauen wir ein weiteres Jahr in die Vergangenheit. Wir können einen Stern, welcher 4 Lichtjahre entfernt ist, heute nur so sehen, wie er vor 4 Jahren aussah. Obwohl wir also wissen, dass das Universum dank Hubbles dunkler Energie viel größer ist, können wir rundherum nur die besagten 13,8 Milliarden Lichtjahre sehen. Zu weiter vergangenen Zeitpunkten gab es schlichtweg noch kein Licht, welches uns hätte erreichen können. Versuchen Sie, 14 Milliarden Lichtjahre weit in den Kosmos zu blicken, und Sie werden nur eine Wand der Dunkelheit erblicken. Das heißt, der Gesamtdurchmesser des sichtbaren Universums liegt bei 27,6 Milliarden Lichtjahren. Wenn wir jetzt zwei Orte im Universum betrachten, welche 15 Milliarden Lichtjahre auseinanderliegen, so stellen wir fest, dass diese in keiner Weise aufeinander Einfluss haben können. Von einem der beiden Orte vermag man ja noch nicht mal den jeweils anderen zu sehen. Dennoch sind Eigenschaften wie die Durchschnittstemperatur und insbesondere die Verteilung von Materie an beiden Orten recht gleich. Ganz ohne Kausalität. Der kosmische Zen-Garten muss glatt gestrichen worden sein, bevor er seine heutige Größe erreicht hat. Dieses Rätsel ist bekannt als *Horizontproblem*.

Wenn das Universum sich ruhig und kontinuierlich aus der Planck-Größe heraus hin zu seiner heutigen Größe entwickelt hätte, dann dürfte es diese Gleichmäßigkeit nicht geben. Bereits kleine Effekte, zum Beispiel der Gravitation, hätten die Verteilung der Materie im frühen Universum ins Chaos stürzen müssen. Aber was, wenn seine Expansion gar nicht gleichmäßig war? Um sowohl zu erklären, warum unser Universum überall recht gleichmäßig ist, als auch, warum es heute riesige Strukturen im Kosmos gibt, stellte der amerikanische Physiker Alan Guth 1981 die *Inflationstheorie* auf. Laut dieser gab es eine kurze Phase zu Beginn der elektroschwachen Ära, in welcher unser Universum massiv schnell expandierte. Von Beginn dieser Ära, also vom Zeitpunkt 10^{-35} Sekunden nach dem Urknall, bis zum Zeitpunkt 10^{-30} Sekunden soll das Universum von der Größe eines Protons, also eines subatomar großen Partikels, auf einen Durchmesser von 10 Zentimetern gewachsen sein. Das mag weiterhin winzig klein wirken, aber Sie müssen bedenken, wie gewaltig der Unterschied zwischen diesen beiden Größen ist. Ein so gewaltiges Wachstum in einer so kurzen Zeitspanne macht es nachvollziehbar, dass große kosmische Regionen, welche heute 15 Millliarden Lichtjahre auseinanderliegen, einst nah genug zusammenlagen, um miteinander zu interagieren. Winzig kleine Orte in unserem protongroßen Universum wuchsen zu großen Regionen des Weltalls heran. Kausalität herrschte zwischen diesen Orten früher also schon. Und Quanteneffekte, die man sich ein bisschen wie Blasen vorstellen muss, wuchsen ebenfalls und bilden heute die *Voids*, schwarze leere Flecken im Kosmos, welche sich Hunderte Millionen Lichtjahre im Durchmesser erstrecken können. Ein Ozean an reiner Dunkelheit. Ihnen gegenüber stehen als Ausgleich die Supercluster, die aus Millionen Galaxien bestehenden Strukturen, welche das Aussehen unseres Kosmos dominieren.

Die Theorie der kosmischen Inflation wirkt extrem willkürlich, löst jedoch eine Reihe an Problemen auf eine sehr elegante Art. Dennoch muss es natürlich einen Grund für sie geben, und dieser liegt im *Inflatonfeld*, einem Quantenfeld, welches am Ende der Inflationsphase kollabierte. Felder in unserem Universum haben Energien und Kräfte, mit denen sie alles in ihrem Umkreis gleich beeinflussen. Der heute bekannteste Vertreter ist das Higgs-Feld, aber dazu später mehr.

Zu Beginn der elektroschwachen Ära hatte unser Universum also endlich eine mit dem bloßen Auge sichtbare Größe erreicht. Aber dies sollte nicht die einzige Veränderung sein. Die reine Inflation hätte auf sich allein gestellt zur Folge gehabt, dass unser Universum ein noch leererer Ort wäre als ohnehin schon. Beim Zerfall des Inflatonfeldes musste eine ganze Menge Energie freigesetzt werden. Und Sie wissen ja bereits durch den ersten Hauptsatz der Thermodynamik, dass Energie niemals verloren gehen kann. Also wandelte sich diese durch Quantenfluktuationen in Materie und Antimaterie um, wodurch ein großer Teil der Materie im heutigen Kosmos ebenfalls erzeugt wurde. Dies ist auch der Ursprung der eben erwähnten Blasen und Supercluster.

Um Verwirrung zu vermeiden, müssen Sie bedenken, dass der eben beschriebene Prozess der Baryogenese, bei dem die gesamte Antimaterie ausgelöscht wurde, viel länger als die GUT-Ära dauerte und die Zeit nach der kosmischen Inflation noch mit dazugehört.

Die Sensibilität bei der Entwicklung unseres Kosmos muss für manche Außenstehende verrückt wirken. Unser Universum war weiterhin winzig klein. Auch nach der kosmischen Inflation, welche nur einen kaum wahrnehmbaren Augenblick gedauert hatte, war es extrem heiß und dicht. Aber diese kleine Differenz bedeutete bereits, dass ein Universum existierte, in welchem wir entstehen konnten.

Die elektroschwache Ära hielt bis 10^{-12} Sekunden nach dem Urknall an. An ihrem Ende war die Temperatur des Universums endlich kalt genug, damit die elektromagnetische Kraft und die schwache Wechselwirkung sich voneinander trennen konnten. Somit hatte unser Kosmos nun all seine Grundkräfte versammelt.

Wie Sie sehen, kommen wir dem Ende der ersten Sekunde unseres Universums immer näher. Immerhin ist schon ein Billionstel einer Sekunde vergangen.

DIE QUARK-ÄRA

Zu Beginn der Quark-Ära ist das Universum ungefähr so groß wie der Abstand zwischen Erde und Sonne. An ihrem Ende entfaltet die starke Wechselwirkung endlich ihre Kraft. Wenn wir von Materie im Universum reden, dann reden wir weiterhin nur von den Elementarteilchen. Diese existieren frei im Quark-Gluon-Plasma, für welches der Begriff »Ursuppe« wirklich treffend ist. Da Temperatur und Energiedichte mit dem (nun wieder) stetigen Wachstum des Universums immer weiter sinken, wird sich dies jetzt ändern. Es gibt wenig Weiteres über die Quark-Ära zu sagen, welche bis 10^{-6} Sekunden vor dem Urknall anhielt. Im Grunde ist sie eine Phase des Übergangs zur Hadronen-Ära.

DIE HADRONEN-ÄRA

Gleich zu Beginn dieser Ära zwingt die starke Wechselwirkung die Quarks der Ursuppe dazu, sich zusammenzutun und die Hadronen zu erschaffen – eine Teilchengruppe, deren bekannteste Vertreter die Protonen und Neutronen sind. Sie entstehen, indem sich immer jeweils drei Quarks zusammentun. Zusammen bilden diese Partikel das Nukleon, besser bekannt als Atomkern. Langsam erheben sich aus dem Wirrwarr der ersten Momente des Universums bereits bekannte Strukturen. (Dazu sei gesagt, dass ich aus Rücksicht auf Sie, liebe Leserinnen und Leser, darauf verzichtet habe, alle Teilchen zu benennen, welche im frühen Kosmos eine Rolle spielten. Schließlich ist Quark auch eigentlich nur ein Familienname.) Mit dem Ende der Hadronen-Ära erreicht das Universum ein Alter von 10^0 Sekunden. Die erste Sekunde seit dem Urknall ist vergangen. Nur noch 13,8 Milliarden Jahre, und wir sind bei Ihrer heutigen Form als Mensch angekommen.

DIE LEPTONEN-ÄRA

Die Leptonen-Ära ist im Grunde eine Weiterführung der Hadronen-Ära. Wir erinnern uns, dass sich die Elementarteilchen im Universum in Quarks und Leptonen unterteilen lassen. In der vorherigen Ära wurden neben den Hadronen auch die Antihadronen erschaffen, welche als Teil der Baryogenese komplett ausgelöscht wurden. Somit blieb am Ende der Hadronen-Ära nur ein Billionstel der gerade erst erschaffenen Hadronen übrig. Die Familie der Quarks hatte somit den durch alle bisherigen Ären durchgängigen Prozess der

Entstehung durch Quantenfluktuationen und der anschließenden Auslöschung durch Antimaterie endlich überwunden.

Die Gruppe der Leptonen hat diese Entwicklung aber noch nicht durchlebt. Dementsprechend dominiert die Masse der Leptonen und Antileptonen während dieser Ära das Universum. Aber nicht für lang. Die weiterhin sinkende Temperatur erlaubt jetzt, dass der Großteil der Leptonen ebenfalls ausgelöscht wird. Übrig bleibt ein Überschuss an Elektronen und Neutrinos. Mit den Elektronen haben wir somit den letzten fehlenden Baustein für das Atom zusammen.

Der Urknall steuert langsam auf sein Ende zu. Unser Universum ist weiterhin klein und extrem dicht. Wobei klein mittlerweile bedeutet, dass es zu Beginn der Leptonen-Ära 20 Lichtjahre groß ist. Oder das Fünffache des Abstands zwischen dem Sonnensystem und seinem nächstgelegenen Nachbarsystem, Alpha Centauri, aufweist. Obgleich das Universum also aus kosmischer Sicht noch ein kleiner Punkt ist, hat es bereits eine Größe erreicht, die sich der menschliche Verstand kaum vorstellen kann.

Die Leptonen-Ära hält ungefähr 10 Sekunden lang an und ist somit die erste Ära des Universums, die der menschliche Verstand tatsächlich wahrzunehmen vermag. Und es wird die letzte sein, welche man in der Zeitspanne eines Menschenlebens mitbekommen könnte. Die nächste wird länger als die bisherige Existenzzeit des Homo sapiens dauern.

DIE PHOTONEN-ÄRA

Beim Übergang von der Leptonen- zur Photonen-Ära vollzieht sich die *primordiale Nukleosynthese*. Wir erinnern uns, dass in der Hadronen-Ära das atomare Nukleon entstanden ist. Aber hierbei handelte es sich nur um das leichteste Isotop, also die leichteste Version, von *Wasserstoff*. Erinnern Sie sich zurück an Ihre Schulzeit und denken Sie an das Periodensystem. Die verschiedenen Elemente dort sind nach der Kernladung aufgelistet, die immer von der Menge an Protonen im Kern bestimmt wird. Wasserstoff ist das leichteste Element des Universums. Wenn also beim Urknall die simpelsten Nukleonen entstanden sind, müssen diese per se Wasserstoff sein. Aber durch Beobachtungen wissen wir, dass es zwei Elemente gibt, welche seit dem Urknall existieren. Dieses andere Element ist *Helium*. Und das Nukleon von Helium konnte nicht genauso wie das Nukleon von Wasserstoff in einer der vorherigen Ären entstehen, sondern wird jetzt erschaffen. Weil die Dichte und die Temperatur im Universum während dieser Zeit genau richtig ist, kann im ganzen Universum das geschehen, was heutzutage nur in Sternen möglich ist: *Kernfusion*. Bei der Kernfusion werden die Atomkerne von Wasserstoff zusammengedrückt, und ein schwerer Kern mit mehr als nur einem Proton wird erschaffen. Helium. Bis heute bestehen 99 Prozent der Materie des Universums aus diesen beiden Elementen. Kohlenstoffbasierte Lebensformen, zu

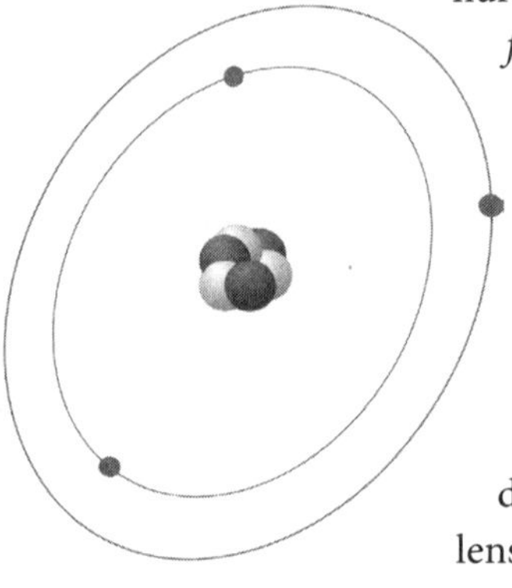

denen auch wir zählen, sind also auch stofflich gesehen Exoten in diesem Kosmos.

Die primordiale Nukleosynthese dauert zwanzig Minuten, aber wir bewegen uns nicht länger in Zeitrahmen, in denen direkt nach dem Ende einer Entwicklung die nächste zusammen mit einer neuen Ära beginnt.

Dass wir von der Photonen-Ära sprechen, sollte auf den ersten Blick für Verwirrung sorgen. Sie kennen Photonen heute nämlich unter einem viel umgangssprachlicheren Namen: Licht. Aber obwohl dieses Elementarteilchen nach der Hadronen- und der Leptonen-Ära das Universum dominierte, war der Kosmos weiterhin unsichtbar. Er war weiterhin zu heiß und dicht, was zur Folge hatte, dass Photonen sich nicht ausbreiten konnten. Dies lag aber nicht einfach nur an mangelndem Platz, sondern erklärt sich mit der Thomson-Streuung. Das Universum hatte mittlerweile Atomkerne und Elektronen, jedoch darf man nicht vergessen, dass es Atome noch nicht gab. Wir verfügen über die Bauteile für Helium und Wasserstoff, aber noch nicht über das Endprodukt, das unter den momentanen Bedingungen noch nicht bestehen konnte. Dementsprechend war das Universum mit frei existierenden Elektronen gefüllt, welche grob gesagt den Photonen eine schwere Zeit bereiteten, da sie diese durch sogenannte Wechselwirkung durchgängig zu Richtungsänderungen zwangen. Dies bedeutete, dass die Photonen sich nicht von den Elektronen entfernen konnten, um sich frei in eine Richtung durch das Weltall zu bewegen. Licht existierte also, war aber an festen Stellen angebunden.

Doch die Expansion des Universums und damit auch das Sinken der Temperatur des Kosmos schritten immer weiter voran. 370 000 Jahre dauerte es bis zum Ende der Photonen-Ära. Dann verbanden sich die Elektronen und die Nukleonen.

Und Gott sprach: Es werde Licht!

Ein gelblich-oranges Licht zieht sich durch das Universum. Der Anfang des Urknalls war nicht die große helle Explosion, die manch einer erwartet, doch mit der Entstehung der Atome und der Befreiung der Elektronen sollte das Universum für die nächsten 115 000 Jahre schrittweise in ein warmes Licht getaucht werden: die Geburt der *kosmischen Hintergrundstrahlung*.

Sie ist einer der wichtigsten Beweise für die Geschehnisse, die ich eben geschildert habe. Dieser Hintergrund, der überall um uns herum hinter dem Weltall existiert, ist heute aber nicht mehr als helles Licht wahrnehmbar. Zu viel Zeit ist bereits vergangen. Das Licht musste so weit durch den Kosmos reisen, dass stattdessen radioaktive Strahlung von der Entstehung dieser ersten Atome sichtbar ist. Ein Viertel Helium, der Rest Wasserstoff. Dass so eine Strahlung existieren müsste, wurde bereits 1948 vermutet und dann 1965 »aus Versehen« entdeckt, als eine Antenne zur Unterstützung von frühen NASA-Kommunikationssatelliten getestet wurde. Die Entdecker Arno Penzias und Robert Wilson wurden mit ihren Veröffentlichungen recht überraschend Nobelpreisträger.

Die kosmische Hintergrundstrahlung ist das am weitesten entfernte Ereignis, welches heutzutage sichtbar ist. Alles zeitlich davor ist uns komplett unzugänglich. Die Ären kennen wir nur dank mathematischer Berechnung und Experimenten in Teilchenbeschleunigern, in denen die Hitze und Dichte des frühen Universums simuliert wird. Im Bild stellt es sich heute als Meer aus orangen und blauen Punkten dar, die wärmere und kältere Regionen des frühen Universums zeigen. Diese hängen natürlich von der Dichte der Materie an den verschiedenen Stellen im Kosmos ab und sind damit ein frühes Vorzeichen der großen kosmischen Strukturen, die bald entstehen sollten. Wir bezeichnen den Urknall immer als Theorie. Das führt zu der falschen Wahrnehmung, dass sie widerlegt werden könnte. Aber wir sprechen von Urknall, weil wir noch nicht in der Lage sind, seine Abläufe sicher zu kennen oder zu beobachten, und nicht weil weitere Forschung seine Existenz widerlegen könnte. Dass Sie und ich und der Kosmos, in dem wir gerade leben, vor Jahrmilliarden aus einem kleinen Ort entstanden sind, das ist ein Fakt.

Und es ist frustrierend. 13,8 Milliarden Jahre sind seitdem vergangen. Ein Zeitraum so groß, dass er unendlich für die menschliche Wahrnehmung ist, und so klein, dass er nicht mal wie ein Augenzwinkern in der Lebenszeit des Universums wirkt. Kein Beobachter kann während des Urknalls existiert haben, um diesen Prozess zu sehen. Kein Bewusstsein kann der primordialen Ursuppe entstiegen sein. Sie und ich, wir lagen da in unseren Elementarteilchen. Die daraus resultierenden Partikel würden zu vielen Dingen werden, bevor sie sich in unseren Körpern wiederfinden würden. Und werden nach uns wieder in viele Dinge übergehen.

Aber nicht nur in Lebensformen. Wie wir später noch sehen werden, kann es Leben nur für weniger als ein Trilliardstel der Lebenszeit des Universums geben. Äonen ohne

Intelligenz, ohne Bewusstsein, dämlich und gefühllos. Unsere Realität kann wie ein böser Scherz wirken. Wir, die wir Bewusstsein haben, existieren jetzt kurz nach dem Urknall für einen winzigen Moment und dann den Rest der Zeit nicht mehr. Und das auf einer kleinen blauen Murmel inmitten dieses großen schwarzen Meers ohne Gefühle. Ohne Macht, unsere Umgebung zum momentanen Zeitpunkt nachhaltig zu beeinflussen. Ohne Begründung für unsere Existenz. Ohne instinktiven Leitfaden, der groß über das Produzieren von Nachwuchs hinausgeht. Aber mit dem Drang nach Sinn, mit dem Wunsch nach Existenz. Man könnte schreien vor Wut über diese Ungerechtigkeit, welche jenes ohne Bewusstsein denen mit Bewusstsein antut. Aber hören würden wir diesen Schrei nur selbst.

Ja, es kann sein, dass dies einfach ist, wie die Dinge nun mal sind. Dass wir für einen kurzen Moment inmitten bewusstloser Sinnlosigkeit existieren und nach bestenfalls einem Jahrhundert wieder verschwinden ohne Grund oder Folgen. Doch es muss nicht sein. Nichts passiert aus Zufall. Das muss nicht bedeuten, dass alles im Kosmos einem Plan folgt, aber Dinge geschehen nie als Fehler, sondern immer als Folge von Grundkräften, Naturgesetzen, chemischen Reaktionen und biologischen Prozessen. Diese bauen so präzise aufeinander auf, dass ich Ihnen den Urknall umschreiben kann, obwohl wortwörtlich nur sein letztes Bild zu sehen ist. Man kann also auch in einem Universum, welches keinen Erschaffer oder bewussten Bauplan hat, sich die Frage stellen, warum wir gerade existieren. Denn eine lange Verkettung von Ereignissen, welche bei den Grundkräften anfingen, muss zur Folge haben, dass wir als komplexer Organismus das Verlangen nach einem Sinn haben und den Trieb, unsere Spezies immer weiter zu erhalten.

Jeden Tag sterben Menschen für einen Sinn. Sie opfern sich und ihr Bewusstsein für eine politische Ideologie, ihren Glauben oder ihr Land. Und der Preis, den sie dafür bestenfalls bekommen, ohne ihn selbst noch wahrnehmen zu können, ist die Anerkennung anderer Menschen. Diese werden aus einer kosmischen Perspektive dann selbst so schnell an Altersschwäche oder anderen Gründen sterben, dass der Tod für sie genauso gut zum gleichen Zeitpunkt hätte kommen können. Ein menschengemachter Sinn, so nobel er auch sein mag, bleibt wirkungsfrei im großen weiten Kosmos. Wenn es einen Sinn des Lebens im Kosmos gibt, so muss es ein physikalischer sein. Und die Physik hat nichts außer Apathie angesichts nobler Unterfangen, Ideologien und Religionen. Aber sie hat das Monopol.

Nun könnte man argumentieren, dass manche Gläubige historisch gesehen die Wissenschaft besonders vorangetrieben oder manche Nationen besonders viele Nobelpreise erhalten haben. Aber das Universum führt keine Strichlisten. Wenn eine Milliarde Menschen einer Religion angehören, ist ihre faktische Basis nicht stärker als bei den Angehörigen 5000 anderer Religionen. Der Mensch kann einen Glauben haben, und er sollte eine politische Ausrichtung haben. Diese Dinge können Sinn geben, aber nicht der Sinn sein. Es gibt keinen zweiten Platz in diesem Rennen. Alles ordnet sich einem wahren wissenschaftlichen Existenzgrund unter. Denn ähnlich den Naturwissenschaften im Vergleich zu den Sozialwissenschaften ist ein wahrer Sinn des Lebens nie menschengemacht. Sie können mir hier natürlich widersprechen. Aber auch Kritik wird im Vakuum des Weltalls auf taube Ohren treffen. Ein Sinn ist nicht individuell, nicht auf eine Spezies fokussiert. Er ist wahrhaftig *larger than life*. Und mit dem Voranschreiten durch den Kosmos wollen wir ihm näher rücken.

480 000 Jahre nach dem Urknall haben sich sämtliche Elektronen und Atomkerne gefunden. Das helle Licht der kosmischen Hintergrundstrahlung weicht der Dunkelheit des Weltalls. Wir haben das Ende der primordialen Epoche des Universums erreicht und damit das Ende des Urknalls. Wir bewegen uns in die Sternenreiche Ära, in welcher wir noch heute leben.

VOM ANFANG BIS HEUTE

Die Sternenreiche Ära

DAS ZEITALTER DER DUNKELHEIT

Für einen außenstehenden Betrachter dürfte es äußerst ernüchternd aussehen. Nachdem unser Kosmos durch die Entstehung der ersten Elemente in Licht getaucht wurde, dunkelt er jetzt wieder ab und scheint erneut unsichtbar zu werden. Licht ist möglich, was mit dem Universum passiert ist, wird nicht wieder umgekehrt. Aber Licht braucht Lichtquellen, und die existieren noch nicht. Unser Kosmos ist weiterhin wesentlich kleiner als heute und auch wesentlich heißer. Er ist aber weder winzig klein noch extrem heiß. Das Universum ist unmittelbar zu Beginn des Zeitalters der Dunkelheit etwas weniger als 3000 Grad heiß. Zumindest im Durchschnitt. Trotz der kalten und heißen Regionen der kosmischen Hintergundstrahlung ist die Materie im Kosmos noch einigermaßen gleichmäßig verteilt. Es ist die Aufgabe der Gravitation, dies nun zu ändern.

Unser Kosmos ist jetzt gefüllt mit einer Art dünnem Nebel. Aber jedes einzelne Partikel darin besitzt eine Anziehungskraft. Über Hunderte Jahrmillionen ziehen sich Gaswolken zusammen, überall dort, wo Partikel ein bisschen dichter aneinanderstehen. Ein Prozess, der so fein ist, dass er ewig dauert – und noch nicht vorbei ist. Der große Großteil der sichtbaren Materie im Kosmos befindet sich auch heute noch in den riesigen Gasstrukturen, die wir *Nebulae* nennen. Das Zeitalter der Dunkelheit unseres Universums wird auch als *cosmic dawn* bezeichnet, also als Sonnenaufgang unseres Kosmos. Dies trifft es vermutlich ganz gut, denn am Ende dieses Zeitalters, welches ungefähr eine Milliarde Jahre anhält, ist unser Weltall gefüllt mit Sternen und Galaxien.

Damit einher geht für uns auch der Werdegang des Lebens. Obwohl wir mittlerweile Licht haben, sind die Umstände extrem ungenau. Aufgrund von Entdeckungen durch das James-Webb-Teleskop wurden viele bisherige Erkenntnisse aus dieser Zeit infrage gestellt. Während Beobachtungen durch das Hubble-Teleskop noch darauf hindeuteten, dass unser Universum für 500 Millionen Jahre essenziell nicht mehr als eine Gaswolke war, fand das James-Webb-Teleskop eine Galaxie, GLASS-z12, welche ihrem Rotton nach zu schließen bereits 300 Millionen Jahre nach dem Urknall entstanden sein muss. Daher verzichten wir für diese Ära größtenteils auf genaue Zeitangaben. Dieser Bereich unseres Kosmos wird im Augenblick so intensiv untersucht, dass jede momentane Schätzung, die ich hier nennen könnte, bis zur Veröffentlichung des Buches schon widerlegt wäre. Der Ablauf hatte dennoch eine einigermaßen klare Reihenfolge. So muss es zweifellos eine lange Zeit der Dunkelheit gegeben haben, da es nun mal dauert, bis etwas aus Gaswolken entsteht. Um aber zu verstehen, was genau da eigentlich entstanden ist, und somit auch, womit unser bekanntes Universum gefüllt ist, müssen wir uns alle Objekte, die man in einer Galaxie findet, näher anschauen.

Nachdem ein Ungleichgewicht in der Materie des frühen Universums dafür gesorgt hatte, dass die Gravitation Materie zusammenzog, bildeten sich über 100 Millionen Jahre die ersten kosmischen Strukturen. Lange dünne Brücken zogen sich in jede Richtung durch das Universum, eine große Struktur mit komplexer Form, welche an jeder Stelle zusammenhängt. Das *kosmische Netz* formte sich.

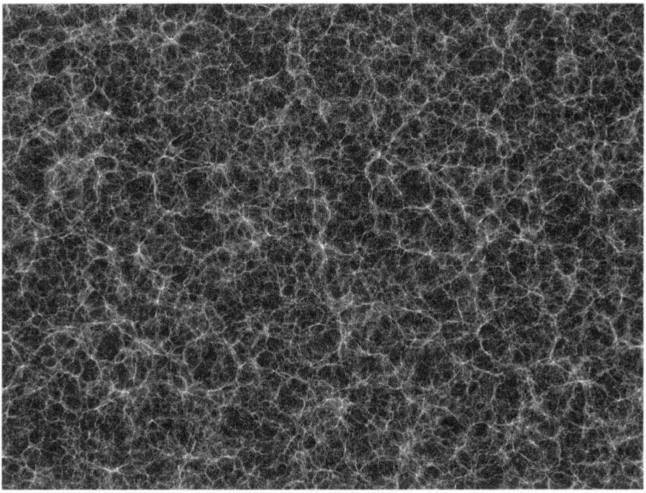

Wer sich fragt, wie unser lokales Universum von außen betrachtet aussieht, darf nicht an ein harmonisches Meer aus Galaxien denken. Man muss sich das kosmische Netz wie ein riesiges, dreidimensionales Spinnennetz vorstellen. Seine Ähnlichkeit mit dem Netzwerk der Neuronen in unserem Gehirn ist so groß, dass Wissenschaftler sich zwischenzeitlich mit der Frage beschäftigten, ob wir nicht womöglich in einem Supercomputer oder, noch beunruhigender, einem lebenden System existieren. Dagegen spricht jedoch, dass zwischen den Dutzenden Milliarden Neuronen in unserem Gehirn die ganze Zeit elektrische Impulse übertragen werden, während nichts dergleichen zwischen den Galaxien des Kosmos unterwegs zu sein scheint. Die Ähnlichkeit zum Gehirn, so der Eindruck, ist nur visuell. Und dennoch regt dieser Umstand zum Träumen an: das Innere des Menschen als Reflexion unseres Universums.

Als die Materie im Kosmos sich zusammenzog, kann es aber nicht nur die uns bereits bekannte gewesen sein, welche die langen Brücken des kosmischen Netzes bildete. Unsere Galaxien, so scheint es, formten sich quasi auf dem Rücken der mysteriösen dunklen Materie.

DUNKLE MATERIE

Wer heute drei Physiker fragt, was dunkle Materie ist, hat drei verschiedene Antworten zu erwarten. Hinsichtlich der Natur der dunklen Materie handelt es sich jedoch um eine der wenigen großen Fragen zu unserem Kosmos, bei denen man durchaus hoffen darf, sie noch während unserer Lebenszeit beantworten zu können.

Ähnlich wie die kosmische Inflation ist die dunkle Energie eine elegante Antwort auf viele der Probleme, welche wir in der Physik haben. Die Erkenntnisse und Überlegungen zu dunkler Materie wirken jedoch weniger aus der Luft gegriffen.

Eines der faszinierendsten Phänomene, welches die Relativitätstheorie im Kosmos erzeugen kann, ist der *Gravitationslinseneffekt*. Wir erinnern uns zurück an die Erkenntnis, dass große Massen die Raumzeit krümmen können. Durch die Krümmung des Raumes wird auch die Bewegung von Licht innerhalb des Raumes gekrümmt. Dadurch kann tatsächlich ein Effekt wie bei einer Brillenlinse entstehen. Blicken wir in Richtung einer sehr massereichen Galaxie, kann das Licht, das aus diesem Bereich des Weltalls kommt, so gekrümmt werden, dass weitere Objekte hinter dieser Galaxie verzerrt aussehen. In den extremsten Fällen entsteht eine sogenannte *Einsteinlinse.* Die vordere Galaxie wird zur Lupe, und ihr Licht, das bei uns ankommt, wird derartig stark verformt, dass die Galaxie eher einem gestreckten Ring ähnelt, in dessen Mitte man Objekte dahinter wesentlich vergrößert sieht.

Diese skurrilen Effekte lassen sich im Grundprinzip leicht mit Einsteins Formeln erklären, jedoch reicht meistens die sichtbare Masse der Galaxien und Galaxiegruppen gar nicht, um so etwas zu erzeugen. Es ist also eine sehr direkte Schlussfolgerung, dass es an vielen Stellen des Kosmos mehr Materie geben muss, welche wir jedoch einfach nicht sehen können. Gravitationslinsen sind ein guter Weg, um dunkle Materie aufzuspüren, jedoch nicht der Hauptgrund, der uns auf die Idee ihrer Existenz gebracht hat. Bereits 1932 bemerkte der niederländische Physiker Jan Hendrik Oort ein Problem in unserer Heimatgalaxie, der Milchstraße. Alle Galaxien im Universum sind in ständiger Rotation. Im stark leuchtenden Zentrum dieser Riesen befindet sich nämlich immer ein supermassives schwarzes Loch. Über diese Objekte wollen wir später noch reden, im Moment ist jedoch erst mal wichtig, dass sich alle Sterne und Nebulae um das schwarze Loch drehen, so wie der Mond um die Erde oder die Erde um die Sonne. Sie erinnern sich vielleicht noch, dass es Johannes Kepler war, der herausfand, wie die Planeten sich um die Sonne bewegen. Er bewies ebenfalls, dass die Rotationsgeschwindigkeit umso länger dauert, je weiter man sich vom Zentrum eines Sonnensystems oder eben einer Galaxie entfernt befindet. Eine Sonnenumdrehung des Merkurs dauert 3 Monate, beim Pluto jedoch 248 Jahre.

Oort fand nun heraus, dass sich das Äußere und das Innere der Milchstraße nicht nur auf den ersten Blick gleich schnell drehen, sondern die Randregionen unserer Galaxie sich bei genauerem Hinsehen sogar schneller um das supermassive schwarze Loch in der Mitte bewegen. Zwar sollte es noch bis in die 1960er-Jahre dauern, dass dunkle Materie als Begründung hierfür genannt wurde, aber der Grundstein für die Entdeckung war durch Oort gelegt. Heute wird davon ausgegangen, dass sich ein riesiger unsichtbarer Ring um jede Galaxie herum befindet. Die Anziehungskraft der Masse darin beschleunigt die Rotation der äußeren sichtbaren Bereiche einer Galaxie.

Das Thema dunkle Materie ist in einem Buch über unseren Kosmos unumgänglich, denn laut den heutigen Modellen der Wissenschaft zur Energie-Masse-Verteilung im Universum macht dunkle Materie 85 Prozent der Materie im Universum aus. Die Liste an Theorien darüber, was diese dunkle Materie nun aber eigentlich ist, ist lang. Dunkle Materie strahlt kein Licht oder radioaktive Strahlung aus, zumindest nicht messbar. Bei der Frage, woraus sie bestehen könnte, wird zwischen baryonischer, also ordinärer Materie, die uns bereits bekannt ist, und nicht baryonischer Materie, zumeist etwas ganz Neuem, unterschieden. Bei Letzterer werden viele neue hypothetische Elementarteilchen erdacht, welche wir nicht im Detail besprechen wollen, da die Relevanz dieser Hypothesen für den weiteren Inhalt des Buches nicht gegeben ist. Bei Ersterer, der baryonischen Materie, gibt es jedoch Kandidaten, welche zumindest einen kleinen Teil der heute existierenden dunklen Materie erklären: *braune Zwerge*. Dabei handelt es sich um gescheiterte Sterne. Aus großen Gaswolken entstanden und Tausende Male größer als die Erde, waren sie doch zu klein, um die Kernfusion zu starten, die einen Stern zum Leuchten bringt. Dementsprechend sind sie dunkle Objekte, die wir auf viele Lichtjahre Entfernung nicht sehen können. Unser heutiger Kosmos könnte also übersät sein mit Fehlbildungen, welche den Weg zum Stern nie geschafft haben – ein weiteres Indiz für die vielen Hürden, welche genommen werden mussten, damit wir heute existieren können. Nicht nur die Erde hat eine unwahrscheinliche Entstehungsgeschichte, sondern unsere Sonne womöglich auch. Wobei es spätestens nach dem Wirrwarr der Quantenfluktuationen des Urknalls sinnbefreit wirkt, Wahrscheinlichkeiten aufzustellen. Am Ende ist es trotzdem keine Frage von Glück, dass wir heute hier sind, sondern eine einfache Abfolge der Physik. Wie die Zukunft der dunklen Materie im Universum aussieht, lässt sich zum heutigen Zeitpunkt noch nicht sagen.

Mit diesen neuen Erkenntnissen kehren wir zurück zur *cosmic dawn*, der kosmischen Dämmerung. Innerhalb des kosmischen Netzes zieht sich auch die sichtbare Materie zusammen. Dadurch formten sich *Protogalaxien*, die Vorstufen heutiger Galaxien. Sie hatten jedoch wenig mit diesen gemein, sondern waren eher große Gaswolken. Da sich die Masse innerhalb der Gaswolken zusammenzog, führte dies schon früh zu einer rotierenden Mitte. Ähnlich wie bei einem Teig, welcher durch die Drehung auf einem Finger zu einer Scheibe geformt werden kann, wurden auch die Protogalaxien scheibenförmig. Man darf allerdings nicht denken, dass diese Protogalaxien einfach nur die jugendlichen Versionen unserer heutigen Galaxien waren. Die Milchstraße gab es zu dem Zeitpunkt noch nicht. Während unsere heutige Heimatgalaxie ein Gewicht von ungefähr 1,5 Billionen Sonnenmassen hat, schaffte es die durchschnittliche Protogalaxie auf höchstens eine Million Sonnenmassen – ein großer Teil davon dunkle Materie. Dementsprechend hatten Protogalaxien in ihrer Anfangszeit ebenfalls nahezu kein Licht. Auch jetzt, mehr als 100 Millionen Jahre nach dem Urknall, bleibt unser Kosmos ein dunkler Ort. Innerhalb der Protogalaxien war die Verteilung von Materie natürlich nicht ausgewogen, und so konnte in dichteren Gasmengen die erste Generation der Sterne entstehen.

GEBURT DER STERNE

Wie wir im Verlaufe des Buches noch besser erkennen werden, wird bei allen Objekten im Kosmos untersucht, ob und, wenn ja, wie sie einen Einfluss auf die Entstehung des Lebens haben. Benötigt ein Planet, welcher die Heimat einer intelligenten Zivilisation werden soll, einen Gasriesen wie den Jupiter in seiner Nähe? Bedarf es der richtigen Position in einer Galaxie? Eine Sache braucht es zweifellos: die Nähe zu den Sternen. Nur das warme Licht und, damit verbunden, die Energie eines Sternes bieten eine sichere Umgebung, damit Leben nicht nur entstehen, sondern auch florieren kann.

Wenn Sterne in einem Teil des Kosmos sterben, stirbt auch die Chance auf Leben dort.

Auch heute noch entstehen Sterne immer aus Gaswolken. Daher gelten die großen Nebulae, welche heute unseren Kosmos durchziehen, auch als Brutstätte der Sterne. Obgleich diese sich überraschend oft auch in der Nähe von supermassiven schwarzen Löchern bilden, wie wir gleich noch sehen werden. Zwischen heutigen Sternen wie unserer Sonne und der ersten Generation der Sterne gibt es jedoch einen gravierenden Unterschied. Während der Entstehung der Protogalaxien bestand der Großteil der Materie weiterhin aus nur zwei Elementen: Helium und Wasserstoff. Diese machen heute noch immer 99 Prozent der Materie im Universum aus, aber dieses eine Prozent, zu welchem alle anderen Elemente gehören, macht den großen Unterschied. Es sind nämlich Sterne, in denen durch Kernfusion alle anderen Elemente erschaffen werden.

Sterne sind Gasriesen, welche in ihrem Inneren hauptsächlich aus Plasma, einem Gemisch aus Atomen, freien Elektronen und Ionen, bestehen. Heutzutage überrascht es viele Menschen, wie viel größer Sterne als Planeten sind. Unsere eigene Sonne ist ungefähr 1,3 Millionen Mal so groß wie die Erde, aber auch sie – immerhin ein durchschnittlicher Stern – wirkt zwergenhaft im Vergleich zur ersten Generation der Sterne. Heutige Sterne bestehen wie der Rest des Universums zum Großteil aus Wasserstoff und danach aus Helium. Doch ein winziger Anteil der Materie in ihnen besteht aus schweren Elementen oder, einfach gesagt, allen anderen Elementen, zum Beispiel Sauerstoff oder Eisen. Diese schweren Elemente haben einen großen Einfluss auf den Aufbau von Sternen, denn bei der Entstehung von sehr massereichen Sternen erzeugen sie eine Strahlung, die große Mengen an Gasen aus den Plasmawolken, aus denen der

Stern sich zusammensetzt, heraustreibt. Er wird also kompakter geformt. Da diese Elemente aber erst noch in den ersten Sternen entstehen mussten, können sie am Anfang nicht verfügbar gewesen sein. Dies hatte zur Folge, dass die Gasriesen 100- bis 300-mal so groß wie heutige Sterne waren. Das frühe Universum war also ein Ort mit extrem kleinen und dunklen Gasgalaxien, in denen es jedoch erste Sterne gab, die, auf sich allein gestellt, jeweils viel heller waren als die Sterne, die wir heute am Sternenhimmel sehen können. Und da sie heißer waren als heutige Sterne, färbten sie den Kosmos in blaues Licht. Denn wie man zum Beispiel bei der Benutzung eines Bunsenbrenners sehen kann, leuchten die heißesten Flammen immer bläulich. Ein ästhetischer Anblick, jedoch ein kurzlebiger: Je größer ein Stern im Kosmos ist, umso schneller muss er sterben; denn je größer er ist, umso größer ist auch das Volumen, in dem er seine Energie verbrauchen kann.

Sterne funktionieren, wie schon gesagt, durch Kernfusion. Der Prozess, bei dem schon beim Urknall Wasserstoff in Helium umgewandelt wurde, vollzieht sich in einem Stern nicht anders. Und es ist auch der Prozess, mit dem ein Stern den Großteil seines Lebens verbringt. Dessen Länge kann jedoch variieren zwischen wenigen Hundert Millionen Jahren, wie bei der ersten Generation von Sternen, oder mehreren Billionen Jahren, wie bei den besonders kleinen und aggressiv brennenden roten Zwergen.

Während seiner normalen Lebenszeit produziert ein Stern fast nur Helium, dies ändert sich jedoch drastisch, sobald er stirbt. Wie wir später noch besprechen werden, sterben Sterne wie unsere Sonne, indem sie sich aufblähen und zu roten Riesen werden. Für diesen Prozess waren die Sterne des frühen Universums jedoch schlicht zu groß. Stattdessen endeten sie in *Supernovae*, oder anschaulicher formuliert, sie explodierten. Supernovae sind die epischen Explosionen am Anfang des Kosmos, die uns beim Urknall vergönnt wurden.

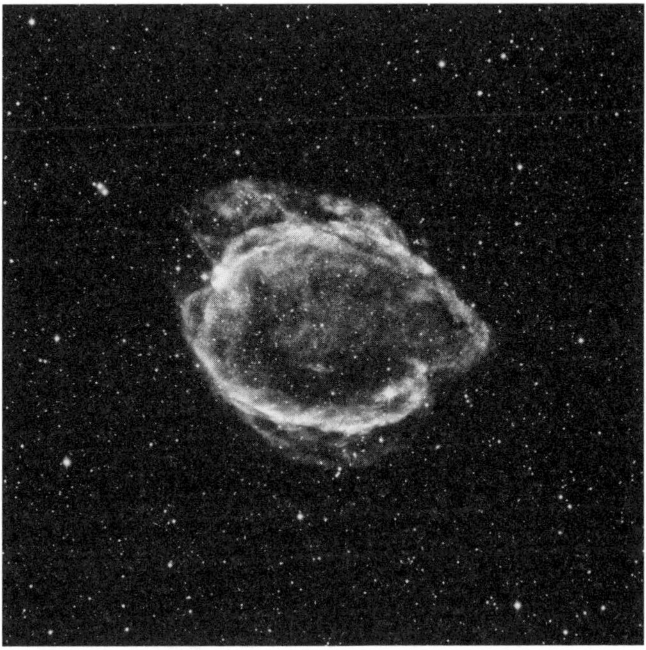

Auch heute ereignen sich Supernovae die ganze Zeit. Mindestens drei Sterne werden sich im Universum in brennendem Licht und gewaltigen Schockwellen aufgelöst haben, bevor Sie diese Seite zu Ende gelesen haben. Eine Supernova ist das zweithellste Licht, welches im Universum entstehen kann. Ein solcher Sternentod entsteht dabei durch dieselben Prozesse, welche dem Stern erst sein Leben gebracht hatten. Wenn er dessen Ende erreicht hat und sein Wasserstoff zu Helium verbrannt ist, beginnt er, das Helium in noch schwerere Elemente wie Sauerstoff zu verbrennen. Das ist zwar weniger effizient, produziert aber ebenfalls Energie und Licht. Und diese Energie ist nicht einfach eine Notwendigkeit für die Entstehung von Leben im Universum, sondern auch das einzige Mittel der Lebenserhaltung für den Stern. Denn wie alle Objekte mit großer Masse ächzen große Sterne unter dem Druck, welche ihre eigene Gravitation auf sie ausübt. Um nicht unter seinem eigenen Gewicht zu kollabieren, muss ein großer Stern die ganze Zeit einen Gegendruck produzieren. Und ebendieser entsteht durch die ständigen Kernfusionen im Inneren. So wandert unser Gasriese am Ende seines Lebens das Periodensystem hinauf und produziert immer schwerere Elemente für immer weniger Energie. Dies geht so lange, bis der Stern anfängt, in seinem Kern Eisen zu produzieren. Die Produktion von Eisen durch die Fusion leichterer Elemente ist so energieintensiv, dass der Stern nicht länger davon profitiert. Sein Gegendruck hört auf.

Da ein Stern keine homogene Kugel ist, sondern verschiedene Schichten besitzt, ist es nur der Kern, der jetzt in einer Machtdemonstration der Gravitation anfängt, in sich selbst zusammenzufallen. Ein Objekt, welches Hunderttausende Kilometer im Durchmesser groß sein kann, kollabiert und wird auf ein Zehntausendstel seiner Größe zusammengedrückt. Dies hat natürlich den Zusammenbruch der äußeren Schichten zur Folge. Die äußeren Bereiche des Sterns stürzen in Richtung des Kerns, und bei ihrem Aufprall, also in dem Moment, in dem der Stern in sich selbst kollabiert, entsteht die charakteristische Explosion. Das Objekt, welches komplexes Leben erst ermöglicht hat, garantiert jetzt dessen Tod. Alle Lebensformen in einem Radius von bis zu 100 Lichtjahren werden durch die Welle an radioaktiver Strahlung und Energie ausgelöscht werden. Es ist schwer, die Dimensionen einer Supernova auf Papier zu beschreiben. Es gibt jedoch eine Chance, dass die Menschen von der Erde aus noch eine sehen werden.

Wenn Sie nachts den Sternenhimmel beobachten, werden Sie keine Probleme haben, *Beteigeuze* mit bloßem Auge zu sehen. Es handelt sich hierbei um den neunthellsten Stern am Sternenhimmel. Und das, obgleich Beteigeuze rund 550 Lichtjahre von der Erde entfernt liegt. Der Stern ist nicht nur 900-mal größer als die Sonne, sondern hat auch eine 55 000-mal höhere Leuchtkraft – eine Helligkeit, die für unsere zarten Augen aus gutem Grund unvorstellbar ist. Schon in der Antike wurde Beteigeuze um das Jahr 100 v. u. Z. vom chinesischen Hofastronomen Sima Qian als gelbes Licht am Sternenhimmel beschrieben, und ein Jahrhundert später beschrieb der römische Gelehrte Hyginus den Stern als rotorange. Heute ist er rötlich. Der Farbwechsel ist ein Bote dafür, dass Beteigeuze die letzte Phase seines Lebens erreicht hat. Mittlerweile hat der Stern angefangen zu flackern, was bedeuten könnte, dass auch sein Vorrat an schwereren Elementen als Helium schwindet. Würde Beteigeuze heute explodieren, wäre es die erste Supernova in unserer Heimatgalaxie seit mehr als 400 Jahren. Aufgrund unserer Position in der Milchstraße ist es heutzutage schwer für uns, ihre genauen Dimensionen abzumessen. Alle Sterne sehen können wir auch nicht. Doch es gibt keinen Zweifel, dass Keplers Supernova im Jahr 1604 die letzte Supernova in der Milchstraße war. Wenn ein Stern explodiert, wird er vorübergehend milliardenfach heller, sein Licht leuchtet heller als die restlichen Hunderte Milliarden Sterne einer Galaxie. Ein wahrhaftig epischer Abgang für einen kosmischen Riesen. Und obgleich sich Keplers Supernova 20 000 Lichtjahre von der Erde entfernt ereignete, brauchte der berühmte Astronom kein Teleskop, um sie zu sehen.

Wenn Beteigeuze bereits explodiert wäre und das Licht

heute bei uns ankommen würde, hätten wir für mehrere Monate ein Licht am Himmel, welches leuchten würde wie ein zweiter Mond. Andere Sterne wären in dieser Zeit kaum sichtbar.

In solch einem Feuer wurde die nächste Stufe Ihrer Existenz geschmiedet. Das letzte Mal, als wir Ihnen auf Ihrer kosmischen Entwicklung begegneten, sind die Protonen entstanden, aus denen Sie heute bestehen. Diese befanden sich bis zur Kernfusion in Wasserstoff- und Heliumatomen. Es ist unmöglich zu sagen, wann genau alle Elemente entstanden, aus denen Sie gerade bestehen. Da sich unser Universum aber weiterhin noch in seiner Anfangszeit befindet, muss es einen Abdruck der ersten Sterne auch in Ihnen geben. Das Leben auf der Erde ist kohlenstoffbasiert, das bedeutet also, dass unsere Struktur zum größten Teil daraus besteht. Aber der Mensch ist eben nicht einfach eine reine Kohlenstoffstruktur. Es müssen sich noch einige kosmische Entwicklungen vollziehen, bevor die ersten Bausteine Ihres fleischlichen Körpers tatsächlich in Erscheinung treten. Und wir sind weiterhin 9 Milliarden Jahre von der Entstehung der Erde entfernt.

Dennoch: Halten Sie einmal inne und blicken Sie sich um. Egal, wo Sie sich gerade befinden, ob in einem Zimmer zu Hause oder in der Öffentlichkeit. Alle Dinge, welche Sie sehen, wurden zu einer Zeit, die so lange entfernt ist, dass das menschliche Gehirn dies kaum begreifen kann, im Sterbeprozess eines hellen Sterns in einem kalten, dunklen Universum produziert. Zu sagen, dass wir von den Sternen kommen oder aus Sternenstaub bestehen, ist zwar übermäßig poetisch formuliert, aber nicht falsch.

Wenn ein supermassereicher Stern zu einer Supernova wird, bleibt als Resultat ein Objekt dort, wo ursprünglich der Kern des Sterns war. Zum Beispiel ein schwarzes Loch.

Wenn wir jedoch unseren Blick zurück in die Protogalaxien des frühen Universums werfen, sehen wir dies nicht. Die gigantischen ersten Sterne starben durch sogenannte Paarinstabilitätssupernovae. Diese reinen Wasserstoff-Helium-Sterne hatten nicht das nötige Rüstzeug, um den Punkt zu erreichen, an dem sie Eisen erschaffen konnten. Das Eisen in Ihrem Blut muss also in späteren Sternen entstanden sein.

Stattdessen erhöhten sich am Ende der Verbrennung von Helium die Temperatur und der Druck im Stern derartig, dass er schwerere Elemente wie Sauerstoff explosionsartig verbrannte und dadurch einen Druck von innen nach außen erzeugte, welcher den Gasriesen in Stücke riss. Eine Explosion hundertfach stärker als konventionelle Supernovae.

Und Gott sprach: Es werde Licht!

In dem ungeordneten Durcheinander der Gaswolken unserer Protogalaxien formte sich auf vorerst mysteriöse Art und Weise zwischen der ersten und der zweiten Generation der Sterne noch etwas anderes: riesige Ordnungsbringer, die schon bald das Geschehen in Galaxien dominieren würden.

SUPERMASSIVE SCHWARZE LÖCHER

Im Jahr 1916, während des Ersten Weltkrieges, saß ein deutscher Astronom und Physiker in einem Schützengraben an der russischen Front und schrieb einen Brief an Albert Einstein. Darin berichtete er ihm, dass er zwischen Maschinengewehrfeuer eine Insel der Idylle in der Relativitätstheorie gefunden habe. Dieser freiwillige Soldat, Karl Schwarzschild, legte im Grauen des Krieges die mathematische Grundlage für schwarze Löcher. Doch selbst wenn er nicht bereits wenige Monate später einer Krankheit erlegen wäre, hätte der 1873 Geborene die erste Entdeckung eines schwarzen

Loches im Jahr 1971 wohl kaum noch erlebt. Gleiches sollte auch Albert Einstein verwehrt bleiben, der sein Leben lang ein Gegner des Konzeptes von schwarzen Löchern war und dieses mehrfach erfolglos zu widerlegen versuchte. Zu groß war die Kluft zwischen ihnen und der alltäglichen Realität. Zu unmöglich wirkten diese Objekte, denen nie etwas entkommen könnte. Wie sollte dies in die harmonische Ordnung des Weltalls passen?

In den ersten Hunderten Millionen Jahren nach dem Urknall begannen sich die supermassiven schwarzen Löcher zu formieren. Wir wissen bis heute nicht genau, wie, können aber sehen, dass ihre Entstehung in den ersten 5 Milliarden Jahren ihre Hochphase hatte. Doch um diese Riesen zu verstehen, sollten wir zunächst über schwarze Löcher im Allgemeinen sprechen.

Das Entstehungskonzept eines normalen schwarzen Loches lässt sich recht simpel herunterbrechen. Sie entstehen heutzutage in sterbenden Sternen, weswegen sie auch stellare schwarze Löcher genannt werden. Im Grunde durchläuft der Stern den gleichen Prozess, welcher uns zur Supernova geführt hat. Doch in diesem Fall schrumpft sein Kern nicht einfach auf ein Zehntausendstel seiner Größe, sondern kennt kein Limit. Gegen die große Masse des Kerns, die unter ihrer eigenen Last zusammenbricht, sind sämtliche Gegenkräfte machtlos. Keine Dichte ist dicht genug, um den Zerfall abzubremsen. Also fällt der Stern so weit in sich zusammen, bis er die Singularität erreicht. Wie unser Universum am Anfang des Urknalls besteht er nur noch aus einem winzigen Punkt mit absolut maximaler Dichte. Wie wir durch die Relativitätstheorie bereits wissen, kann eine große Menge von Masse an einem Ort die Raumzeit krümmen. Diese immer noch immens große Menge an Masse ist jetzt in der Singularität so räumlich beschränkt wie nur möglich, daher sollte es nicht verwundern, dass die Raumzeit in der Nähe eines schwarzen Lochs am stärksten gekrümmt wird, bis die allgemeine Relativitätstheorie nicht länger funktioniert.

Auch wenn Wissenschaftler auf Ausnahmen hoffen, gibt es heute keine bekannten nackten Singularitäten. Stattdessen bildet sich ein Radius um das schwarze Loch herum, in dem der dreidimensionale Raum so stark gekrümmt wird, dass jeder Weg, der aus dieser Kugel herausführen sollte, stattdessen wieder hineinführt. Alle Wege in einem schwarzen Loch führen zur Singularität. Nichts kann ihm entkommen, auch nicht Licht. Eine schwarze Perle bildet sich im Weltall. Der Rand des schwarzen Lochs ist der Ereignishorizont, denn kein Ereignis dahinter ist für uns sichtbar. Und da die Perle schwarz ist, ist sie im dunklen Kosmos praktisch unsichtbar. Noch dazu ist sie ein zwerghafter Riese, denn schwarze Löcher sind viel kleiner als die Sterne, die sie einst waren. Unsere Sonne hat einen Durchmesser von 1,4 Millionen Kilometern, ihr schwarzes Loch wäre jedoch nur 3 Kilometer im Durchmesser groß – und dennoch nach jeder anderen Metrik eines der extremsten Objekte des Universums.

Auch wenn Licht schwarzen Löchern nicht entkommen kann, leuchten sie. Immer dann, wenn sie Materie einsaugen, bewegt sich diese nicht direkt in das schwarze Loch hinein, sondern wird mit einem Momentum angezogen, welches dafür sorgt, dass die Materie sich erst um das schwarze Loch dreht. Dies erfolgt aber nicht langsam und harmonisch wie bei den Ringen des Saturns, sondern eher in einem heißen, grellen Sturm. Denn einige schwarze Löcher sind die am schnellsten drehenden Objekte in unserem Kosmos. Die extremsten von ihnen drehen sich mit mehreren Prozenten der Lichtgeschwindigkeit und befinden sich somit auch mit ihrer Geschwindigkeit im Bereich der Relativität. Das schnellste je entdeckte schwarze Loch drehte sich mit 84 Prozent der Lichtgeschwindigkeit. Solche Bewegungen beeinflussen natürlich die Materie, welche sich um das schwarze Loch dreht und in einem dichten Strom mitgerissen wird. Dadurch entsteht Reibung. Durch Reibung entsteht Hitze, durch die Hitze entsteht Licht. Ein goldener Ring legt sich um diese schwarze Kugel, eben wie ein Planetenring: die *Akkretionsscheibe*.

Wenn Sie aber vor einem schwarzen Loch schwebten, würden Sie nicht nur auf einen hellen Ring entlang des Äquators blicken, sondern auch sehen, wie dieser sich an den sichtbaren Rändern der Kugel nach oben und nach unten anzuschmiegen scheint, wodurch sich auch ein Ring um das gesamte schwarze Loch, wie Sie es sähen, herumlegt. Als wenn Sie den Saturn von oben herab und von der Seite gleichzeitig beobachten würden.

Denn die Krümmung der Raumzeit hört nicht am Ereignishorizont auf, was zur Folge hat, dass man die Vorder- und die Rückseite eines schwarzen Lochs gleichzeitig sehen kann. Der Teil des Ringes, welcher eigentlich auf der Rückseite zu sehen wäre, wird dabei sowohl ober- als auch unterhalb des schwarzen Loches sichtbar. Ein doppelt sichtbarer Halbring erzeugt also die Illusion, dass sich ein zweiter Ring um das schwarze Loch zieht.

Von der Akkretionsscheibe aus wird Materie spiralartig

in das schwarze Loch hineingezogen. Dabei lässt sich kaum noch identifizieren, ob diese einst in einem Planeten oder in einer Gaswolke war. Denn durch die extrem heißen und dichten Bedingungen wird die Materie, wie auch in Sternen und am Anfang des Universums, in Plasma umgewandelt. Wenn Sie also von einem schwarzen Loch angezogen werden würden, wären Sie auf dem Weg hinein nicht mehr von der Suppe eines Sterns unterscheidbar. Schwarze Löcher funktionieren jedoch nicht wie Staubsauger, welche alles einfach einsaugen. Von der Akkretionsscheibe geht aus diversen Gründen ein starker Strahlendruck aus, welcher gegen das Anziehen von Materie anarbeitet. Er wird auch gerne als Todesschrei der Materie bezeichnet. Je nach Größe des schwarzen Loches gibt es also eine Obergrenze, wie schnell es Materie einsaugen kann. Der Druck wird möglicherweise sogar so stark, dass das schwarze Loch vorerst gar keine weitere Materie ansammeln kann.

Schwarze Löcher bewegen sich nicht auf der Suche nach Materie durch den Kosmos. In seltenen Fällen kann ein stellares schwarzes Loch durch die Explosion der Supernova, die es erschaffen hat, wie die Kugel aus einer Kanone durch den Kosmos geschossen werden, bewegt sich dann aber natürlich ohne einen Plan. Ansonsten verweilen sie aber still an der Stelle, an der sich vorher der Stern befand, von der Rotation um den Mittelpunkt ihrer Galaxie mal abgesehen. Ein stellares schwarzes Loch kann in den schwersten Fällen das Zwanzigfache der Masse unserer Sonne haben. Doch das größte heute bekannte schwarze Loch, Phoenix A, hat eine Masse von mindestens 100 Milliarden Sonnen.

Schwarze Löcher sind keine homogene Gruppe. Stellare schwarze Löcher sind eher spannende Nuancen des Universums, während supermassive schwarze Löcher einen tiefgreifenden Einfluss auf ihr lokales Weltall haben. Im Grundprinzip funktionieren beide Objekttypen gleich, jedoch haben supermassive schwarze Löcher viel Platz für kosmische Phänomene. Diese Giganten sind die extremsten Objekte in unserem Universum. Phoenix A ist im Durchmesser sechsmal so groß wie das gesamte Sonnensystem. Es würde viele Jahrhunderte dauern, eine Sonde an diesem Objekt vorbeireisen zu lassen – und dies betrifft nur den Bereich der schwarzen Kugel, den *Schwarzschild-Radius*.

Alle supermassiven schwarzen Löcher sind Millionen bis Milliarden Sonnenmassen groß. Ein Objekt von solcher Größe hat nichts, um das es rotiert, und kann gleichzeitig nicht von seiner Umgebung ignoriert werden. Daher befinden sich supermassive schwarze Löcher meistens in der Mitte von Galaxien, wobei dies nicht immer klar beobachtbar war. Ganze Galaxie-Cluster, also Hunderte Objekte wie die Milchstraße, wurden in der Vergangenheit übersehen, weil ein schwarzes Loch im Zentrum das Licht von Billionen Sternen mit seiner Leuchtkraft überdeckte. Wenn ein schwarzes Loch über ein Gewicht von 10 Millionen Sonnenmassen hinauswächst, wird es zu einem *Quasar*.

Im Jahr 1980 kartierte die Europäische Südsternwarte (ESO) den Sternenhimmel und notierte dabei einen unauffälligen Stern in unserer Milchstraße, welcher den wenig charmanten Namen J0529-4351 bekam. Eine automatisierte Analyse 42 Jahre später überprüfte diesen Bereich unseres kosmischen Vorgartens erneut und kam zu dem Schluss, dass es sich bei dem Objekt zu 99,98 Prozent um einen Stern in unserer Heimatgalaxie handelt. Es war eines von mehr als 330 000 Objekten, die von einem Computer beobachtet und katalogisiert wurden. Niemand hatte einen Grund, sich diesen kleinen leuchtenden Punkt genauer anzuschauen. Doch nur 2 Jahre später warfen Forscher der ESO erneut einen

Blick in diesen Teil des Weltalls und entdeckten einen gewaltigen Irrtum. J0529-4351 war kein Stern und erst recht kein Teil unserer Galaxie. Stattdessen handelte es sich um einen Quasar, 9 Milliarden Lichtjahre von der Erde entfernt – also nicht nur nicht in der Milchstraße, sondern sogar noch im frühen Universum. Dieser Quasar leuchtet 500 Billionen Mal heller als unsere Sonne. Wie könnte ein Computer da nicht an einen Stern denken?

Würden Sie dieses Objekt aus einer gewissen Nähe beobachten (es wäre davon abzuraten, ganz nah an den Quasar heranzufliegen), so würden Sie keine direkte Ähnlichkeit mit den stellaren schwarzen Löchern erkennen können. Um genau zu sein, würden Sie vermutlich generell kaum etwas erkennen, selbst wenn wir in diesem Szenario die Helligkeit von Quasaren ignorieren. Denn die Akkretionsscheibe dieser Riesen ist nicht länger ein leuchtender Ring, sondern eine heiße, dichte Gaswolke, welche Lichtjahre im Durchmesser groß sein kann. Durch deren Größe werden die supermassiven schwarzen Löcher zu den hellsten Objekten im Universum. Eine überraschende Ironie, wenn man bedenkt, dass schwarze Löcher, auf sich allein gestellt, immer noch praktisch unsichtbar sind.

Doch die Extreme hören damit nicht auf. Denn es ist nicht der Schwarzschild-Radius, welcher Quasare zu den größten Einzelobjekten im bekannten Universum macht. Ähnlich wie die Erde oder auch die Sonne hat ein schwarzes Loch ein Magnetfeld. Auf der Erde wird das Magnetfeld durch den Erdkern erzeugt, indem flüssiges Eisen im Innersten des Kerns in Bewegung gesetzt wird.

In einem schwarzen Loch wird dieses Magnetfeld durch das geladene Plasma erzeugt, welches in der Akkretionsscheibe beschleunigt wird. Dadurch entsteht ein sehr starkes Magnetfeld, das jedoch mutmaßlich durch die Raumkrümmung in der Umgebung des schwarzen Loches starke Energieausstöße erzeugt. Bei dieser sogenannten *Zyklotronresonanz* wird eine große Menge an Materie in den Kosmos geschossen. Da dieses Plasma entlang der Rotation des schwarzen Loches vorher beschleunigt wurde, wird es jetzt in einem hellen Strahl, welcher die Kraft hat, Nebulae zu durchbohren, in den Kosmos geschossen.

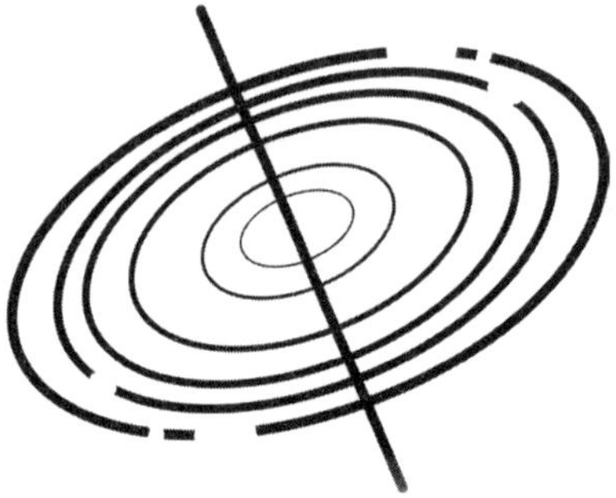

Stellen Sie sich auch das vor: Die Dunkelheit des weiten Kosmos wird von einer Gruppe von Lichtern gestört, von Galaxien, die jeweils Billionen Sonnenmassen schwer sind und von einem stark leuchtenden Objekt in der Mitte zusammengehalten werden. Es ist gut, dass Schallwellen im Weltall nicht übertragen werden können, sonst würde das lokale All von einem starken Heulen, dem Klang einer riesigen Plasmawolke, erfasst werden. Jahrtausende würde es dauern, mit einer Rakete vom Äußeren der Akkretionsscheibe ins Herz, zum schwarzen Loch zu reisen. Aufgrund der extremen Umgebung wäre ein solches Unterfangen aber auch gar nicht möglich.

Doch das Licht dieses Ortes beginnt heller zu werden, die Materie in der Akkretionsscheibe wird immer mehr, die Umgebung drum herum immer turbulenter. Das windige

Geheule, welches eigentlich nicht hörbar ist, wird zu einem scharfen Kreischen, aus dem Herz der Plasmawolke schießt ein blauer Energiestrahl in den Kosmos und zerschießt alles auf seinem Pfad – messbar nicht in Schall-, sondern Radiowellen.

Es sind solche Strahlen, die *Jets*, die Quasare zu den größten Einzelobjekten im bekannten Universum machen. Sie können sichtbar das Innere einer Galaxie verlassen. Wie findet der Mensch seinen Wert im Kosmos angesichts solcher Titanen?

Die große Menge an Materie, welche von schwarzen Löchern angezogen wird, und der Einfluss der Jets auf Gasregionen, die sie berührt haben, sorgen dafür, dass viele neue Sterne in der Nähe entstehen können. Ausgerechnet schwarze Löcher, diese Objekte, die Materie unerreichbar aus unserem Kosmos entfernen, sind die stärksten Erzeuger jener Objekte, die Leben im Universum möglich machen. In der Nähe von supermassiven schwarzen Löchern könnten Planeten entstehen, welche sich um diese drehen. Tausende sogar. Diese *Blaneten* genannten hypothetischen extrasolaren Planeten böten extrem unwahrscheinliche Chancen auf Leben. Zu instabil wäre ein Orbit, welcher lebensfreundliche Temperaturen hätte, zu radioaktiv wäre das schwarze Loch in ihrer Nähe. Zumal gravitationelle Erschütterungen die Planeten regelmäßig treffen würden.

Doch stellen wir uns trotzdem einmal vor, dass eine Zivilisation in der Lage wäre, all diese Hürden zu überwinden. Es wäre nicht das erste Mal, dass uns der Kosmos mit einer Entwicklung überrascht, die wir nicht für möglich gehalten hätten. Wie würden die Wesen dieser Zivilisation auf so einem Planeten auf ihre Umgebung reagieren? Die Erde liegt in der Nähe eines fantastischen Sterns, welcher von vielen Kulturen der Menschheitsgeschichte angebetet wurde. Wie würde die fiktive Zivilisation damit umgehen, wenn Ra, der Sonnengott, keine leuchtende Himmelsscheibe, sondern stattdessen ein immer wütendes schwarzes Loch wäre? Könnte sie die Entstehung eines Jets überleben? Und wenn ja, könnte dieser Beweis der Stärke und des Zorns ihres Gottes eine wissenschaftliche Entwicklung, weg von der theologischen Weltanschauung, zurückwerfen? Das ist natürlich alles reine Spekulation, aber in unserem Universum gibt es viele lebensfreundlichere Umgebungen als die eines schwarzen Loches, und viele hätten wohl eine ganz andere kulturelle Entwicklung als unsere zur Folge.

Besonders interessant an diesen Blaneten wäre aber die lokale Zeitkrümmung. Durch die Dehnung der Zeit würden die Bewohner solcher Objekte den Kosmos ganz anders wahrnehmen. Die kosmische Hintergrundstrahlung wäre für sie noch viel wärmer. Unsere Existenz wäre für sie in den extremsten Fällen nur ein kurzes Ereignis. Denn während auf der Erde Jahre vergehen, könnten auf diesen Objekten nur Stunden vergehen. Die gesamte bisherige Existenz des Homo sapiens könnte auf solchen Objekten nur Monate gedauert haben. Das frühe Universum, in dem sich die Bewohner der Blaneten in gewisser Weise jetzt noch befänden, wäre erst ein paar Tausend Jahre her. Und je nachdem, wie sie sich entwickelten, würden sie diese Merkwürdigkeit nie mitbekommen.

Bevor wir mit diesen neu gewonnenen Erkenntnissen zurück zu den Protogalaxien des frühen Universums reisen, muss noch eine offene Frage angesprochen werden: Woher kommen supermassive schwarze Löcher? Es dürfte ausreichend beschrieben sein, dass der Tod eines ordinären Sterns dafür nicht verantwortlich gewesen sein kann. Und auch die größeren Sterne der ersten Generation haben nur die Masse von Staubkörnern im Vergleich zu dem, was dafür gebraucht wird.

Die Wissenschaft hat bis heute keine genaue Antwort auf diese Frage; da supermassive schwarze Löcher aber so extrem sind und die Liste an existierenden Objekten im frühen Universum so kurz ist, gibt es sehr konkrete Vermutungen. Als sich die Protogalaxien entwickelten und wenig mehr als Gaswolken waren, lag der Großteil ihrer Masse bereits in ihrem Zentrum. Man vermutet heute, dass die Nebulae dort nicht als Brutstätten von zahlreichen Sternen dienten, sondern stattdessen kollabierten und zu großen schwarzen Löchern wurden, 100 000 Sonnenmassen schwer. Ein erster Zwischenschritt.

Ihre Entstehung kommt für uns pünktlich zum Ende der Protogalaxien. Wie ihre schwarzen Löcher waren auch Protogalaxien Zwerge im Vergleich zu ihren heutigen »Fassungen«. Und in beiden Fällen änderte sich dies durch Fusion. In den Brücken des kosmischen Netzes bewegten sich die Protogalaxien aufeinander zu und vereinten sich, getrieben durch die Gravitation. Ungefähr eine Milliarde Jahre nach dem Urknall entstanden die ersten Galaxien, wie wir sie heute kennen. Während sie sich näher kamen, begannen die Protogalaxien, sich gegenseitig zu verformen. Sie wirkten mit Gezeitenkräften aufeinander, ähnlich wie die Bewegung des Mondes um die Erde auf die Ozeane wirkt. Wenn die Ringe der dunklen Materie um die Galaxien in Kontakt zueinander kommen, verschmelzen sie und fangen an, die Fusion zu beschleunigen. Während dieses Prozesses können verschiedene Gaswolken aufeinandertreffen und sogenannte *Starbursts* auslösen, die massenhafte Erschaffung neuer Sterne. Die schwarzen Löcher in der Mitte der Protogalaxien sind sich näher gekommen und beginnen jetzt einen Tanz. Langsam rotieren sie gemeinsam um ein leeres Zentrum. In Spiralbewegungen kommen sie sich immer näher. Je kürzer die Umkreisungen werden, umso schneller werden die schwarzen Löcher, bis sie irgendwann rapide umeinander rotieren und ihre Ereignishorizonte miteinander verschmelzen. Als letzten Akt ihres Paartanzes stoßen sie eine gewaltige Gravitationswelle in den Kosmos. Dies macht so ein Ereignis leichter messbar für uns.

Durch die Fusion von Protogalaxien wird der Fluss von Gasen in Richtung des neugeborenen schwarzen Loches stark begünstigt, wodurch es stark anwächst. Dennoch wird der gerade beschriebene Prozess noch einige Male ablaufen, bevor ein Milliarden Sonnenmassen schwerer Riese entstanden ist. Phänomene, so extrem, dass Einstein sie nie für möglich hielt. Und so exotisch, dass sie heute eine der größten Inspirationsquellen für Menschen sind, die sich mit dem Kosmos auseinandersetzen wollen.

Auf der Suche nach dem Sinn des Lebens in unserem Kosmos mögen schwarze Löcher vielleicht vorerst fehl am Platz wirken. Unabhängig davon, ob Leben in ihrer Nähe entstehen kann, gab es keinen direkten Einfluss eines schwarzen Loches auf die Entstehung des Lebens auf der Erde. Doch die Suche nach einem Platz und Sinn muss weiterhin auf einer größeren Skala stattfinden. Schwarze Löcher sind Objekte voller Paradoxe. Unsichtbar und doch die hellsten. Sternenfresser und doch Geburtsstätten. Dass durch sie massenhaft Sterne entstehen, zeigt, dass sie doch Teil des Puzzles sind, welches Leben erst ermöglicht hat. Ohne sie wären unsere Galaxien nicht so gebaut wie heute. Auch sie sind Teil des großen Designs. Hinzu kommt, dass unsere Reise durch den Kosmos gerade erst angefangen hat. Der wahre Wert, den schwarze Löcher für das Leben im Universum haben können, wird sich erst in einer weit entfernten Zukunft zeigen.

GEBURT DER MILCHSTRASSE

Galaxien waren endlich geboren. Der Kosmos sah zunehmend so aus, wie wir das Universum heute kennen. Nicht alle Galaxien entwickelten sich dabei gleich, aber sie alle behielten ihre Scheibenform. In den jungen Galaxien gab es mehrere Ellipsenbahnen, auf denen die Materie dichter angesiedelt war als an anderen Stellen. Dadurch entstanden dort mehr Sterne und sie formten sich zu den charakteristischen Spiralarmen, die wir heute beobachten können. Diese leiten beständig Materie in Richtung des supermassiven schwarzen Loches in der Mitte der Galaxie, von dem ihre Größe stark abhängt. Die größten schwarzen Löcher erschaffen Quasar- oder Seyfert-Galaxien, welche einen extrem hellen Galaxiekern besitzen. Sie können Billionen von Sternen aufweisen und Millionen Lichtjahre im Durchmesser groß sein. Die kleinsten jedoch, die sogenannten Zwerggalaxien, sind teilweise nur Hunderte Lichtjahre im Durchmesser groß und besitzen lediglich Tausende Sterne.

Nach ihrer Entstehung durchlebten die Galaxien zunächst eine extrem turbulente Zeit. Nach der Fusion von Protogalaxien gab es immense Mengen an Gas, welche von den schwarzen Löchern in der Mitte angezogen wurden. Durch diese ständige große Nahrungsquelle stießen diese wesentlich mehr Strahlung aus und erhitzten ihre Umgebung natürlich viel stärker. Man spricht hier von einem aktiven Galaxiekern, welcher, wie oben bereits erwähnt, besonders stark leuchtet. In dieser Zeit entstehen auch massiv mehr Sterne als sonst, was als Folge auch mehr Supernovae produziert. Galaxien, so scheint es, müssen sich erst richtig finden, zumal dieser Prozess durch das regelmäßige Hinzukommen neuer Protogalaxien nur erschwert wird.

Ungefähr 3 Milliarden Jahre nach dem Urknall erreichte die Intensität der Aktivitäten des galaktischen Kerns ihren Höhepunkt. Zunehmend verschwanden Protogalaxien aus der intergalaktischen Nachbarschaft, und die Sternenentstehungsrate nahm ebenfalls ab. Heutzutage sind die meisten Galaxien wesentlich ruhigere Orte als damals, was extrem wichtig ist, wie wir noch sehen werden. Da die Dinge sich zunehmend beruhigten und das Universum seine heutige Gestalt erreichte, wird es für uns Zeit, über eine spezifische Galaxie zu sprechen. Unsere Heimat, die Milchstraße. Diese hat sich ebenfalls im Chaos der Protogalaxien gebildet und ist eine relativ große Galaxie.

In den großen Weiten des Vakuums unseres Weltalls liegt ein Gigant. Lange Spiralarme strecken sich um einen hellen Balken in der Mitte aus. Da sind Perseus und Scutum-Centaurus, die größten von ihnen, aber dazwischen auch viele kleine Spiralarme wie Orion-Cygnus, eher am Rand des Riesen, in dem ein bestimmter blauer Planet liegt. In den Spiralarmen entstehen junge Sterne, welche in ihrem Lebenszyklus langsam in Richtung des Galaxiezentrums wandern. 100 000 Lichtjahre ist unsere Heimatgalaxie im Durchmesser groß. Würde man das gesamte Sonnensystem inklusive aller Planeten auf die Größe eines weißen Blutkörperchens schrumpfen, und die Milchstraße proportional dazu auch, so wäre sie immer noch größer als die Vereinigten Staaten von Amerika. 300 bis 400 Milliarden Sterne erstrecken sich über den besagten Durchmesser von 100 000 Lichtjahren. Träumen Sie nicht vom Bereisen ferner Galaxien. Um nur unsere Heimat zu erschließen, müssten wir zu Göttern unter Menschen werden.

Die Milchstraße genau zu vermessen, hat sich in der Vergangenheit als schwieriger herausgestellt, als man vielleicht denkt. Praktisch alle Phänomene und Entdeckungen des Weltalls, von denen Sie in den Nachrichten hören, betreffen unsere Heimatgalaxie. Jedoch können wir nur eine Hälfte von ihr wirklich sehen. Wie andere Galaxien besteht die Milchstraße auch heute noch zum Großteil aus Gaswolken. Diese können Licht blockieren, was es extrem schwer macht, in unseren kosmischen Vorgarten zu blicken. Von der Südhalbkugel der Erde aus kann man das große Band der Milchstraße am besten sehen. Von dort blickt man in das Zentrum unserer Galaxie, die sternenreichste Region, welche natürlich ein supermassives schwarzes Loch in ihrer Mitte hat. Sagittarius A* ist unser lokales supermassives schwarzes Loch und hat ungefähr 4,3 Millionen Sonnenmassen an Gewicht. Damit ist es noch eine Ecke entfernt von den großen

Quasaren, über die wir eben gesprochen haben, aber dennoch ein wirklich mächtiges Objekt. Es ist ein relativ ruhiges schwarzes Loch, auch wenn Messungen zeigen, dass dies nicht immer so war. Ruhig ist auch die Sternenentwicklung, denn nur zehn bis zwanzig neue Sterne entstehen pro Jahr in unserer Galaxie. Der Großteil der Sterne ist jedoch alt und klein und entstand bereits im ganz frühen Universum.

Unsere Milchstraße ist nicht allein im Weltall unterwegs, sondern hat eine äußerst lebendige Nachbarschaft. Wie Sie sich sicher noch erinnern, wächst der Abstand zwischen Galaxien im Universum, da die mysteriöse dunkle Energie den dreidimensionalen Raum zwischen ihnen ausdehnt. Galaxien selbst werden dabei nicht zerstört, da der Gegenspieler der dunklen Energie, die Gravitation, in ihnen zu groß ist. Tatsächlich hört dieser Effekt an der Grenze der Galaxien nicht auf. Unsere Milchstraße befindet sich in einer Familie von Galaxien, welche durch die dunkle Energie nicht auseinandergerissen wird, es handelt sich um die sogenannte *lokale Gruppe*.

Die lokale Gruppe verbreitet sich über eine Distanz von ungefähr 8 Millionen Lichtjahren, ist jedoch alles andere als ausgeglichen. 95 Prozent der Materie befinden sich in der Milchstraße und ihrem großen Nachbarn, der *Andromedagalaxie*. Dies bedeutet, dass man in gewisser Weise einen Großteil der lokalen Gruppe am Sternenhimmel erblicken kann, denn die Andromedagalaxie ist die einzige Galaxie, die mit bloßem Auge zu sehen ist. Sie ist der große Bruder unserer Milchstraße, im Aussehen ähnlich, aber wesentlich massiver. Mit einer Billion Sternen und einem supermassiven schwarzen Loch in der Mitte ist es kein Wunder, dass sie sichtbar ist, trotz 2,5 Millionen Lichtjahren Abstand. Die Andromedagalaxie ist für uns wichtig, weil die Menschheit dank ihrer Hilfe realisierte, dass unser Universum aus so viel mehr besteht als nur den Sternen am Nachthimmel. Auch wenn das Objekt seit Jahrhunderten beobachtet wurde, galt erst in den 1920er-Jahren gesichert, dass unser Universum eine Ansammlung von Sterneninseln ist, wie man es damals genannt hat.

Die Andromedagalaxie ist aber auch deswegen interessant für uns, weil sie eines Tages das Ende der Milchstraße bedeuten wird.

Beide Galaxien sind zurzeit auf Kollisionskurs, und in 5 bis 6 Milliarden Jahren werden sie zusammenstoßen. Laut neueren Forschungen berühren sich die äußeren, nicht sichtbaren Gasringe der Galaxien bereits, dieser Prozess führt jedoch noch zu keinen Konsequenzen. Daher werde ich dies ignorieren und von einer noch anstehenden Kollision sprechen. Es lohnt sich jedoch zu erwähnen, dass, wenn die 1,3 Billionen Sterne der Milchstraße aufeinanderstoßen, die Wahrscheinlichkeit einer Kollision zwischen zweien von ihnen bei praktisch null Prozent liegt. Zu groß ist das Vakuum dazwischen.

Um die beiden Galaxien herum befinden sich 70 Zwerggalaxien, angeordnet wie zwei Blasen. Zwei von ihnen sind so nah an unserer Milchstraße, dass sie diese bereits leicht verformen. Die kleinsten haben nur ein paar Tausend Sterne, die größten Hunderte Millionen. Es müsste ein dunkler Sternenhimmel sein, welchen die Bewohner einer Zwerggalaxie sähen. Am Rande so eines Objektes könnte man auf der einen Halbkugel eines Planeten nichts als Dunkelheit, den intergalaktischen Raum erblicken, während auf der anderen Seite das Licht des kleinen, aber dennoch hellen Galaxiekerns zu sehen wäre. Dass die lokale Gruppe immer bei der Milchstraße sein wird, ist nur ein kleiner Trost. Durch die dunkle Energie werden andere Galaxien sich eines Tages so schnell von uns entfernen, dass es keine mehr geben wird, deren Licht uns noch erreichen könnte. Kein noch so starkes Teleskop wird dies überwinden können. Diese andere erdachte Zivilisation müsste davon ausgehen, dass ihre Heimatgalaxie, die Andromedastraße – die Fusion aus Andromedagalaxie und Milchstraße –, nahezu das gesamte Universum ausmachte.

Jedoch haben wir so einen Punkt noch nicht erreicht, und unsere Nachbarschaft hört auch nicht mit der lokalen Gruppe auf. Unsere zwergenhaften Nachbarn sind sehr divers, und es gibt auch hier viele interessante Ansichten, ihre Relevanz ist aber zu gering, um sie an dieser Stelle näher zu beschreiben.

DER VIRGO INFALL

Die Mitglieder der lokalen Gruppe befinden sich in einem größeren Galaxiehaufen namens *Virgo*. Dieser ist quasi unser Teil einer Brücke im kosmischen Netz, jener großen, netzartigen Struktur, die unser Universum erfüllt. Er hat ungefähr 2000 Galaxien. Die lokale Gruppe konnte mit ihrer internen Gravitation verhindern, dass die dunkle Energie ihre Mitglieder auseinanderreißt. Der Virgo-Haufen schafft dies nicht, hat jedoch eine Gravitation, welche die Mitgliedsgalaxien an das Zentrum des Clusters heranzieht. Dies nennt man den Virgo Infall, und er überlagert sich mit der dunklen Energie und schwächt ihr Wirken dadurch. An dieser Stelle überlagern sich die Ereignisse. Denn Virgo ist auch nur ein Haufen von vielen verschiedenen im Virgo-Superhaufen (Kreativität bei der Namensgebung ist keine wichtige Eigenschaft, um Wissenschaftler zu werden). Superhaufen zählen zu den größten Strukturen, welche wir im sichtbaren Universum beobachten können, und mit 200 Galaxiehaufen ist der Virgo-Superhaufen keine Ausnahme. Der Virgo-Haufen befindet sich im Zentrum des Virgo-Superhaufens und erfährt dort ebenfalls eine Gravitation durch Haufen in seiner Umgebung. Doch wie erst seit wenigen Jahren bekannt, ist auch der Superhaufen nur Teil einer wesentlich größeren Struktur: *Laniakea*.

Der Laniakea-Supercluster ist das größte Objekt, welches wir als unsere Heimat bezeichnen können – vorerst. 100 000 Galaxien befinden sich in ihm, und sein Durchmesser beträgt knapp eine halbe Milliarde Lichtjahre, was man wohl bereits als eine im sichtbaren Universum durchaus relevante Größe bezeichnen könnte. Eine große Blase, in der sich ein Netzwerk an großen Armen erstreckt und in der sich neben dem Virgo- noch drei weitere Superhaufen befinden.

Die berühmtesten Bilder von Laniakea sind aber jene, in denen man ein Netzwerk aus dünnen Fäden sehen kann, welche die Strömungsrichtungen der Galaxien in Richtung des Zentrums aufzeigen. Dort befindet sich, 200 Millionen Lichtjahre von uns entfernt, der mysteriöse *Große Attraktor*, ein Objekt mit der Stärke, die 100 000 Galaxien in seinen

Bann zu ziehen. Es ist nicht bekannt, was der Große Attraktor ist, nur dass er mindestens eine Billiarde Sonnenmassen an Gewicht hat. Da er sich in der Mitte eines Superclusters befindet, welches aus einer großen Masse an Galaxien besteht, liegt es nahe, dass es sich auch hier um einen Galaxie-Superhaufen handelt. Man sollte meinen, so etwas wäre leicht zu sehen, jedoch befindet sich der Große Attraktor in der sogenannten Zone der Vermeidung, das ist der Bereich des Weltalls, welcher für uns hinter dem hellen Leuchten der Mitte unserer Galaxie verschwindet. Aber keine Sorge: In 115 Millionen Jahren wird die Sonne eine halbe Rotation um unsere Galaxie zurückgelegt haben, dann können wir noch mal nachschauen. Wobei man dazusagen muss, dass der Große Attraktor uns zwar anzieht, jedoch dadurch nicht verhindern kann, dass die dunkle Energie Laniakea in Zukunft zerreißen wird. Doch am Horizont hinter den Grenzen des Superclusters geht es weiter. Denn die Übergänge sind fließend, und die Milchstraße wird auch angezogen vom Shapley-Attraktor, dem Zentrum des noch viel größeren Shapley-Superclusters, welches hinter Laniakea liegt und die größte Ansammlung von Galaxien im Umkreis von 700 Millionen Lichtjahren ist. Und die unklaren Grenzen zwischen den beiden Superclustern lassen vermuten, dass sie womöglich Teile einer noch viel größeren Struktur sind …

So viel zu den Sterneninseln in unserem Kosmos. Wobei es sich eigentlich eher um eine Autobahn handelt.

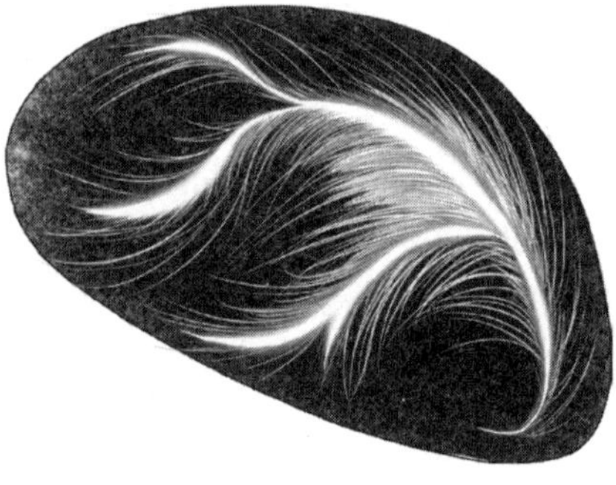

Es ist wichtig, dass wir diese beständige Dynamik des Universums und die stetigen Veränderungen anerkennen und als einen sich jetzt gerade vollziehenden Prozess begreifen. Denn auf der Suche nach dem Platz des Menschen im Kosmos müssen wir uns von der Vorstellung des ruhigen und harmonischen Universums verabschieden, das in erster Linie Ewigkeit ausstrahlt, und uns herantasten an eines, das ein lebendiges System in ständiger Bewegung ist. Das Universum ist ein komplexer Organismus mit vielen Ebenen. Supercluster sind eine davon, Lebensformen auf Planeten eine andere. Diesen Organismus gab es, bevor es Sie als Person gab, und Sie werden auf kleiner Ebene von seiner Mechanik auch dann noch mitgerissen, wenn es Sie als Person nicht mehr gibt. Wie gesagt, befinden wir uns weiterhin am Anfang der Lebenszeit des Kosmos, und gerade zu dieser Zeit sind die Veränderungen noch am stärksten. Diese Entwicklungen sind größer als Sie und halten viel länger an als der Homo sapiens. Aber es sind eben keine Entwicklungen, die einfach an uns vorbei passieren. Sie sind die Folge eines intelligenten Designs, welches mit denselben Plänen Galaxiehaufen bewegt, mit denen es Leben erschafft. Die Kräfte, die Ihren Körper antreiben, treiben auch die Sterne über Ihnen an.

Ich hoffe, dass ich Ihnen auf diesen Seiten klarmachen konnte, dass die Physik ein Monopol auf den Sinn des Lebens haben muss. Ihre innere Ruhe, ein Leben mit guter Moral oder eine glückliche Familie sind alles angenehme Ziele, doch da draußen bedeuten sie, brutal gesagt, nichts. Und egal, ob es Ihnen gefällt oder nicht, das da draußen ist real. Auf der Suche nach seinem Sinn hat der Mensch schon zu häufig bei sich selbst angefangen. Es ist ein großes Problem, dass wir zu selbstzentriert sind. Wir denken, dass wir dies überwinden könnten, indem wir andere Menschen statt uns selbst in den Vordergrund stellen, und wagen es dann dennoch nicht, über unseren kleinen Horizont hinauszublicken. Der durchschnittliche Mensch von heute möchte einen Sinn des Lebens haben, der angenehm klingt. Der unkompliziert ist, sodass ihn jede Person instinktiv begreifen kann. Am besten noch einen Sinn, für den man sich nicht anstrengen muss. Doch die Menschen müssen sich anstrengen. Nichts da draußen richtet sich auf uns aus, sondern wir müssen uns umrichten.

Es ist nicht leicht in unserer Gesellschaft, in einem normalen Alltag stehen zu bleiben und sich komplett darauf einzulassen, dass man in einem Konstrukt wie Laniakea lebt, doch nicht weniger als das verlange ich von Ihnen. Legen Sie alle irdischenVorstellungen von der Bedeutung des Lebens ab, welche Ihnen Ihre Kultur gegeben hat, und wagen Sie es, die schweren Antworten zu den großen Fragen zu verinnerlichen. Wie eine Glaswand in Ihrem Geist, durch welche Sie laufen müssen. Zeitlich wie auch zahlenmäßig kann man dem einzelnen Individuum auf einer kosmischen Skala nicht den erhobenen Platz bieten, den Religionen und Ideologien oft verheißen. Aber wie wir noch sehen werden, kann unsere Spezies sehr wohl eine Sonderstellung erreichen. Das hier ist nicht die Suche nach Ihrem Sinn des Lebens, sondern nach unserem. Sie als einzelne Person sind genau wie ich nur ein Pflasterstein auf dem Weg dahin und haben nicht die Macht, dies zu ändern.

Wir haben nun vorerst das Ende unserer Reise durch das frühe Universum erreicht. Der Kosmos hält noch viel mehr Wunder bereit, als wir auf diesen Seiten besprochen haben, dennoch hoffe ich, dass Sie jetzt ein Gefühl für seinen Aufbau haben. Wir befinden uns in einem kosmischen Netz. Gestützt durch dunkle Materie und zunehmend verzerrt durch dunkle Energie. Geprägt durch Galaxien, welche in Gruppen unterwegs sind und ein schwarzes Loch in ihrer Mitte haben, das die Bewegungen der Sterne in ihnen beeinflusst. Sterne, welche die Elemente produzieren und die Energie spenden, die Leben im Kosmos erst ermöglicht. Und über dieses Leben wollen wir jetzt sprechen.

VOM ANFANG BIS HEUTE
Entstehung des Lebens

GIBT ES AUSSERIRDISCHES LEBEN?

Die Antwort ist Ja. Sehr direkt und einfach Ja. Es wird schwer sein, in den Raumfahrtorganisationen und diversen Forschungseinrichtungen der Erde Menschen zu finden, welche dies anders sehen. Der britische Schriftsteller und Physiker Arthur C. Clarke sagte einmal: »Zwei Möglichkeiten existieren: Entweder wir sind allein im Universum oder wir sind es nicht. Beide gleichermaßen gruselig.«

Dieser Haltung kann ich nur zustimmen. Der Umstand, dass wir allein in diesem Universum sind, wäre gruselig. Dass Leben nur hier auf der Erde entstanden ist, wirkt so unmöglich, dass man unter diesen Umständen davon ausgehen müsste, dass wir in einer Simulation und nicht in der Realität leben. Die Alternative hingegen wirkt einfach normal.

Wir müssen schließlich heute davon ausgehen, dass unser Universum nach dem *kosmischen Prinzip* funktioniert. Dieses besagt, dass kein Ort im Universum gegenüber einem anderen einen höheren Wert hat beziehungsweise mit besonderen Attributen ausgestattet ist. Überall gibt es zum Beispiel Supercluster. Dies bedeutet natürlich auch, dass jeder Ort im Universum mit demselben Set an Naturgesetzen und Naturkräften ausgestattet ist. Das Ganze ist eine Weiterentwicklung des kopernikanischen Prinzips, welches etablierte, dass die Sonne und das Weltall sich nicht um die Erde entwickeln, sondern die Erde nur einer von mehreren Planeten ist, welcher sich um die Sonne dreht. Kopernikus konnte nie erfahren, dass es im bekannten Universum noch 700 Trilliarden Sterne wie unsere Sonne gibt, nahezu alle mit der Möglichkeit, Leben in ihren Umlaufbahnen zu beherbergen. Angesichts dieser Zahl wäre es geradezu irrsinnig zu glauben, dass es kein weiteres Leben im Kosmos geben könnte. Die wichtige Frage ist eher, wie viel Leben es in unserem Universum gibt. Dafür müssen wir wissen, was Leben zum Entstehen braucht, und dafür wiederum müssen wir auf die einzige Quelle zurückgreifen, welche wir zur Verfügung haben: die Erde.

Auf unserer Reise durch den Kosmos sind wir noch nicht ganz bei der Erde und ihren Bewohnern angekommen, dennoch müssen wir das Thema hier als eine Art Zwischenstopp ein bisschen vorwegnehmen. Alles Leben auf der Erde besteht aus Zellen. In den Tiefen der frühen Ozeane entstanden vor mindestens 3,5 Milliarden Jahren die ersten rudimentären Versionen von ihnen, produziert in einer Ursuppe aus Chemikalien. Diese waren noch einen langen Evolutionsweg entfernt von den Zellen, die Sie heute in Ihrem Körper haben, aber sie waren dennoch Lebensformen. Wir wollen uns die Entwicklung des Lebens auf der Erde wie gesagt später noch genauer anschauen, doch bietet sie Weisheiten, die wir bereits hier auch auf die Entstehung von außerirdischem Leben anwenden können. Als Erstes leider die ernüchternde Erkenntnis, dass wir den Prozess bisher nur enorm begrenzt begreifen, denn die Entstehung der ersten Zellen auf der Erde konnte bis heute noch nicht im Labor reproduziert werden. Einzelne chemische Prozesse, die daran beteiligt waren, jedoch schon. Und natürlich ist der Aufbau einer Zelle heutzutage bekannt.

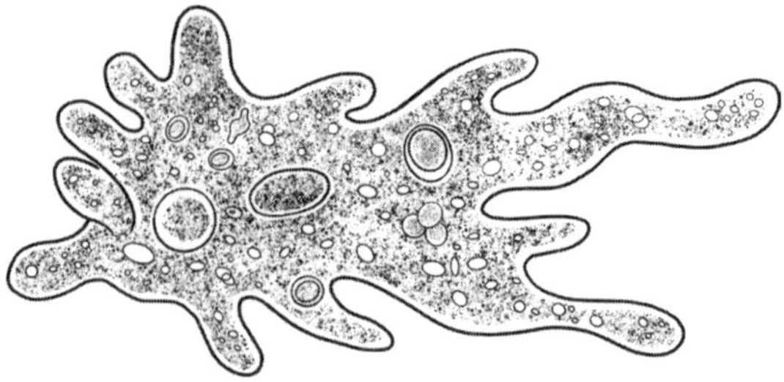

Aminosäuren und eine Vielzahl anderer organischer Moleküle, also Teilchen, die aus mehreren Atomen bestehen, sammelten sich in der Ursuppe und wurden zu den wichtigen Bauteilen einer Zelle, wie zum Beispiel Protein. Aus Chemie wurde Biologie, aus toter Materie entstand ganz plötzlich Leben.

Unabhängig davon, dass der Prozess bis heute noch nicht ausreichend aufgedeckt wurde, muss er dennoch relativ direkt sein, ohne irgendwelche Wunder. Die richtigen Moleküle, gepaart mit der richtigen Umgebung und einer gewissen Menge an Energie, erzeugen einfachste Lebensformen. Die Entstehung des Lebens auf der Erde kann kein Unfall gewesen sein. Alles, was sich im Universum seit Anbeginn der Zeit ereignet hat, ist eine direkte Folge der Grundkräfte des Universums und der Naturgesetze. Dies beginnt halbwegs simpel bei den vier Grundkräften, drückt sich aber bis in die chemischen Reaktionen zwischen verschiedenen Elementen aus. Und was wissen wir über Naturgesetze?

Sie können nicht gebrochen werden.

Damit will ich sagen, dass Leben unter den richtigen Bedingungen nicht entstehen kann, sondern unter den richtigen Bedingungen entstehen muss. Überall, wo es Leben geben kann, muss es Leben geben. Diese Feststellung lässt einen auf eine große Menge an bewohnten Orten in der

Milchstraße hoffen, beantwortet aber noch nicht ganz die Frage, wo sich diese befinden könnten. Fangen wir die Suche nach den weiteren Bewohnern unseres Kosmos also ganz schlicht an und fragen, was das Mindeste ist, was Leben als Grundlage benötigt.

Damit die Moleküle, aus denen Leben besteht, sich verbinden können, müssen sie in einem flüssigen Medium sein. In einem Feststoff wie einem Stein können sie sich nicht bewegen. In einem Gas können sie sich zwar bewegen, jedoch keine Verbindung eingehen. Doch wer denkt, dass dies bedeutet, dass wir uns bei der Suche nach Leben auf blaue Planeten wie die Erde – immerhin der einzige Planet im Sonnensystem mit großen Mengen an Flüssigkeit auf seiner Oberfläche – beschränken müssen, der liegt falsch. Simple Lebensformen wurden auf der Erde an den extremsten Stellen gefunden, zum Beispiel tief im Erdinneren. Dementsprechend braucht Leben nicht immer so angenehme Bedingungen wie jene, unter denen wir existieren. Dazu kommt, dass Leben nicht nur in Wasserozeanen entstehen kann, sondern auch in Methan oder Ethan.

EXTREMOPHILE LEBENSFORMEN

Alles Leben auf der Erde hat, wie bereits erwähnt, eine Kohlenstoffbasis. Kohlenstoffatome haben vier äußere Elektronen und somit vier Bindungen, um an ihnen Verknüpfungen zu anderen Atomen aufzubauen. So können Atom für Atom komplexe Lebensformen entstehen. Ein weiteres Element, welches in derselben Hauptgruppe des Periodensystems liegt, also ähnlich wie Kohlenstoff aufgebaut ist, ist *Silizium*. Dieses könnte ebenfalls die Grundlage für Leben bilden, jedoch formt Silizium in Anwesenheit von Wasser sogenannte

Silikate. Dies sind sehr stabile Verbindungen, die dementsprechend also nicht weiter reagieren, um organische Moleküle zu produzieren. Dies geschieht jedoch nicht in Methan. Tatsächlich gibt es einige Himmelskörper, welche Methanozeane haben – so wie die Wasserozeane auf der Erde –, was daran liegt, dass der Gefrierpunkt von Methanozeanen −179 Grad Celcius beträgt. Während sich frei auf der Oberfläche eines Planeten erstreckende Wasserozeane also in der sogenannten Goldilock-Zone, dem Bereich um einen Stern, in dem es nicht zu kalt ist, existieren müssen, können Methanozeane auch fernab der Sonne florieren.

Ein passender Kandiat dafür wäre *Titan*, ein Mond des Saturns. Da Silizium auch bei äußerst hohen Temperaturen stabil bleibt, würden siliziumbasierte Lebensformen, deren Zellen mit Silicon-Molekülen gebaut wären, besser in extremen Umgebungen überleben können.

Jedoch ist Kohlenstoff dennoch das überlegenere Element zum Bau von Lebensformen. Da Kohlenstoffatome mit ihren vier Bindungen auch stabilere Doppelbindungen eingehen können, haben sie mehr Freiheiten bei der Erschaffung von komplexen Strukturen. Dazu kommt, dass Silizium-Leben durch seine Umgebung stark eingeschränkt wird. Würde auf der Erde heute ein Silizium-Mensch entstehen, so würde er mit Sauerstoff reagieren und die eben genannten Silikate bilden. Wie ein Troll aus einem Märchen, welcher in Kontakt mit der Sonne kommt, würde er erfrieren. In der Umgebung eines kalten Mondes wie dem Titan gäbe es nur eine begrenzte Menge an Elementen, mit denen Silizium Verbindungen eingehen könnte. In Kombination mit dem Mangel an stabilen Doppelverbindungen hat dies zur Folge, dass die Lebensformen dazu verdammt sind, sich kaum über das Einzellerstadium hinaus zu entwickeln. Dies führt wiederum dazu, dass unsere Suche nach anderem Leben weiterhin stark auf Objekte in der habitablen Zone eines Sterns beschränkt ist. Es gibt immer wieder Ideen über Lebensformen, welche eine andere Basis haben als das Leben auf der Erde und oft unter extremen Bedingungen existieren würden. Jedoch hat Leben unter Erdbedingungen immer das Privileg der Komplexität. Dass wir unsere Suche auf Lebensformen, welche im Wasser entstanden sind, fokussieren, bezeichnete der amerikanische Astrophysiker Carl Sagan als Kohlenstoffchauvinismus. Auch wenn wir für den Großteil dieses Buchabschnitts Leben also durch die Brille von Chauvinisten betrachten, sei zumindest betont, dass auch eine Pfütze auf einem kalten Mond, welcher nur Einzeller aufweist, die außerhalb eines Mikroskops nicht sichtbar sind, trotzdem ein Ort des Lebens ist. Und teilweise sind es wirklich nicht viel mehr als Pfützen, welche auf außerirdisches Leben hoffen lassen.

In unserem Sonnensystem gibt es neben der Erde jedenfalls eine Reihe von Objekten, auf denen es Leben geben könnte. Natürlich wären das auch die einzigen, bei denen wir solche Mikroorganismen ohne jeden Restverdacht nachweisen könnten. Naheliegende Beispiele wären *Europa* und *Enceladus*, Monde des Jupiters und des Saturns. Beide zeichnet aus, dass sie von dicken Eisschichten überzogen sind, unter denen es Wasserozeane gibt. Durch die Kälte des Weltalls könnte die Dutzende Kilometer dicke Eiskruste von Europa hart wie Stein sein. Die Ozeane darunter sind jedoch möglicherweise 100 Kilometer tief. Der tiefste Punkt auf der Erde, der Marianengraben im Westpazifik, ist nur 11 Kilometer tief. Laut momentanen Anzeichen handelt es sich auf Europa sogar um Salzwasserozeane, was als förderlich für die Entstehung von Leben gilt. Und auf Enceladus wurde beobachtet, wie Wasser-Geysire aus der Oberfläche herausbrachen, was auf hydrothermale Quellen hindeutet, Minivulkane, welche

Chemikalien ausstoßen. Durch solche Objekte wurden auch auf der Erde die ersten Lebensformen ernährt.

Doch es gibt auch skurriler erscheinende Kandidaten, etwa *Pluto* und die *Venus*. Es wird vermutet, dass auch der weit entfernte Zwergplanet unter seiner kalten, eisigen Oberfläche Wasser hat. Es könnte dort existieren, da Pluto durch den ständigen Zerfall von radioaktivem Material in seinem Inneren Wärme erzeugen kann. Ein extrem schwacher Prozess im Vergleich zu herkömmlichen Wärmequellen.

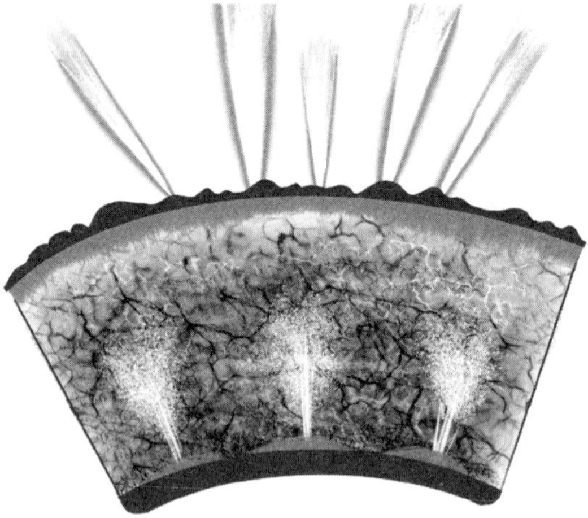

Die Situation auf der Venus wirkt da geradezu umgekehrt. Der Planet liegt ebenfalls in der habitablen Zone und wird gerne als Schwesterplanet der Erde bezeichnet. Mit einer Oberflächentemperatur von 300 Grad, welche durch eine extrem dichte Atmosphäre zustande kommt, ist Leben auf der Oberfläche der Venus nicht möglich. Ihre Atmosphäre ist so erdrückend, dass die einzigen Sonden, die bisher auf der Oberfläche landeten – die sowjetischen Veneras –, trotz aller Vorbereitungen nur wenige Minuten überstanden haben, bevor sie geschmolzen sind. In den oberen Schichten der Venus-Atmosphäre sieht es jedoch anders aus. Die Idee, dass Mikroorganismen dort ein Zuhause haben könnten, wurde dadurch befeuert, dass 2020 Biosignaturen, also Stoffe, die auf der Erde von Lebensformen produziert werden, in der Atmosphäre entdeckt wurden.

Wie Sie sich vielleicht noch erinnern, kann Leben generell nicht in Gaswolken entstehen, sondern braucht Flüssigkeit. Die Gaswolken der Venus sind reich an nützlichen Elementen, das notwendige Wasser würde jedoch durch Regentropfen kommen, die sich in den Wolken der Atmosphäre ansammeln. Ein Ökosystem, geboren aus ein paar Tropfen Wasser. Die Lebensformen, die unter solchen Bedingungen entstehen und die wir als extremophil bezeichnen würden, dürften niemals zur Oberfläche herunterfallen. Stattdessen müssten sie ständig durch Winde nach oben getragen werden und würden sich von Fotosynthese und chemischen Reaktionen zwischen Gaswolken ernähren. Dies wäre ein Standardmodell, wie Leben auf Gasplaneten möglich wäre. Lebensformen dort könnten sogar einen gewissen Grad an Komplexität erreichen, indem sie ballonartige Formen annähmen. In den Ozeanen der Eismonde darf man dies nicht erwarten. Denn auch wenn die Venus wenig Platz für Leben bietet, profitiert sie dennoch davon, in der habitablen Zone zu liegen. Der Planet hat Wärme und Energie. Alle Lebensformen brauchen selbstverständlich Energie für ihre Entstehung, aber eben auch für ihre Entwicklung. Die ersten Zellen der Erde verließen ihr dunkles Zuhause im Umfeld der Geysire und bewegten sich mehr in Richtung der Oberfläche, da die Fotosynthese des Sonnenlichts viel mehr Energie brachte als die Chemikalien am Meeresboden. Mehr verfügbare Energie erlaubte komplexere Entwicklungen, schließlich braucht ein Mensch mehr Energie als eine Amöbe.

Aber für ein Objekt wie Europa im kalten Orbit des Jupiters wäre die Sonne nur ein besonders heller Stern – wenn er denn das Weltall sehen könnte. Die Mikroorganismen unter der Oberfläche werden nie etwas anderes als Dunkelheit kennen. Ihre einzige Wärmequelle kommt durch die Gezeitenheizung, das bedeutet, dass die gravitationellen Effekte, die der Mond erlebt, wenn er sich um seinen Gasriesen dreht, Reibung in seinem Inneren erzeugen. Diese Reibung wiederum erzeugt ein bisschen Wärme, gerade genug, um das Einfrieren der Ozeane zu verhindern.

Da der Großteil aller Objekte im Kosmos wesentlich extremere Konditionen als die Erde aufweist, bedeutet dies, dass der Großteil allen Lebens im Universum schnell in eine evolutionäre Sackgasse gerät. Auch Mikroorganismen können sich, basierend auf ihrer Umgebung, weiterentwickeln. Aber es muss infrage gestellt werden, ob so etwas wie ein Bewusstsein sich jemals aus den Tiefen der meisten Eisozeane erheben wird. Unser Universum könnte erfüllt sein mit Leben, zwischen 700 Trilliarden Sternen könnten 800 Trilliarden bewohnte Orte liegen. Doch ohne Intelligenz und, viel wichtiger, ohne Zukunft. Komplett abhängig von der Umgebung, die in dem jeweiligen Moment gegeben ist. Und die so delikat sein könnte, dass viele Objekte Leben nur für wenige Jahrmillionen ermöglichen würden. Aber dennoch: Leben.

Überall über uns, zwischen den Sternen.

Alleine in unserer Milchstraße werden 60 Milliarden Planeten, Eismonde also nicht mitgerechnet, erwartet, die potenziell Leben beherbergen können. Dies zumindest laut einer Studie aus dem Jahr 2013, welche versuchte, die Zahl an Planeten in der habitablen Zone zu ermitteln. Das muss natürlich nicht die tatsächliche Anzahl an bewohnten Objekten sein, zeigt aber, dass das Potenzial so groß ist, dass wir weiteres Leben durchaus in unserer Sternennachbarschaft erwarten dürfen. Wer nachts an den Sternenhimmel schaut, sollte die Heimaten anderer Lebensformen sehen können.

Doch selbst wenn diese Zahl wahr ist, würden wir dennoch herausstechen. Leben kann wie gesagt kein Unfall sein, aber obgleich der Mensch nur ein Tier ist, macht man es sich zu einfach, wenn man ihn auf eine Ebene mit Einzellern stellt.

Natürlich würde es einen gewaltigen Shift in unsere Gesellschaft bringen, wenn wir heute im Sonnensystem weiteres Leben fänden. Die Zahl 60 Milliarden ist recht seriös, insbesondere da es keine lange Gedankenkette braucht, um davon auszugehen, dass unser Universum voller Leben ist. Aber zu wissen, dass etwas existieren sollte, und tatsächlich zu wissen, dass es existiert, ist ein großer Unterschied. Außerirdische Lebensformen zu finden, könnte dafür sorgen, dass unsere Gesellschaft kollektiv mehr in Richtung der Sterne blickt. Das Entdecken einer anderen Zivilisation würde sie jedoch geradewegs dazu zwingen.

Es gibt keinen klaren Konsens in der Frage, wie viele außerirdische Zivilisationen es im Universum geben könnte, jedoch gehen alle Studien von massiv niedrigeren Zahlen als 60 Milliarden aus. Auf die Gefahr hin, wieder als Kohlenstoffchauvinist zu gelten, muss man vermuten, dass eine andere Zivilisation sehr erdähnliche Konditionen zur Entstehung bräuchte. Dies limitiert die Anzahl an verfügbaren Planeten natürlich massiv. In den Medien wird häufig von erdähnlichen Planeten berichtet, welche entdeckt wurden, dies ist jedoch irreführend, da jeder Gesteinsplanet in der habitablen Zone bereits erdähnlich ist. Und auf einem der erdähnlichsten Planeten, die wir kennen, dem Mars, kann Leben definitiv nicht mehr entstehen. Es handelt sich hier um eine radioaktive Wüste ohne Luft zum Atmen. Aber dazu später mehr.

Doch selbst wenn ein Planet die richtigen Konditionen

bietet, Wasser hat, eine gute Atmosphäre mit halbwegs atembarer Luft und einen ruhigen Stern, so muss darauf dennoch nicht einfach nur Leben entstehen, sondern sich auch richtig entwickeln. Auf der Erde gab es keinen Adam und keine Eva. Jede einzelne Lebensform, die heute existiert, hat Milliarden Jahre an Evolution hinter sich. Dies bedeutet auch, dass es keine Lebensformen gibt, welche weiter entwickelt sind als andere, nur solche, die sich anders entwickelt haben. Dennoch ist in diesem Fall natürlich besonders die Evolution des Menschen beachtenswert.

DIE EVOLUTION

Ein häufiger Irrtum, der in Bezug auf *Evolution* besteht, ist die Vorstellung, dass Tiere sich stückweise an die Umgebung anpassen würden: Die Giraffe versucht, sich von den Blättern eines Baumes zu ernähren. Als Abwehrmechanismus wächst der Baum. Als Gegenreaktion wächst der Hals der Giraffe. Dies würde implizieren, dass es eine bestimmte Umgebung gab, in welcher der Mensch zum Überleben gezwungen war, intelligenter zu werden. Da wir heute unangefochten an der Spitze der Nahrungskette stehen, kann man zwar sagen, dass es wohl keine Entwicklung hätte geben können, die uns auf lange Zeit mehr geholfen hätte als die Entwicklung des *Frontallappens*. Der Frontallappen, gerne auch als Organ der Zivilisation bezeichnet, ist der Teil unseres Gehirns, welcher im Stirnbereich sitzt und unsere Persönlichkeit und unser Sozialwesen kontrolliert. Dank ihm konnten unsere Vorfahren plötzlich miteinander strategisch planen, zusammenleben und mit voranschreitender Evolution auch immer komplexer kommunizieren. Aber was soll bitte eine spezifische Umgebung sein, die so eine Anpassung benötigt und über einen langen Zeitraum existiert hat? Oder anders gefragt, welches Tier hätte von so einer Anpassung nicht profitiert?

Anders als oft falsch verstanden, bedeutet Evolution nicht, dass Tiere sich, basierend auf ihrer Umgebung, weiterentwickeln, sondern dass die Tiere, welche besser an ihre Umgebung angepasst waren, länger überlebten und somit effektiver Nachwuchs in die Welt setzen konnten. Veränderungen in unserem Erbgut entstehen durch Mutationen. Wenn Lebensformen Nachwuchs zeugen, bekommt dieser nicht nur das Erbgut der Eltern und Vorfahren mit, welches sich vermischt, sondern ebenfalls spontane Mutationen, die jedoch meistens sehr überschaubar sind. Wenn Lebensformen sich mit einem Partner fortpflanzen, betreiben sie Meiose. Das bedeutet etwa beim Menschen, dass sich bei Männern und Frauen Zellen vor der Befruchtung teilen und somit jeweils die Hälfte der Chromosomen, also des Erbgutes, zu der befruchteten Eizelle dazugeben, aus welcher der Nachwuchs entsteht. Eine Zelle durchmischt das Erbgut und teilt sich zwei Mal, bevor der Prozess der Befruchtung startet. Damit die Zelle sich teilen kann, muss die Desoxyribonukleinsäure (DNA) innerhalb der Zelle repliziert werden. Und genau an diesem Punkt können Mutationen entstehen, welche dann möglicherweise große Auswirkungen auf den Nachwuchs haben.

Wenn ein männlicher Vogel durch eine Mutation ein bunteres Gefieder erhält und damit besser Weibchen anzulocken vermag, dann kann er sich leichter fortpflanzen. Wenn seine Nachfahren nun ebenfalls über das bunte Gefieder verfügen, werden sie den gleichen Vorteil haben. Und so entsteht in einigen Generationen eine Subspezies, welche sich sichtbar und auch genetisch von der ursprünglichen Vogelart unterscheidet. Diese kann währenddessen in ihrer Zahl stark reduziert werden, da sich mehr Exemplare ihrer Art mit den bunten Artgenossen kreuzen und so ebenfalls ein buntes Gefieder entwickeln.

Doch es geht auch wesentlich direkter. Die Krabbe, welche spontan eine stärkere Klaue entwickelt, kann damit vielleicht Kokosnüsse aufbrechen. Wenn nun durch Stürme, Klimawandel oder invasive Arten das Habitat der Krabben verwüstet wird, verhungern die Exemplare, welche keine Kokosnüsse öffnen können. Es kommt zur natürlichen Auslese.

Alles Leben heute auf der Erde, vom Grashalm bis zum Menschen, baut auf Jahrmilliarden auf, in denen die Schwächeren starben und durch ihre Abwesenheit die Spezies stärkten. Doch es war kein großer Plan, nicht die Umgebung, sondern zu großen Teilen Glück, welches uns so weit gebracht hat. Laut sehr groben Schätzungen gibt es heute 20 Trillionen individuelle Lebensformen auf der Erde, welche sich auf 8,7 Millionen Arten verteilen. Das sind die wenigen Glücklichen, deren Vorfahren Jahrmilliarden der Auslöschung überstanden haben. Es ist davon auszugehen, dass 99 Prozent aller Arten, die je existierten, ausgelöscht wurden. Der Mensch steht wie gesagt an der Spitze der Nahrungskette, und zum heutigen Stand ist diese Nahrungskette die Krönung der Schöpfung. Deswegen ist davon auszugehen, dass ein für Sie, liebe Leserinnen und Leser, geltender Sinn des Lebens alle Lebensformen betreffen muss. Sie sind nicht durch einen Gott auserwählt, um über diesen Planeten zu herrschen. Es ist nicht Ihre Aufgabe, sich die Erde untertan zu machen. Wir hatten eben einfach nur Glück. Ein kleines bisschen mehr als die Hühner, deren Fleisch wir essen. Obwohl auch diese Glück hatten.

Vielleicht hätte der Mensch der Steinzeit sich über ein natürliches Fell gefreut, als die Eiszeit anfing. Doch die Menschen, die wirklich mal behaarter als wir waren, sind nicht mehr da, der nackte Mensch hingegen schon. Offensichtlich sollten wir uns also freuen, die Felle anderer tragen zu können, statt auf ein eigenes angewiesen zu sein. Denn die felllosen früheren Exemplare unserer Spezies konnten damals Schweißdrüsen entwickeln und ausdauerndere Jäger werden. Am besten jagt es sich zudem in Gruppen, wofür es die Möglichkeit der Kommunikation braucht. Und wer noch etwas intelligenter ist, kann bessere Jagdstrategien entwickeln. Und wer noch ein wenig intelligenter ist, kann bessere Jagdwerkzeuge entwickeln. Und wer noch ein Quäntchen intelligenter ist, kann bei der Jagd zugezogene Wunden behandeln oder kreativer bei der Suche nach neuen Nahrungsquellen werden. Und irgendwann kommt bei diesem Prozess der moderne Mensch heraus. Die Evolution ist allerdings nicht abgeschlossen. Auch der moderne Mensch entwickelt sich durch Mutationen noch weiter – vorausgesetzt, dass er nicht ausstirbt.

Dass die Entwicklung des Lebens auf der Erde die Folge einer Reihe spontaner Mutationen und Paarungen war, macht es praktisch unmöglich zu schätzen, wie schnell sich intelligentes Leben auf anderen Planeten entwickeln könnte. Insbesondere da wir zum einen nicht wissen, wie repräsentativ die Entwicklungen auf der Erde für wirklich erdähnliche

Planeten sind, und zum anderen, da so oder so der Beobachtungspool auf dem unseren recht klein ist. Auf der Erde des 21. Jahrhunderts gibt es nur eine wirklich intelligente Spezies, falls man den Menschen so nennen will, und auch keine Anzeichen, dass es mal in den Jahrmillionen vor uns eine andere gab. Wobei die *Silurianer-Hypothese*, ein Gedankenexperiment aus dem Jahr 2018, argumentiert, dass wir keine Spuren einer der heutigen Menschheit gleichwertigen Zivilisation mehr finden könnten, wenn diese vor Hunderten Jahrmillionen existiert hätte. Ihre Anzeichen wären eher auf dem Mond oder dem Mars zu sehen, wo Erosion von Technologien und Strukturen viel länger dauern würde.

Dennoch können wir erst mal davon ausgehen, dass der Mensch die einzige Kreation der Erde mit einer derartigen Intelligenz ist. Dafür, und somit gegen die Häufigkeit von intelligentem Leben im Universum, spricht auch, dass nicht alle Mutationen gleichwertig häufig im Evolutionsprozess vorkommen. Die Struktur einer Krabbe oder das Entwickeln von Flügeln haben viele Arten komplett unabhängig voneinander bewältigt. Die Vorteile dieser Enwicklung sind sehr direkt und können bei Individuen, welche die passenden Mutationen durchlebten, wohl recht schnell zu besseren Überlebenschancen beitragen. Höhere Intelligenz, insbesondere in der doch rudimentären Anfangsphase, könnte es schwerer haben. Der Mensch hat sich nicht sofort von einem Menschenaffen zu einem Homo sapiens entwickelt, sondern vollzog eine lange Evolution über viele Jahrmillionen, bei der seine Intelligenz stetig wuchs. Vielleicht wird die Entwicklung einer hohen Intelligenz bei außerirdischem Leben immer wieder zurückgeworfen, weil einzelne Wesen nur sehr schwer einen anfänglichen Vorteil daraus generieren können, welcher ihnen einen Vorteil bei der natürlichen Auslese gäbe. Zum Beispiel wenn die Anatomie die Nutzung von Steinen als Werkzeugen nicht so leicht ermöglicht wie bei den ersten Menschen.

Dazu kommt auch, dass man nicht ignorieren darf, dass äußere Faktoren immer wieder einen Eingriff in die Entwicklung einer Spezies hatten. Für uns insbesondere der Asteroid, welcher vor 65 Millionen Jahren die Dinosaurier auslöschte. Ohne ihn hätte ihre Dominanz auf diesem Planeten wohl noch zu lange angehalten, um die Entwicklung des Lebens hin zum Menschen zu ermöglichen. Wer also wissen möchte, wie häufig Zivilisationen in unserer Milchstraße existieren, muss auch das lokale Universum noch mal genauer unter die Lupe nehmen.

Aufgrund der großen Hürden, die intelligentes Leben zur Entstehung überwinden muss, setzen verschiedene Studien die Zahl an Zivilisationen, die jetzt gerade neben uns existieren, zwischen 36 und 42 000 an. Die eine Zahl stammt von Forschern aus England, die andere aus China. Ein tiefer Fall, betrachtet man die 60 Milliarden Planeten, die wie erwähnt Leben beherbergen könnten. Und es bedeutet, dass wir nicht damit rechnen dürfen, in den nächsten Jahren bis Jahrhunderten einer anderen Zivilisation zu begegnen. Womöglich auch nie.

Aber im bekannten Universum gibt es 2 Billionen Galaxien. Sehr grob gerechnet, können wir also von mehreren Billionen Zivilisationen ausgehen, die in dieser Sekunde mit uns existieren.

Wer also nachts zum Sternenhimmel schaut, blickt auf die Heimatsterne vieler simpler Lebensformen. Wer aber noch weiter in die Dunkelheit blickt, kann sich sicher sein, dass da irgendwann etwas ist, was zurückschaut.

DIE SUCHE NACH AUSSERIRDISCHEM LEBEN

Wenn man die Milliarden von potenziell habitablen Planeten in der Milchstraße bedenkt, mag es erst mal skurril wirken, dass die englische und die chinesische Zahl so weit auseinander sind. Das liegt daran, dass ich mir erlaubt habe, ein bisschen vorab zu filtern. So kamen die Wissenschaftler aus Peking ursprünglich mit der Zahl 42 700 international in die Schlagzeilen.

Das Problem ist natürlich, dass es zu viele Faktoren zu berücksichtigen gibt, wie sich hoffentlich in den vorangegangenen Kapiteln gezeigt hat. Dies hat zur Folge, dass die meisten Studien eine positive und eine negative Einschätzung zur Anzahl der Zivilisationen haben. Zum Beispiel 42 700 und 110. So sprechen die am positivsten urteilenden Forscher aus allen Ländern von Millionen Zivilisationen und die negativste Studie nur von Dutzenden. Es gibt jedoch gute Gründe, eher pessimistisch zu sein. Ein gewisser Bias hält uns aber davon ab. Menschen haben ein offenkundig sehr großes Interesse, außerirdisches Leben zu entdecken. Wenn Biosignaturen in der Atmosphäre des Mars entdeckt werden, finden sich schnell Forscher, die erklären, wie Lebensformen dort entstehen könnten. Obgleich die gefundenen Stoffe der Biosignatur nicht von Lebensformen stammen müssen.

Ein Reisender bewegt sich durch die ewige Dunkelheit des interstellaren Raumes. Womöglich ist er bereits seit Jahrmillionen unterwegs, so schnell, dass er mehrere Kilometer pro Sekunde zurücklegt. Im Vakuum des Weltalls allerdings ein langsames Tempo. Doch mittlerweile hat sich etwas für ihn verändert. Ein besonders hell leuchtender Stern am Sternenhimmel hat ihn in seinen Bann gezogen. Von oben herab bewegt er sich in das Sonnensystem. Er ist der erste Besucher oder, auf Hawaianisch übersetzt, *Omuamua*, der hier von den Bewohnern empfangen wird. Der Reisende beginnt zunehmend, Geschwindigkeit aufzubauen.

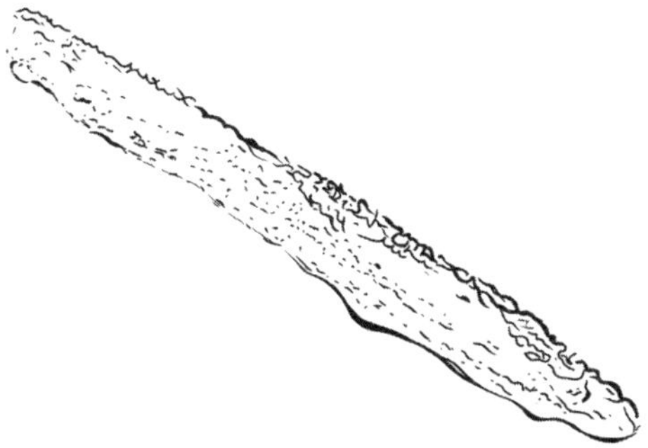

Als 2017 zum ersten Mal beobachtet wurde, wie ein Objekt aus dem interstellaren Raum durch unser Sonnensystem flog, war die Aufregung groß. Insbesondere da das anscheinend glatte, zigarrenförmige Objekt eine durch Gravitation nicht erklärbare Beschleunigung hatte. Schnell wurde von einem Seti-Objekt gesprochen (*Search for Extraterrestrial Intelligence*, Suche nach außerirdischer Intelligenz). Man lenkte Radioteleskope in die Richtung, aus der Omuamua das Sonnensystem betreten hatte, damit man vielleicht Radiosignale einer dazugehörigen Zivilisation empfangen könnte. Der Leiter des astronomischen Instituts der Havard-Universität verkündete währenddessen, es könne sich bei dem Objekt um eine außerirdische Sonde handeln. Da dies aber natürlich recht unwahrscheinlich wirkt, könnte es auch ein Stück eines außerirdischen Wracks sein, welches bereits Jahrmillionen im Kosmos unterwegs ist.

Ein Bericht aus dem Jahr 2019 schloss als Fazit, dass keine Eigenschaft von Omuamua einen künstlichen Ursprung brauche. Man geht heute davon aus, dass es sich um einen Asteroiden aus gefrorenem Wasserstoff handelt, dessen Geschwindigkeit durch Materialverlust zu erklären ist.

Trotz dieser nüchternen Antwort wurde unter dem Namen »Project Lyra« zumindest eine Raumfahrtmission angedacht, bei der eine Sonde das Objekt besuchen könnte. Denn auch wenn Tausende Asteroiden in unserem Sonnensystem unser Bild davon, was ein unbekanntes Objekt höchstwahrscheinlich ist, bestätigen, sind wir immer nur eine Entdeckung davon entfernt, dass sich dies gänzlich ändert.

Daher machen sowohl die Forscher des Projektes »Breakthrough Listen« (sinngemäß: Durchbruch durch Lauschen), welche die Radioteleskope bedienten, als auch der Harvard-Professor Avi Loeb keinen Fehler, wenn sie bei solchen Entdeckungen schnell an Aliens denken. Jedoch ist es laut unserem heutigen Wissensstand nun mal immens unwahrscheinlich, dass wir tatsächlich Anzeichen für Außerirdische entdecken. Aber es ist wie ein Glücksspiel, denn es braucht eben nur die eine richtige Entdeckung zwischen unzähligen Nieten, und alles ist sofort anders. Dies verleitet Forscher und im Übrigen auch die Medien derartig häufig dazu, von bewohnbaren Welten und potenziellen Seti-Signalen zu träumen, dass es mittlerweile eine inoffizielle Regel in der wissenschaftlichen Gemeinschaft gibt: »Es sind keine Aliens.« Wenn außerirdisches Leben eine potenzielle Antwort auf eine Entdeckung im Kosmos ist, sollte diese so lange vernachlässigt werden, bis die rationaleren Antworten ausgeschlossen sind. Natürlich ist die wissenschaftliche Gemeinschaft kein Schwarmgedanke, und es gibt trotzdem zu jeder noch so skurrilen Entdeckung fantasievolle Hypothesen, jedoch kann man so einer gewissen Müdigkeit vorbeugen, die auftritt, wenn man jede zweite Woche von dem nächsten möglichen Anzeichen für Aliens in den Nachrichten liest.

Mit dieser Einstellung sollte man also eher nicht davon ausgehen, dass ein Maximum der potenziell existierenden erdähnlichen Planeten auch eine Zivilisation hat. Milliarden Objekte, die von simplen Lebensformen bewohnt werden, erscheinen dennoch in unserer Galaxie möglich.

Das große Vakuum des Weltalls in der Milchstraße muss also keine Raumschiffe oder Sonden bergen, welche sich gerade in unsere Richtung bewegen. Wenn wir uns jedoch an den Anfang dieses Buches zurückerinnern, dann fällt uns ein, dass wir bei unserem Universum nicht nur an den Raum, sondern auch an die Zeit denken müssen. Eine weitere Distanz, welche die Zivilisationen voneinander trennen kann. Vielleicht sollten wir also nicht fragen, wo die außerirdischen Zivilisationen sich befinden, sondern eher, wann es sie gibt.

HÖHERE ZIVILISATIONEN

Auf einem Planeten in einem anderen Sternensystem, Zehntausende Lichtjahre von uns entfernt, beugt sich ein Wesen über einen Artgenossen. Die zwei Sonnen des Binärsystems, welches der Planet umkreist, werfen zwei Schatten um die Kreatur. Gerade in der Heißzeit, in der beide Sterne am Himmel stehen, ist es wichtig, die Pflanzen, welche auf der sonst kargen Oberfläche kultiviert werden, vor den Angehörigen der Art zu beschützen. Das Wesen hat die Pflanzen nicht selbst angebaut, aber es ist eben seine Aufgabe, sie zu beschützen. Darum hat es seinen Artgenossen mit einem rötlichen Stein erschlagen. Der Beginn von Zivilisation.

Menschliche Zivilisation entstand nicht mit dem Homo sapiens vor 300 000 Jahren, sondern erst am Ende der Steinzeit zur *neolithischen Revolution*, die ungefähr vor 10 000 Jahren begann. Die späten Höhlenmenschen waren zwar genauso intelligent wie die Menschen von heute, aber es gibt ein paar Eigenschaften, die eine Gruppe von zusammen überlebenden Menschen von einer Zivilisation unterscheiden. Insbesondere eine bestimmte Art der Regierungsform beziehungsweise eine Hierarchieform, eine Verteilung der Aufgaben und ein gewisser Wohlstand. Letzterer drückt sich oft durch eine stabile Landwirtschaft aus. Die Jäger und Sammler der frühen Steinzeit hatten so etwas noch nicht, und es sollte auch einige Evolutionsschritte dauern, bis die Menschen eines Stammes eine Verteilung der Pflichten eingeführt hatten.

Wer an außerirdische Zivilisationen denkt, hat natürlich Imperien im Sinn, welche in der Lage sind, die Sterne zu bereisen. Unbekannte, die uns mindestens Jahrtausende in ihrer Entwicklung voraus sind. Jedoch muss jede Zivilisation mit einer Art Steinzeit angefangen haben, egal, wie weit sie heute entwickelt ist. Überlegungen, wie außerirdische Zivilisationen aussehen könnten, fallen in den Bereich der *Exosoziologie*. Die Überlegungen, wie eine außerirdische Zivilisation gestaltet sein könnte, bauen natürlich ausschließlich auf Gedankenexperimenten auf, daher lassen sich kaum genaue Schlussfolgerungen daraus ableiten. Der amerikanische Philosoph Lewis White Beck argumentierte in einem Aufsatz, dass man sich bei der Frage, wie außerirdische Zivilisationen funktionieren, nicht die menschliche Geschichte als Vorbild nehmen, sondern eher davon ausgehen sollte, dass die Wege, wie Gesellschaften sich hier entwickelt haben, die Folge wesentlich allgemeinerer Prinzipien waren. Anstatt also zu überlegen, ob irgendwelche Zivilisationen, welche unter ähnlichen Bedingungen wie wir entstanden sind, in der Tendenz eher kapitalistisch oder sozialistisch sind, sollten wir erforschen, ob der Handel mit Waren und als Folge davon mit Währungen ein Grundprinzip der meisten Zivilisationen ist. Einen Schritt in diese Richtung kann man machen, wenn man schaut, wie sich isolierte Stämme verhalten – jedoch unter dem Vorbehalt, dass diese natürlich noch immer Menschen sind und Aliens schlichtweg nichts mit uns gemeinsam haben können.

Es sei also gesagt, dass man sich bei der Frage, wie andere Zivilisationen aussehen, sehr allgemein halten muss. Mit einer Art Steinzeit müssen dennoch alle angefangen haben, und dies ist auch ein guter Einstieg in das Thema Zeit.

Denn ein paar Dutzend Zivilisationen in der Milchstraße können in ihrer Entwicklung immens weit auseinanderliegen. Vielleicht gibt es 2000 Lichtjahre von uns entfernt eine Zivilisation, welche der Bronzezeit ähnelt, und 5000 Lichtjahre weiter eine andere, welche bereits mehrere Sternensysteme kolonialisiert hat. Natürlich wäre die 5000 Lichtjahre entfernte Zivilisation für uns wesentlich interessanter. Wir hätten zwar nicht die Möglichkeit, eine von beiden zu besuchen, aber wir hätten die Chance, Radiosignale von einer von beiden zu empfangen. Obgleich diese bereits sehr »verwittert« wären, wenn sie 5000 Lichtjahre unterwegs gewesen wären. Das stärkste Signal der Menschheit schafft momentan gut 1000 Lichtjahre.

Es gibt hier also eine interessante Kluft. Mikroorganismen wären für uns auffindbar, weil sie in unserem Sonnensystem vorhanden sein könnten. Doch alles, was danach kommt, ist so lange unsichtbar, bis es sich um eine Spezies handelt, die in der Tendenz weiter entwickelt ist, als wir es sind. Doch nicht alle Lebensformen haben gleichzeitig angefangen, sich zu entwickeln. In dem Kapitel zu den Sternen hatte ich bereits gesagt, dass wir davon ausgehen müssen, dass die Elemente, die gerade in Sternen am Sternenhimmel produziert werden, sich eines Tages in Organismen wiederfinden könnten, die erst in Milliarden Jahren entstehen werden. Das Problem ist, dass wir nicht wissen, wann der Startschuss für das Leben im Universum gefallen ist.

DIE HABITABLE EPOCHE

An diesem Punkt kann man sich die Frage stellen, ob wir vielleicht die Ersten sind, die es so weit im Universum geschafft haben. Auch wenn dies in der Theorie natürlich nicht unmöglich wäre, wäre es, gelinde gesagt, äußerst selbstbewusst, davon auszugehen. Da Einzeller wesentlich leichtere Bedingungen und eine kürzere Dauer zur Entstehung brauchen, fängt ihre habitable Epoche mit großer Distanz früher an als unsere, jedoch kann auch intelligentes Leben einen großen Vorsprung zu uns haben.

Bis vor einigen Jahren noch hat sich hartnäckig das Gerücht gehalten, dass die ersten Lebensformen direkt nach dem Urknall entstanden sein könnten. Also noch vor den Sternen der Protogalaxien. Denn als das Universum sich aus seinem heißen, dichten Zustand heraus entwickelte, muss es einen Punkt gegeben haben, an dem die Strahlung im Kosmos gerade kalt genug war, damit flüssiges Wasser im Vakuum des Weltalls existieren konnte. Dies wäre ungefähr 15 Millionen Jahre nach dem Urknall gewesen. Aber wie Sie natürlich wissen, liebe Leserinnen und Leser, gab es zu dem Zeitpunkt nur Helium und Wasserstoff als Elemente, dementsprechend weder die Grundlage für Wasser, nämlich Sauerstoff, noch die Grundlage für Leben, nämlich Kohlenstoff. Es ist ein bisschen wie die Überlegung, dass es einen perfekten Abstand im Explosionsradius einer atomaren Bombe gibt, um mit Blitzgeschwindigkeit eine Pizza zu backen. Es funktioniert nur, wenn man alles außer der Temperatur ignoriert.

Dennoch können simpelste Lebensformen sich relativ früh in Protogalaxien gebildet haben, als die zweite Generation von Sternen mit neuen Elementen, die in der ersten Generation gebildet worden waren, eine relativ stabile Existenz begann. Selbst wenn die notwendigen Stoffe in der Nähe der ersten Generation existiert hätten, wäre die Bildung von Leben kaum möglich gewesen. Zu lange hätte die Entstehung von Planeten gebraucht. Denn Sie müssen bedenken, dass die allerersten Sterne besonders schnell starben. Wenn man davon ausgeht, dass Leben auf der Erde vor über 3 Milliarden Jahren entstanden ist, wäre dies dennoch ein Vorsprung von über 10 Milliarden Jahren. Doch dies ist zu kurz gedacht.

Extremophile Einzeller entstehen im Bestfall ständig im Kosmos, wenn die Konditionen es zulassen, und werden dank der häufigen Instabilität ihrer Umgebung auch genauso schnell wieder ausgelöscht. Und die Umgebung des frühen Universums war sehr instabil, selbst wenn Leben auf einem Gesteinsplaneten wie der Erde in einer habitablen Zone um einen Stern wie die Sonne entstanden ist. Denn wie Sie sich vielleicht noch erinnern, geschah dies zu einem Zeitpunkt, als Galaxien gerade erst entstanden. Supernovae, welche das Ende der ersten Sterne einläuteten, waren wesentlich häufiger. Die radioaktive Strahlung, die dabei ausgestoßen wurde, konnte die Oberflächen aller Planeten im Umkreis von 100 Lichtjahren sterilisieren. Die Entwicklung des Lebens wäre also durch globale Katastrophen häufig um Jahrmilliarden zurückgeworfen worden – oder beendet. Dazu kommen noch die Auswirkungen wesentlich aktiverer supermassiver schwarzer Löcher, die mit ihren Jets und der Strahlung ihrer Akkretionsscheiben ebenfalls Planetenatmosphären wegwischen konnten. Doch die Reichweite von Supernovae ist begrenzt und so auch die Menge an supermassiven schwarzen Löchern.

Es gibt noch eine weitere Bedrohung, die so schädlich für die Entwicklung von Lebensformen sein kann, dass Wissenschaftler in Kansas anhand einer Studie davon ausgehen, dass sich Zivilisationen nur in 10 Prozent aller Galaxien bilden können. Des Weiteren wäre Leben laut ihren Annahmen erst 5 Milliarden Jahre nach dem Urknall langfristig möglich.

1967 machte der amerikanische Vela-Überwachungssatellit eine unerwartete Entdeckung. Das Objekt war ursprünglich darauf ausgelegt, Atombombentests auf der Erde zu erfassen, jedoch entdeckte es stattdessen einen starken Ausstoß radioaktiver Gammastrahlung aus dem Weltall. Nicht lang und leicht sichtbar wie eine Supernova, sondern nur wenige Minuten aufspürbar. Es war die erste Sichtung eines *Gammablitzes*. Gammastrahlung ist eine der drei Arten von radioaktiver Strahlung und für Lebensformen die gefährlichste, jedoch ist sie nur im loseren Sinne ihrer Definition ein Teil dieser kosmischen Bedrohung. Gammablitze ähneln visuell ein bisschen den Jets von Quasaren, bestehen aber nicht aus Materie, sondern aus elektromagnetischer Strahlung, genauer gesagt aus Photonenenergie. Photonen sind, wie wir uns erinnern, die Partikel, aus denen Licht besteht. Wenn der Ursprung solcher Strahlung ungeklärt ist, wird sie auch als Gammastrahlung bezeichnet. Und der Ursprung von Gammablitzen ist bis heute nicht ganz geklärt. Hypernovae, also besonders große Supernovae und die Kollision von Neutronensternen – dichten kleinen Sternenleichen, die ihre Transformationen zu schwarzen Löchern nie abgeschlossen haben – gelten als die Topkandidaten. Da ein Gammablitz nur relativ kurz aufleuchtet, lässt sich mathematisch daraus schließen, dass sein Ursprungsort nicht sehr groß sein kann. Was dem Ereignis im Vergleich zu einer Supernova jedoch an zeitlicher Länge fehlt, macht es durch Reichweite wieder gut. Vom Ursprungsort aus schießen wie bei einer Art tödlichem Leuchtturm zwei Strahlen kegelförmig in den Kosmos hinaus. Sie erreichen eine Länge von Tausenden Lichtjahren und sind noch aus einer Distanz von 3000 Lichtjahren eine Gefahr für alle Lebensformen auf der Oberfläche eines Planeten. Ein Massenaussterben auf der Erde vor 400 Millionen Jahren könnte ebenfalls die Schuld eines Gammablitzes gewesen sein. Doch dazu später mehr. Wenn man bedenkt, dass die Milchstraße im Durchmesser ungefähr 100 000 Lichtjahre groß ist, dann wirkt ein Gammablitz durchaus wie eine relevante Gefahr, auch wenn er seine Zerstörungskraft nicht in einem Kreisradius freisetzt. Jedoch treten diese Ereignisse in der Milchstraße noch seltener als Supernovae auf.

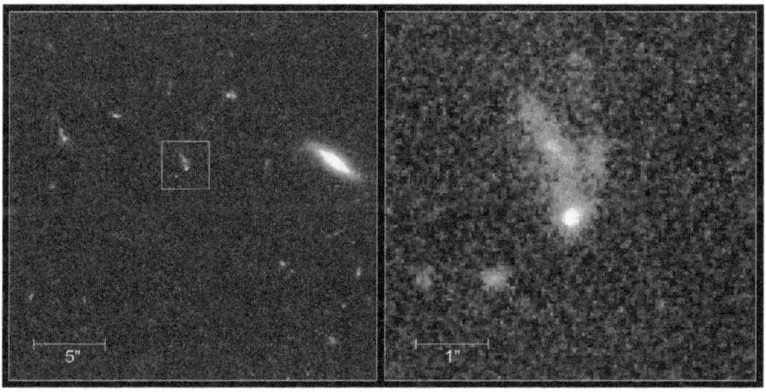

Momentane Schätzungen gehen davon aus, dass diese Ereignisse aufgrund der Voraussetzungen, unter denen sie entstehen können, nur alle paar Jahrmillionen passieren. Sie können jedoch mittlerweile täglich im bekannten Universum beobachtet werden, da sie vergleichsweise leicht im intergalaktischen Raum, also in anderen Galaxien, zu sehen sind. Denn unsere Milchstraße ist eine für kosmische Verhältnisse relativ sanfte Galaxie. Viele ihrer Sterne sind alt und klein. Sie haben oft eine lange Lebensdauer, und viele sind bereits zu weißen Zwergen geworden. Doch in den meisten anderen Galaxien ist die Sternentstehungsrate wesentlich höher, was Platz lässt für die regelmäßige Entstehung von Riesen, welche in Supernovae enden können und das Potenzial haben, Gammablitze zu erzeugen. In manchen Galaxien könnten Jahrtausende und nicht Jahrmillionen zwischen ihnen liegen. Ein Gammablitz, welcher einen ein paar Tausend Lichtjahre entfernten Planeten trifft, kann dessen Ozonschicht zerstören und somit eine Öffnung für die UV-Strahlung des Heimatsterns schaffen. Für Wesen, welche auf der Oberfläche eines Planeten leben, sind die Strahlen tödlich, denn sie zerstören die DNA und Zellen. Krebs, Zelltod und Mutationen könnten praktisch alle Landbewohner dahinraffen. In den Tiefen von Ozeanen könnten Lebensformen dies überleben, jedoch sind zumindest die Pflanzen unserer Ozeane extrem anfällig für UV-Strahlung. Ein Schicksal, welches womöglich alle Lebensformen teilen, die Fotosynthese betreiben. Durch den Wegfall von Nahrungsquellen wären also auch die Ökosysteme der Tiefsee nicht sicher. Es ist aber davon auszugehen, dass kohlenstoffbasiertes Leben auf anderen Planeten es hierbei leichter hätte als unsere Natur. Doch die gesamte Entwicklung des Lebens wäre zurückgeworfen, der Fisch, der lernte, an Land zu laufen, würde wieder zurück ins Wasser getreten.

In den Zeitskalen der Evolution sind Jahrtausende nichts. Leben auf dem richtigen Planeten in der falschen Galaxie könnte über Jahrmilliarden durch regelmäßiges Massenaussterben in seiner Entwicklung gebremst werden. Und im frühen Universum, in dem Protogalaxien fusionieren, Gaswolken aufeinanderstoßen, um neue Sterne zu erschaffen, und Quasare geboren werden, ist jede Galaxie die falsche. Die Planeten, auf denen sich nach dem Startschuss der habitablen Zone zuerst Leben gebildet hat, haben also womöglich nicht den größten Vorsprung, sondern die längste Rennstrecke zu bewältigen.

Doch unser Kosmos ist gewaltig groß, und das Leben findet seinen Weg. Irgendwo können trotz aller Schrecken des Weltalls Zivilisationen entstanden sein. Und selbst wenn Gammablitze die meisten Hoffnungen auf andere Zivilisationen bis ins Erdjahr 5 000 000 000 ausgelöscht haben, sind seitdem dennoch mehr als 8 Milliarden Jahre vergangen.

Laut heutigem Wissensstand sind die ersten Lebensformen auf der Erde während der *kambrischen Explosion* vor 574 Millionen Jahren an Land gekrochen. In einem Zeitraum von nur 10 Millionen Jahren, nach geologischen Maßstäben also explosionsartig, tauchten die Vorfahren aller heutigen Säugetiere an Land auf. Doch die allerersten Lebensformen entstanden, wie eben angemerkt, vor 3 bis 4 Milliarden Jahren in der Tiefsee. Den Großteil seiner Entwicklung hat das Leben also im Wasser genommen. Wichtige Entwicklungsschritte können Lebensformen, welche durch Gammablitze über lange Zeiträume davon abgehalten wurden, sich an Land zu entwickeln, folglich dennoch in den Ozeanen vorbereitet haben. Zum Beispiel entwickelte Leben auf der Erde nach ein paar Hundert Millionen Jahren eine DNA, konnte also erst dann stabilen Nachwuchs produzieren und so die Evolutionskette richtig starten. Davor waren die Nachfahren der Einzeller durch die Kopie von Ribonukleinsäure (RNA) produziert worden, welche Sie sich als einen wesentlich rudimentäreren und insbesondere unzuverlässigeren Transporter von Erbgut vorstellen können. Da Gammablitze auch katastrophale Auswirkungen auf Ökosysteme im Wasser haben können, sodass komplexes Leben möglicherweise auch dort ausgelöscht wird, würde dies im Vergleich zur Erde nicht zwangsweise einen Vorteil oder Nachteil in der weiteren Entwicklung des Lebens bringen, sobald die Gammablitze abklängen. Aber darum geht es auch nicht. Wenn eine Kraft die Entwicklung von Leben die ersten Jahrmilliarden unterdrückt, Leben und einfache Entwicklungsfortschritte aber nicht unterbunden hat, können Planeten, deren Entstehung Jahrmilliarden auseinanderliegt, beim Zivilisationsrennen auf eine gemeinsame Startposition geschoben werden.

Dies ist natürlich eine sehr rudimentäre Überlegung. Evolution legt keine Pause ein, wenn Leben sich Jahrmilliarden länger als auf der Erde nicht an Land zu halten vermag. Was im Wasser überlebt, kann sich auch dort ständig weiterentwickeln und womöglich Pfade einschlagen, die radikal anders als auf der Erde sind. Aber jeder Gammablitz trifft in erster Linie jene Lebensformen der Tiefsee am stärksten, welche direkt (Fotosynthese) oder indirekt (ernährt sich von Pflanzen oder Pflanzenfressern) abhängig von der Energie der Sonne sind. Zu einem gewissen Grad könnte es also 5 Milliarden Jahre nach dem Urknall zu einer kambrischen Explosion auf (inter-)galaktischer Skala gekommen sein. Auf zahllosen Planeten könnte sich Leben gleichzeitig an Land bewegt haben. Natürlich haben wir das Problem, dass wir nicht wissen, wie repräsentativ die Entwicklung des Lebens auf der Erde war. Entwickelt Leben immer eine DNA? Hat die lange Dominanz der Dinosaurier die Entstehung von zivilisiertem Leben merklich verlangsamt oder hat der Asteroid die Entwicklung merklich beschleunigt? Es könnte sein, dass es bei gleichen Umweltbedingungen sehr große Differenzen in der Entwicklungsgeschwindigkeit von intelligentem Leben gibt oder kaum welche. Aber unabhängig davon, was von beidem stimmt, es würde für all die Planeten, die

5 Milliarden Jahre nach dem Urknall Leben an Land ermöglichten, genauso gelten wie für die wenigen Glücklichen, die sich schon früher im Universum entwickeln konnten. Und auch für jene, die erst wesentlich später kamen, so wie wir. Wenn es also eine Hochphase der Zivilisationen im Kosmos gab, in der Leben nicht zwangsweise häufiger war als heute, intelligentes Leben aber am häufigsten gleichzeitig existierte, dann liegt sie am ehesten bereits seit vielen Milliarden Jahren hinter uns. Aufgrund der Unklarheiten bei der Entwicklungsgeschwindigkeit wissen wir nicht, wie eng das Zeitfenster dieser Hochphase war oder ob und, wenn ja, wie häufig Leben zueinander Kontakt hatte, wir wissen nur, dass es dann am wahrscheinlichsten gewesen sein könnte. Es gibt hier für nichts Gewissheit. Nur positivere oder negativere Statistik.

Doch am spannendsten und, zeitlich gesehen, wohl am kürzesten ist die tatsächliche Entwicklung von Zivilisation nach der Entstehung der Wesen, welche diese erst ermöglichen. Die Menschheit verbrachte Hunderttausende Jahre in der Steinzeit, bevor die Entwicklung von Zivilisation anfing. Wie wir später noch genauer lernen werden, dürfte unsere Entwicklung in der Anfangszeit von einer kleinen und weit verteilten Population gehemmt worden sein. Die frühe Bevölkerung konnte kaum wachsen oder eng zusammenleben, da Jäger und Sammler viel Platz für wenig Nahrung brauchen. Zum Ausgang der Steinzeit endete dies mit der bereits erwähnten neolithischen Revolution vor ungefähr 10 000 Jahren. Die Entwicklung unserer Gesellschaften dauert auf einer kosmischen Skala also nur einen winzigen Augenblick.

An diesem Punkt mag man sich vielleicht fragen, warum ich hier davon ausgehe, dass Leben zur richtigen Entwicklung die Fähigkeit braucht, an Land zu gehen. Natürlich können auch Wasserbewohner auf einem geschützten Planeten sehr intelligent werden. Nach dem Ende der Steinzeit, durch die mutmaßlich jede intelligente Spezies in irgendeiner Form gehen muss, kam für den Menschen die Bronzezeit. Wir fingen an, Mineralien zu nutzen, und haben bis heute über die Jahrtausende immer komplexere Technologien entwickelt. Kein Feuer wird in einem Atlantis Eisen schmelzen, von der Entdeckung des Nutzens der Elektrizität mal ganz abgesehen. Wobei diese Einstellung natürlich Überheblichkeit ähnlich dem Kohlenstoffchauvinismus sein könnte.

Unabhängig davon hat die Menschheit durch ihre eigene Entwicklung gezeigt, dass Zivilisationen mit einem solchen Tempo voranschreiten, dass es im Kosmos nicht nur unwahrscheinlich ist, eine zweite zu treffen, sondern auch eine, die gleichmäßig weit entwickelt ist. Aber wie weit kann Leben sich entwickeln? Wir können interstellare Zivilisationen erträumen, welche problemlos Lichtjahre zurücklegen. Aber mehr als träumen können wir eben nicht, denn wir kennen nur den technologischen Stand unseres 21. Jahrhunderts. Vielleicht gibt es irgendwo eine Mauer in der technologischen Entwicklung, welche entweder unüberwindbar oder deren Überwindung zu aufwendig ist, als dass Lebensformen es wirklich versuchen. In einem Artikel aus dem Jahr 1996 argumentierte der amerikanische Ökonom Robin Hanson in genau diese Richtung. Bis heute haben wir keinen Kontakt zu intelligenten Zivilisationen herstellen können und auch keinen anderweitigen Beweis für ihre Existenz gefunden. Irgendwo von der Entstehung von Einzellern bis hin zur Kolonialisierung ferner Welten muss es also einen Filter geben, der Leben davon abhält, sich über allerlei Planeten zu verteilen. Die große Frage ist, ob die Menschheit diesen Filter bereits überwunden hat. Entsteht komplexes Leben vielleicht einfach extrem selten? Oder sind Zivilisationen dazu verdammt, sich selbst auszulöschen? Hierzu gibt es viele Meinungen, jedoch sollten die bisherigen Seiten dieses Buches bereits gezeigt haben, dass es im Kosmos nicht an Filtern mangelt, welche die Entwicklung von Leben an Meilensteinen unterdrückt haben, die der Mensch schon erreicht hat. Deswegen wollen wir uns positiv geben und davon ausgehen, dass Außerirdische, welche unseren Stand vor Jahrmilliarden erreicht hatten, danach auf keine unbekannten Hürden stießen, die ihre Existenz in häufigen Fällen gefährdeten.

Mit Ausnahme eines modernen Filters: Zeit. Schauen Sie sich um und sehen Sie, wie viel der Mensch in nur 10 000 Jahren erreicht hat. Können wir so überhaupt eine Million Jahre schaffen? Dinosaurier existierten für über 100 Millionen Jahre, die ersten Menschen, Vorfahren des Homo sapiens, vor fast 4 Millionen Jahren. Doch wie wir später noch besprechen werden, kann der Mensch sich keineswegs sicher sein, ob ihm auch nur noch weitere 10 000 Jahre Zivilisation gelingen werden. Die galaktische kambrische Explosion könnte wie ein Funkenflug gewesen sein. Für einen kurzen Moment leuchtete an vielen verschiedenen Orten der Milchstraße das Licht der Zivilisation und verdunkelte in ein paar Jahrmillionen größtenteils wieder.

Physiker des California Institute of Technology kamen im Jahr 2020 in einer Veröffentlichung zu einer ähnlichen Schlussfolgerung. Der Höhepunkt der Zivilisationsmenge, welchen die Forscher unter Hinzunahme weiterer Faktoren wie der Häufigkeit von Supernovae auf 8 Milliarden Jahre nach dem Urknall schätzen, liegt lange hinter uns. Die Menschheit, so die Vermutung, lebt auf einem Friedhof der Zivilisationen. Denn auch wenn wir natürlich aus unserer jetzigen Position heraus nicht klären können, wie weiterentwickelte Zivilisationen ausgestorben sind, wirken Jahrmilliarden einfach unüberwindbar für etwas, was sich so schnell entwickelt, wie wir es tun. Wer vermag darüber zu fantasieren, was die Milchstraße schon erlebt hatte, bevor wir und jene, die gerade mit uns auf anderen Welten existieren, auftauchten? Welche Zivilisationen mögen jetzt gerade zwischen den Sternen schlummern, die unseren heutigen Entwicklungsstand vor Hunderttausenden von Jahren erreicht hatten? Im Detail ist das natürlich alles sinnbefreite Spekulation. Aber auch in dieser finden sich feste Zahlen und Modelle, die versuchen sollen, das Ganze zu erfassen.

DIE KARDASCHOW-SKALA

Wie anfangs besprochen, können wir nicht davon ausgehen, dass sämtliche Prinzipien oder Eigenschaften unserer Gesellschaften auch für andere intelligente Spezies gelten. Wir können auch unsere technologischen Meilensteine nicht als Maßstab nehmen, da diese nicht zuletzt von der Zugänglichkeit gewisser Ressourcen und womöglich Prioritäten in der Entwicklung abhängen. Man stelle sich eine Gesellschaft vor, die nahezu mit Lichtgeschwindigkeit durch den Kosmos reist, aber noch Holzbögen als Waffen nutzt. Der sowjetische Astronom Nikolai Kardaschow schlug daher im Jahr 1964 vor, dass man Zivilisationen danach sortieren sollte, wie viel potenzielle Energie sie nutzen können. Je mehr Energie einer Spezies zur tatsächlichen Nutzung zur Verfügung steht, umso größere Taten kann sie vollbringen. Das lässt sich auch heute gut erahnen, denn große Forschungsprojekte wie die Teilchenbeschleuniger im Cern oder die Produktion aufwendiger Güter, zum Beispiel in der deutschen Chemieindustrie, verschlingen Unmengen an Energie. Eine Zivilisation, die zwischen den Sternen reiste, bräuchte selbstverständlich mehr Energie als wir.

Die Kardaschow-Skala unterteilt sich nur in drei verschiedene Stufen, die wir hier kurz abhandeln wollen.

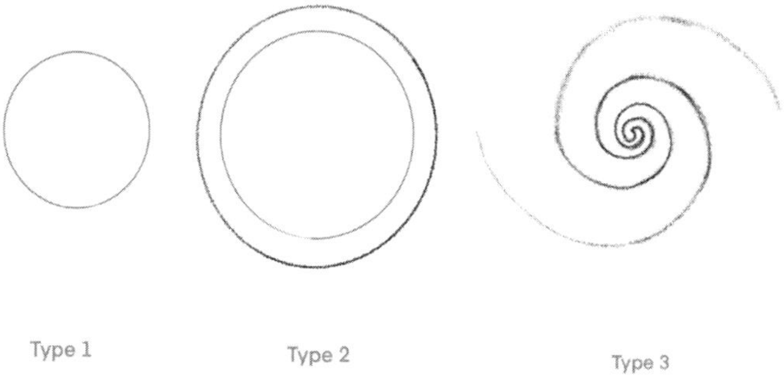

Eine *Stufe-I-Zivilisation* wäre eine Spezies, welche die gesamte auf ihrem Heimatplaneten verfügbare Energie nutzen könnte. Würde die Menschheit jeden einzelnen Sonnenstrahl abfangen, welcher auf der Erde ankommt, ständen uns ungefähr 10^{17} Watt zur Verfügung. Es gibt natürlich auch andere Energiequellen auf der Erde, die im Vergleich zu dieser Summe jedoch vernachlässigbar wären. Mit dieser Menge an Energie könnten wir ungefähr 200 Millionen Stahlwerke betreiben – oder um es einfacher zu machen: Niemand, der nur auf einem Planeten ansässig ist, benötigt so viel Energie. Die gesamte Welt verbrauchte im Jahr 2021 nur 163×10^{15} Watt. Die zahlenbasierte Einordnung der Kardaschow-Skala ist also relativ nutzlos. Sollten wir das Signal einer außerirdischen Zivilisation empfangen, wäre ihr Stromzähler wohl keine Priorität von uns. Was die Skala bis heute interessant macht, sind die Implikationen ihrer Zahlen.

Wir erwarten, dass eine Zivilisation, welche die gesamte Energie ihres Heimatplaneten nutzen kann, auch in der Lage ist, diesen komplett zu kontrollieren. Das würde zum Beispiel bedeuten, dass die Kontrolle des Wetters oder von Erdbeben möglich wäre. Eine Stufe-I-Zivilisation müsste ihre eigene Natur fest im Griff haben. Wenn wir uns den menschengemachten Klimawandel anschauen, so können wir sagen, dass die Menschheit die Natur der Erde zwar in einem eisernen Würgegriff hält, jedoch weder einen Plan noch wirkliche Kontrolle darüber hinaus hat. Wir sind momentan weiterhin eine Stufe-0-Zivilisation, was bedeutet, dass Kardaschow nicht zwischen uns und den Höhlenmenschen unterscheidet.

Der amerikanische Astrophysiker Carl Sagan ergänzte die Skala 1973 um eine Formel, welche die Menschheit in diesem Jahr auf die Stufe 0,7 setzte, verbunden mit der Vermutung, dass sie noch ein paar Jahrhunderte von der ersten Stufe entfernt sei. Da die Zahlen der Skala wie gesagt durchaus Unfug sind – unter anderem geht sie davon aus, dass wir niemals energiesparender mit unseren Technologien werden –, schlug Sagan vor, statt Energie die genutzte beziehungsweise verfügbare Datenmenge zugrunde zu legen. Also Bytes. Die Skala sollte von A bis Z gehen, bei A mit 10^6 Bytes starten und anschließend jeweils um eine Potenz steigen. Dies setzte sich aber nicht durch, nicht zuletzt, da die höchste Stufe demnach 10^{31} Bytes wären, die Menschheit aber bereits $202\,510^{22}$ Bytes erreichen wird. Dementsprechend bleiben wir bei der Energieskala, die immerhin den Vorteil hat, dass ihre Grenzen eindeutiger sind.

Unabhängig davon, ob eine Zivilisation der Stufe I jemals die gesamte Energie ihres Planeten nutzt, wird sie wohl früher oder später wie wir in das Zeitalter der Raumfahrt starten. Sie wird die Mittel haben, um ihr Sternensystem zu kolonialisieren. Dementsprechend könnte sie dann eine *Stufe-II-Zivilisation* werden, also eine, welche die gesamte Energie ihres Sternensystems nutzt beziehungsweise auch in diesem Fall einfach die gesamte Energie der Sonne. Nicht, dass diese Zahlen aus den 1960ern noch viel bedeuten würden, aber eine Stufe-II-Zivilisation in unserem System hätte mit 10^{26} Watt ungefähr 10 Milliarden Mal mehr Energie zur Verfügung als eine Stufe-I-Zivilisation. Wobei an dieser Stelle fairerweise angemerkt sei, dass es durchaus energiereiche Projekte gäbe, die für uns momentan in den Bereich der Science-Fiction fielen, dies aber rechtfertigen würden. Zum Beispiel die Einstein-Rosen-Brücken, besser bekannt als *Wurmlöcher* – Tunnel in der Raumzeit, um schneller zu anderen Sternen zu reisen. Allerdings ist es aus unserer heutigen Perspektive schwer zu sagen, wie machbar dies für eine Spezies wäre, die uns »nur« Jahrtausende voraus wäre. Eine Stufe-II-Zivilisation dürfte keine Probleme haben, Planeten in ihrem Sternensystem zu terraformen, um diese lebensfreundlicher zu machen. Eine Reise zu einem anderen Sternensystem dürfte aber mit einer Reise zum Pluto für uns heute vergleichbar sein. Es wäre nicht gänzlich unmöglich, doch ein massiver Kraftaufwand.

Aber wie sollte man überhaupt die gesamte Energie eines Sterns, immerhin millionenfach größer als ein Planet, nutzen können? Die passende Idee dafür lieferte wenige Jahre vor Kardaschow der amerikanische Physiker Freeman Dyson, welcher 1960 einen Beitrag für eine Zeitschrift schrieb, in dem er die *Dyson-Sphäre* entwarf, einen riesigen Drohnenschwarm oder ein Set an Ringen, welche sich um einen Stern drehen sollten. Diese bestünden in beiden Fällen aus Solarkollektoren und würden somit die Energie des Sterns abfangen. Eine geschlossene Kugel sollte man nicht bauen, so Dyson, da der Strahlungsdruck durch Photonen, die von einem Stern ausgingen, und natürlich die Hitze dem Objekt sonst zu sehr schaden würden. Da unsere Sonne 1,3 Millionen Mal so groß wie die Erde ist, bräuchte es eine gigantische

Menge an Material, um so etwas zu bauen, selbst wenn die Solarkollektoren nur wenige Millimeter dick wären. Wir müssten wahrscheinlich den Merkur für unser Vorhaben opfern. Obwohl sie einen Stern nicht gänzlich einschließen würde, könnte eine Dyson-Sphäre dennoch verhindern, dass sein Licht im Weltall sichtbar wäre. Stattdessen würde die Sphäre selbst Infrarotenergie ausstrahlen, welche der Energie des Sterns entspräche.

Dyson schlug vor, nach solchen Infrarotsternen zu suchen. Im Jahr 2024 berichteten britische Forscher des Projektes »Hephaistos«, sieben Kandidaten in der Milchstraße gefunden zu haben. Dies jedoch, nachdem bereits eine Menge anderer Sterne aussortiert werden musste, da ihr Licht einfach von Gas- oder Materieringen und anderen natürlichen Geschehnissen abgedeckt wurde. Wir erinnern uns an die goldene Regel: Es sind keine Aliens.

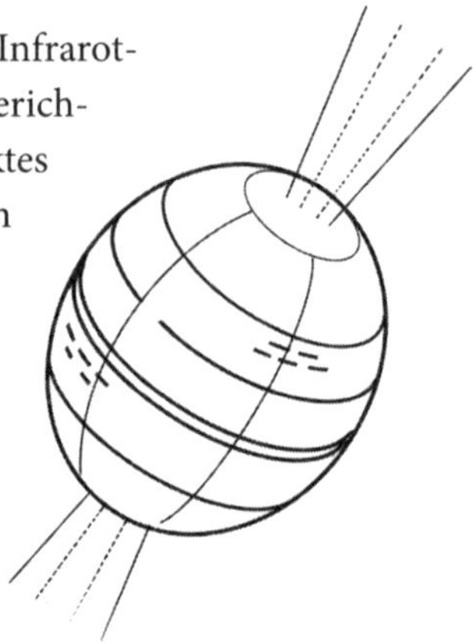

Die Suche nach Dyson-Sphären ist heute ein beliebtes Thema, verdient jedoch auch Kritik. Selbst wenn jede Zivilisation, egal, wie anders sie wäre, nach mehr Energie trachtete, wäre es lächerlich zu glauben, dass wir heute wissen, wie man diese gewinnt. Heutzutage mit Sicherheit davon auszugehen, dass eine Zivilisation, die uns Jahrtausende voraus ist, eine Dyson-Sphäre nutzt, und dementsprechend gezielt nach diesem Objekt zu suchen, gleicht einer Reise in die Vergangenheit, bei der man von einem Bewohner Mesopotamiens erwarten würde, dass er unsere Weltwirtschaft voraussagen kann. Die Stufe II der Kardaschow-Skala ist jene, die am ehesten zum Träumen anregt, nicht zuletzt, weil sie viele Etappensiege impliziert, welche wir schon heute anvisieren. Zum Beispiel die Kolonialisierung anderer Planeten. Dass man Stufe I nicht erreichen muss, um Stufe II anzupeilen, zeigt eine weitere Schwäche der Skala. Diese soll uns jedoch nicht weiter belasten. Ein zentraler Grund, warum die Skala bis heute beliebt ist, besteht darin, dass sie das von der heutigen Wissenschaft vermutete höchstmögliche Potenzial einer intelligenten Zivilisation formuliert. Und auf der Suche nach dem Sinn des Lebens und der Zukunft des Menschen im Kosmos müssen auch wir hier sehr hellhörig werden.

Wie Sie sich vielleicht schon denken können, müsste eine *Stufe-III-Zivilisation* in der Lage sein, die ganze Energie ihrer Heimatgalaxie zu nutzen. Bei den 300 bis 400 Milliarden Sternen der Milchstraße wären das ungefähr 100 Milliarden Stufe-III-Zivilisationen. Alleine wegen der Größe dieser Zahlen muss man davon ausgehen, dass unter ihnen eine Zivilisation wäre, welche uns um Jahrmillionen voraus wäre. Sie wäre wohl in der Lage, Sterne und schwarze Löcher nach Belieben zu erschaffen. Altern dürfte für solche Wesen ebenfalls optional sein, denn bei so einem Entwicklungsvorsprung wäre anzunehmen, dass solche Wesen ihre Biologie überwunden hätten. Interstellare Raumfahrt dürfte für sie auch kein Problem sein, falls Raum und Zeit denn überhaupt noch so behandelt würden, wie wir es tun. Wir reden hier also von einer Spezies, die sich den Status von Göttern erarbeitet hätte. Sie könnte der letzte Funken einer galaktischen kambrischen Explosion sein – falls man denn ein Inferno als Funken bezeichnen will.

Die Debatte, ob so eine Zivilisation wirklich möglich wäre, hält bis heute an. Gegen die Annahme spricht, dass wir bisher keine konkreten Wege kennen, wie die eben genannten Fähigkeiten einer Stufe-III-Zivilisation zu erreichen wären. Dem könnte man aber natürlich entgegenhalten, dass es töricht wäre, davon auszugehen, dass wir Technologien verstehen könnten, die uns so weit voraus wären. An dieser Stelle muss ich einräumen, dass auch meine Vermutungen, was eine Stufe-III-Zivilisation tun könnte, sehr naiv sind, da sie auf Motivationen und Plänen aufbauen, welche für uns heute interessant wirken. Wer weiß, welche Motive diese neuen Götter hätten. Dementsprechend ist es auch schwer zu sagen, wie leicht sie zu entdecken wären, wenn es sie denn gäbe. In der Theorie könnten wir Stufe-III-Zivilisationen durch ihr Wirken sogar noch in anderen Galaxien erkennen. Doch weder die Untersuchung von Galaxien, die besonders stark im Infrarotbereich liegen, noch die Suche nach besonders starken Signalen, die auf intergalaktische Kommunikationsversuche deuten könnten, ergaben irgendwelche Hinweise. Unabhängig aber von der Frage, ob man mit solchen Mitteln überhaupt andere Zivilisationen entdecken könnte, sollte man bedenken, dass eine Stufe-III-Zivilisation die Spitze der Entwicklung des Lebens wäre. Wenn die Stufe-I-Spezies die Kontrolle über ihre Natur gewonnen hätte, hätte die Stufe-III-Zivilisation die Kontrolle über ihr lokales Universum gewonnen.

Es gab immer wieder Gedankenexperimente, in denen die Kardaschow-Skala um weitere Stufen ergänzt wurde, so um *Stufe-IV-Zivilisationen*, welche Galaxiecluster oder sogar das ganze Universum kontrollieren, doch dies wäre nach heutigem Wissensstand sinnbefreit. Zum einen würde ich es infrage stellen, dann noch von einer Zivilisation zu sprechen und nicht eher von einer Naturgewalt mit Bewusstsein, zum anderen gibt es keine Indikatoren, dass Leben sich so weit entwickeln könnte. Dank der dunklen Energie, welche weiterhin für das stetige Wachstum des Vakuums zwischen den

Galaxien sorgt, ist es nach unserer Kenntnis nicht möglich, die lokale Gruppe zu verlassen. Wir können die Fähigkeiten eines Typs III natürlich nicht mit dem heutigen Wissensstand begrenzen, uns aber dennoch recht sicher sein, dass in der bisher kurzen Zeit von wenigen Jahrmilliarden, in der komplexes Leben im Kosmos möglich war, keine Zivilisation sich im gesamten Universum hätte ausbreiten können. Nicht zuletzt, da dessen echte Größe nicht mal bekannt ist.

Sollte es momentan so etwas wie ein Endziel für die Entwicklungszukunft unserer Zivilisation geben, dann wäre es wohl die höchste Stufe der Kardaschow-Skala. Eine Entwicklung, die so weit reichte, dass wir mit der Vorstellung, welche Technologien oder Ziele die Gesellschaft dann hätte, komplett fremdeln. Es wäre die Überwindung des heutigen Menschseins. Nicht in irgendeinem spirituellen oder esoterischen Sinn, sondern ganz konkret durch den ewigen technologischen Fortschritt. Ein Fortschritt so groß, dass wir davon ausgehen müssen, unterwegs die naturelle Entwicklung wie die Evolution hinter uns zu lassen. Wenn wir über die Zukunft unserer eigenen Spezies nachdenken, sollten wir uns durchaus die Frage stellen, was das größtmögliche Potenzial ist, welches wir heute dem Menschen zutrauen, und wie er dieses erreichen kann. Wie kann der Mensch eine Million Jahre mit Erfolg überdauern?

Der Fokus dieses Buches ist die Frage, was der Sinn des Lebens im Kosmos sein könnte, wenn es denn einen gibt. Die Überlegung, wie weit andere Zivilisationen entwickelt sein könnten, ist in dem Kontext sehr interessant, da wir nicht ausschließen können, dass der heutige Mensch noch gar nicht in der Lage ist, einen durch die Naturwissenschaften gegebenen höheren Sinn zu erfüllen. Wie die Wasserstoffatome, welche erst in Sternen zu Kohlenstoff werden mussten, damit wir existieren können. Wenn es einen Sinn des Lebens gibt, kann er eine fortlaufende Handlung sein oder ein ganz konkretes Endziel. Und wenn er ein konkretes Endziel ist, so muss man sich die Frage stellen, wie häufig dieses im Kosmos wirklich erreicht werden muss.

Außeriridische Zivilisationen können anders sein als alles, was wir uns vorzustellen vermögen, trotzdem ist, wie besprochen, davon auszugehen, dass es ein gewisses Set an Grundprinzipien gibt, aus denen sich die Eckpfeiler menschlicher Zivilisation ableiten und die für alle gelten. Je nachdem, wie obskur ein Grund für unsere Existenz sein könnte, wäre es nicht unmöglich, dass ein beständiges indirektes Zusteuern auf den Sinn des Lebens zu den Grundprinzipien einer Zivilisation gehört. Zum Beispiel ist ein ständiger Expansionswunsch im Menschen verankert. Dieser ist in manchen Gesellschaften aus kulturellen Gründen stärker, lässt sich jedoch allgemein auf eine instinktive Neugier zurückführen. Wesen, die sich über große Flächen ausbreiten, profitieren auf kurze Zeit von neuen Ressourcen, die ihr Überleben erleichtern, und auf lange Zeit durch Förderung der ökologischen Vielfalt. Denn einzelne abgetrennte Gruppen derselben Tierart können unterschiedliche Evolutionen durchlaufen. In dem Expansionsgedanken des Menschen liegt aber auch immer zu einem gewissen Grad die Suche nach einem Sinn, schließlich handelt es sich um den Aufbruch ins Unbekannte. Wie wir gleich noch in der Vergangenheit des Menschen sehen werden, gab es eine natürliche Auslese zwischen jenen unserer Vorfahren, welche bereit waren, das Unbekannte zu wagen und zu entdecken, und jenen, die jeden Wandel ablehnten. Wer weiß, welche Filter, welche natürliche Auslese noch die weiteren Entwicklungsschritte des Menschen bestimmen werden. Doch wenn wir die richtigen Instinkte, wie zum Beispiel den Expansionswunsch, weiterentwickeln, könnte dies uns vielleicht auch zu den wenigen Glücklichen machen, welche dadurch stärker in Richtung eines konkreten Sinns des Lebens gelenkt werden. Sollte dieser etwas sein, was Lebensformen nicht automatisch erfüllen, so wäre jedwede Kraft, die uns in seine Richtung lenkte, automatisch eine geglückte Evolution. Doch auch wenn die habitable Epoche gerade erst anfing, müssen wir uns, insbesondere wenn es die galaktische kambrische Explosion wirklich gab, die frustrierende Frage stellen, ob wir nicht womöglich zu spät sind.

Was, wenn es einen konkreten Sinn des Lebens gibt, der bereits vor Jahrmilliarden von anderen erfüllt wurde? Die ständige Sinnsuche des Menschen also sinnlos ist trotz der Existenz eines Sinns? Sie ein evolutionärer Drang ist, der nirgendwohin führt? Solange wir dies nicht sicher wissen, können wir nicht davon ausgehen. Zumal dies die Einmaligkeit eines Lebenssinns voraussetzen würde.

So oder so ist davon auszugehen, dass unser Kosmos gefüllt mit Leben ist. Vielleicht befinden wir uns unbemerkt in einem Wettrennen mit anderen Zivilisationen, um die Nächsten zu werden, die Stufe III erreichen, vielleicht aber erfüllen wir jetzt in diesem Augenblick auch einen gemeinsamen Sinn mit Dutzenden Milliarden extremophilen Organismen in der Milchstraße. Wie leicht oder schwer es auch sein mag, einen Sinn zu erreichen, *life finds a way*.

Da wir die Zukunft anderer Spezies unmöglich erraten können, wird es zunehmend Zeit, sich auf die Zukunft der einen zu konzentrieren, die wir kennen. Lassen Sie uns über den Menschen und seine Entstehung sprechen.

VOM ANFANG BIS HEUTE

Riesen, Zwerge, Reisende

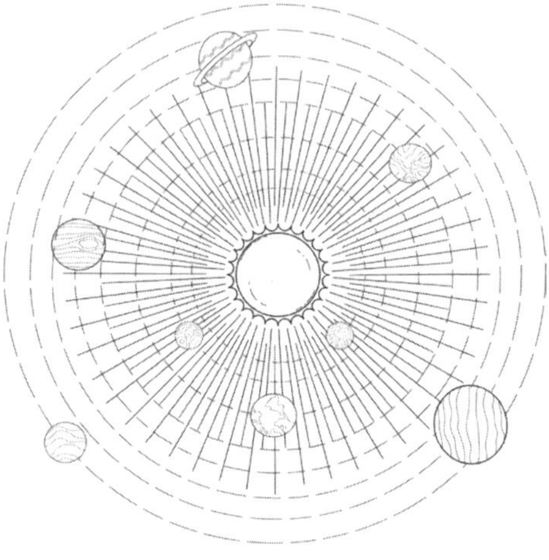

DAS SONNENSYSTEM

Gut 4400 Jahre sind die ersten Texte alt, in denen Ra, der altägyptische Sonnengott, erwähnt wurde. Für 2000 Jahre war er der wichtigste und höchste der Götter, da er das Leben auf der Erde ermöglichte und als »Atum« auch der Erschaffer seiner selbst und aller anderen war. Im Grunde bedeutet seine Existenz in der ägyptischen Mythologie aber, dass die Sonne selbst als Gott angebetet wurde. Ein religiöses Verhalten, welches sich auch in anderen Kulturen zeigte. Natürlich ist uns heute klar, dass die Sonne keine Gottheit ist. Hätten auch die alten

Ägypter mit deren Anbetung aufgehört, wenn sie von den wahren Dimensionen des Sonnensystems gewusst hätten? Die Vorstellung, dass die Sonne ein Gott ist, der zumeist in humanoider Form dargestellt ist, wirkt so viel kleiner als die Wahrheit über unseren Gasriesen. Ohne ein langsames Aufbauen von physikalischem Wissen über unsere Umgebung wäre die Anbetung womöglich nur intensiver geworden.

Die Sonne ist 1,3 Millionen Mal größer als unser Heimatplanet, das hatte ich bereits geschrieben. Aber Zahlen werden der Wirklichkeit selten gerecht, da das menschliche Gehirn sie nicht richtig visualisieren kann. Unsere Sonne ist nicht einfach das Zentrum des Sonnensystems, in gewisser Hinsicht ist sie das Sonnensystem.

Viele Beweise deuten heute darauf hin, dass die Entstehung des Sonnensystems dem Ablauf der *Nebular-Hypothese* folgte, welche 1755 von Immanuel Kant aufgestellt und später von einigen Naturwissenschaftlern modifiziert wurde. Wie Sie sich vorstellen können, ist davon auszugehen, dass auch unser lokaler Stern in einer Gaswolke geboren wurde. Genauer genommen, in einer Molekülwolke, welche sich durch eine höhere Materiedichte auszeichnet. Dass die Sonne in ihrer Größe und Zusammensetzung der wohl am besten studierte Stern ist, erlaubt es, überraschend detaillierte Aussagen über die Entstehung des Sonnensystems zu treffen. So unterscheidet sich die Menge bestimmter schwerer Elemente in unserem Sonnensystem vom galaktischen Durchschnitt, was nahelegt, dass es nicht eine beliebige Nebula war, in welcher wir erschaffen wurden, sondern die Blase eines *Wolf-Rayet-Sterns*. Wolf-Rayet-Sterne sind seltene und besonders heiße Gasriesen, welche eine recht ungewöhnliche Form haben. Drei Viertel aller Sterne in der Milchstraße sind nicht allein im Kosmos unterwegs, sondern befinden sich in sogenannten Binärsystemen, sind also zu zweit. Wenn nun einer der beiden Sterne die Hauptreihe hinter sich lässt, also die Lebensphase, in welcher er Wasserstoff zu Helium verbrennt, fängt er an, sich aufzublähen und größer zu werden. Dabei kann es passieren, dass die äußeren Schichten des Sterns das *Roche-Limit* verlassen, die Grenze, innerhalb derer die Materie des Sterns noch an diesen gebunden ist. Planeten befinden sich immer außerhalb des Roche-Limits ihres Sterns. Wenn sie dieses überschreiten, werden sie von den Gezeitenkräften der Gasriesen geschreddert. Die Materie des Wolf-Rayet-Sterns, die das Limit verlässt, wird nicht zu einem Planeten, strömt aber dank der Gravitation des Nachbarsterns weg. Dadurch liegt der Kern des Sterns offen, umgeben von einer dichten Gasblase, welche enorm heiß und hell wird. Durch diese großzügig an den Kosmos abgegebene Materie können planetare Nebulae, welche kleiner als reguläre Nebulae sind, entstehen.

In der Milchstraße sind zurzeit nur ungefähr 40 dieser Sterne bekannt, die Grundlage für unser Sonnensystem ist also eine wahre Seltenheit – jedoch keine Voraussetzung für die Entstehung von Leben. Die Molekülwolke, welche Teil der planetaren Nebula war, muss durch äußere Effekte, zum Beispiel eine Supernova in der Nähe, instabil geworden sein. Materie, welche sich über einen Durchmesser von ungefähr 65 Lichtjahren erstreckte, zog sich dadurch stärker zusammen und begann, umeinanderzukreiseln – ein sogenannter *Gravitationskollaps*. In der Mitte der immer dichter und heißer werdenden Wolke bildet sich ein erster planetengroßer Kern. In der Molekülwolke schweben die Wasserstoffatome, welche später in der Sonne verbrannt werden, nicht frei herum, sondern befinden sich, wie der Name schon sagt, zu zweit in Molekülpaaren. Wenn die Hitze und Dichte dieses ersten Kerns jetzt steigt, zersetzen sich die Moleküle, wobei Energie freigesetzt wird. Es gleicht ein bisschen der Hauptreihe eines Sterns, denn wenn die Moleküle aufgebraucht sind, kollabiert dieser erste Kern, was ein wenig an den Tod eines Sterns am Ende seines Lebens denken lässt. In diesem Fall folgt jedoch auf den Kollaps die Entstehung eines zweiten Kerns, genauer gesagt eines *Protosterns*.

In der Entstehung der Sterne ist dies ein kritischer Moment. Der Protostern ist viel kleiner als die Sonne, besteht auch bereits primär aus Wasserstoffatomen, kann jedoch noch keine Kernfusion initiieren. Wenn ein Protostern es nicht schafft, genug Material aus seiner Umgebung heranzuziehen, entsteht statt eines Sterns ein brauner Zwerg. Wie Sie sich vielleicht noch erinnern, sind die braunen Zwerge für einen Teil der dunklen Materie im Kosmos verantwortlich. Mit unserer Sonne passierte dies aber offensichtlich nicht. Ihr Protostern zog eine dichte Wolke an weiterer Materie an sich heran, welche sich in einer Akkretionsscheibe um den Protostern drehte. Diese ähnelt aber mehr einer ringförmigen Wolke und entspricht nicht der extremen Akkretionsscheibe eines schwarzen Loches. Dennoch erzeugt auch die Akkretionsscheibe des Protosterns das meiste Licht und nicht der Stern selbst.

Als die Materie in der Molekülwolke kollabierte, entstand ursprünglich ein Drehimpuls, der dafür sorgte, dass auch der Protostern und seine umliegende Scheibe sich drehten, und der durch die Zunahme von Materie ebenfalls stärker wurde. Ähnlich wie bei den Galaxien, die anfangs eher die Form von Blasen hatten und dann durch die Drehungen zu Scheiben wurden, dehnte sich auch die Akkretionsscheibe um den Protostern aus. Die *protoplanetare Scheibe*, wie wir sie jetzt auch nennen können, hatte einen Durchmesser von 200 astronomischen Einheiten und bildete nun den Geburtsort für die Planeten. Am stärksten sticht dabei Jupiter heraus, der größte und älteste Planet des Sonnensystems. Manche Theorien deuten darauf hin, dass Jupiter sich fast auch aus einem kollabierten Kern hin zu einem Protostern entwickelte, jedoch aufgrund seines größeren und stärkeren Nachbarn keine Materie ansammeln konnte. Auch wenn der Gasriese 400-mal größer als die Erde ist, ist er dennoch viel kleiner als ein brauner Zwerg.

Doch auch die anderen Planeten begannen sich zu formieren. In einem heißen dichten Staubsturm sammelten sich Staubkörner, die nicht größer als ein Sandkorn waren. Doch durch die stürmischen Bedingungen fingen diese Körner an, zu wachsen und die Form von kleinen Asteroiden anzunehmen, welche meist nur einige Dutzend Meter im Durchmesser groß waren. Diese kollidierten jedoch und schlossen sich durch Gravitation zusammen, sodass sie recht schnell einen Durchmesser von wenigen Kilometern erreichten. Wie ein Schneeball, welcher einen Berg herunterrollt, wuchsen sie weiter. Jedoch nicht mit der gleichen Geschwindigkeit. Über die nächsten Jahrmillionen sollten sie jährlich nur um wenige Zentimeter im Durchmesser wachsen. Kaum überraschend, war die protoplanetare Scheibe in der Nähe zum Protostern am heißesten. Daher konnten Stoffe mit einem niedrigen Schmelzpunkt dort nicht zur Planetenbildung beitragen. Die Klumpen, welche sich in dem inneren Ring formten, bestanden deshalb hauptsächlich aus verschiedenen Gesteinen und Metallen. Stoffe wie Wasser und Methan hatten hier, vorerst, keine Chance. Die Planeten entwickelten sich nicht sofort, stattdessen wuchsen Hunderte Klumpen zu Protoplaneten heran, welche oft nicht größer als unser Mond waren. Auch diese kollidierten natürlich oft miteinander und formten so durch Gravitation größere Objekte. Ein Prozess, der in Bezug auf die Erde noch spannend werden würde. In weiter entfernt liegenden Teilen der Scheibe, hinter der sogenannten *Frostlinie*, können jedoch viel mehr Stoffe wie zum Beispiel gefrorenes Wasser, in Fachkreisen auch bekannt als Eis, zur Planetenbildung beitragen. Dass die Planeten in der inneren Scheibe nur aus im Universum selteneren Stoffen bestehen können, hat zur Folge, dass sie dort wesentlich kleiner werden als jene hinter der Frostlinie. Und so kommt es, dass in unserem Sonnensystem die Gesteinsplaneten Merkur, Venus, Erde und Mars innerhalb liegen und die Gasplaneten Jupiter, Saturn, Neptun und Uranus außerhalb. Aufgrund einer höheren Verfügbarkeit von Material und einer langsameren Bewegung der protoplanetaren Scheibe entwickelten sich die Gasplaneten trotz ihrer Größe recht schnell. Jedoch sollte erwähnt werden, dass heutige Modelle immer noch Schwierigkeiten haben, einen genauen Entwicklungsablauf zu definieren. Saturn ist massiv kleiner als sein Nachbar Jupiter, was darauf hindeutet, dass er einige Millionen Jahre später entstanden ist, als weniger Material verfügbar war. Die Planeten müssen jedoch auch nicht auf den Bahnen entstanden sein, auf denen sie sich heute befinden. Besonders Neptun und Uranus bereiten Kopfschmerzen, da sie sehr weit abseits im Sonnensystem liegen, was nicht ganz zu unseren heutigen Modellen der protoplanetaren

Scheibe passt. Vermutlich sind beide Planeten erst ins äußere Sonnensystem migriert.

Während die Planeten entstanden, hatte die Sonne die Transformation vom Protostern zum Stern längst abgeschlossen. Während die protoplanetare Scheibe für ungefähr 10 Millionen Jahre bestehen bleibt, gibt es den Protostern selbst nur für ungefähr eine halbe Million Jahre. Denn sobald der Protostern genug Material angesammelt hat und sein innerer Druck hoch genug ist, steigt seine Temperatur auf 10 Millionen Grad – der Startschuss für die Kernfusion. Der Protostern beginnt also, Wasserstoff in Helium zu konvertieren, was die Transformation zum echten Stern bedeutet.

Wir haben bereits zur Kenntnis genommen, dass nahezu die gesamte Masse eines Sonnensystems in der Sonne steckt. Wer jedoch weiterhin denkt, dass unser Sonnensystem aus einem großen Stern in der Mitte, acht Planeten und dem Pluto besteht, der liegt sehr falsch. Das restliche Sonnensystem macht nur ein Prozent der Masse aus, während 99 Prozent davon in den Gasplaneten stecken, dennoch ist es ein viel diverserer Ort. Neben den bekannten Planeten wurden bisher fünf Zwergplaneten entdeckt, und Hunderte weitere werden erwartet. Sie zeichnen sich oft durch recht skurrile Formen aus, da der Gravitationsdruck sie, anders als zum Beispiel bei der Erde, nicht zu Kugeln formen muss. Sie sind schwer zu entdecken, da sie in Asteroidenfeldern liegen, die hauptsächlich im äußeren Sonnensystem angesiedelt sind. Die einzige Ausnahme stellt der Asteroidengürtel dar, eine Region zwischen dem Jupiter und dem Mars, in welchem sich der Zwergplanet Ceres befindet. Die anderen Zwergplaneten wurden im Kuipergürtel gefunden, einem großen Asteroidengürtel hinter dem Neptun, der wesentlich schwerer zu beobachten ist.

Doch ein Großteil der Asteroiden, von deren Existenz wir ausgehen müssen, befindet sich in der *Oort'schen Wolke*, einer Blase aus Asteroiden und Zwergplaneten, deren Anzahl in die Billion gehen könnte. Benannt wurde sie nach dem Physiker Jan Hendrik Oort, welchem wir bereits begegnet sind.

Ein regelmäßiger Debattenpunkt in der heutigen Astronomie ist die Frage, wo unser Sonnensystem endet. Wie Sie vielleicht wissen, sind die einzigen menschengemachten Objekte, die bisher das Sonnensystem verlassen haben, die NASA-Sonden Voyager 1 und Voyager 2, welche 1977 losgeschickt wurden und noch heute Signale zurück zur Erde schicken. Die beiden Sonden durchschritten 2012 und 2018 die Heliosphäre, welche uns vor kosmischer Strahlung aus dem Inneren unserer Galaxie schützt, ähnlich wie das Magnetfeld eines Planeten diesen vor der radioaktiven Strahlung und den Winden seines Sterns schützt. Generell scheint es sinnvoll, diese als Grenze des Sonnensystems hin zum interstellaren Raum zu nehmen, jedoch könnte man auch argumentieren, dass so etwas wie ein interstellarer Raum gar nicht existiert.

Unser Sonnensystem ist ein Konstrukt, welches durch Gravitation zusammengehalten wird. Und Gravitation hört nicht einfach auf, sondern wird zunehmend schwächer, je weiter man sich von einem Objekt entfernt. Jedoch kann ein Stern mit seiner Gravitation andere Objekte – wenn auch nur sehr leicht – so lange in seinen Bann ziehen, wie kein anderes Objekt eine stärkere Anziehungskraft in der Nähe ausübt. Das soll heißen, dass die offizielle Grenze des Sonnensystems hinter der Heliosphäre liegt, ungefähr 123 astronomische Einheiten entfernt, dies jedoch noch Objekte auf eine Distanz von 1,6 Lichtjahren beeinflusst. Das sind knapp 100 000 astronomische Einheiten. Und deswegen ist davon auszugehen, dass sich um das Sonnensystem herum die Oort'sche Wolke befindet. Sehen können wir diesen Bereich praktisch gar nicht. Um Planeten und andere nicht leuchtende Objekte sehen zu können, müssen diese Licht reflektieren. Und da draußen ist unsere Sonne nur ein weiterer Stern am Sternenhimmel. Die Voyager-Sonden werden noch ein paar Jahrhunderte brauchen, bevor sie die Oort'sche Wolke erreichen. Es lohnt sich deswegen, diesen Ort zu erwähnen, weil er zum einen zeigt, dass die Planetenbahnen unseres Sonnensystems nur einen kleinen Teil von dessen Größe ausmachen. Auch unsere direkte Heimat ist ein großer Ort, der noch lange nicht gänzlich entdeckt wurde. Zum anderen aber verdichten sich zunehmend die Anzeichen, dass es da draußen einen weiteren Planeten gibt. Man kann den mysteriösen *Planeten X*, wie er vorläufig genannt wird, nicht direkt sehen, jedoch wurden die Bahnbewegungen einiger Objekte auf bisher nicht geklärte Art und Weise gestört, was auf die Anziehungskraft eines größeren Objektes hindeutet. Zuletzt wurde 2024 nachgewiesen, dass mehrere Asteroiden vertikal aus dem Kuipergürtel geschleudert wurden, was als bisher eindeutigstes Anzeichen gilt. Sollte sich da draußen jedoch ein weiterer Gasplanet befinden, könnte er kein Leben beherbergen. Daher wollen wir unser Augenmerk auf jene Planeten richten, die dieses Potenzial haben.

DER MARS

Der sogenannte Rote Planet ist in vielerlei Hinsicht ein spannendes Objekt. Seine charakteristische Farbe hat zur Folge, dass man ihn durch ein Teleskop nur extrem schwer beobachten kann. Seine grelle Oberfläche reflektiert einfach zu viel Licht. Unter Kennern des Sonnensystems sticht er heraus, weil er den Olympus Mons beherbergt, welcher mit einer Höhe von 26 Kilometern der höchste Berg des Sonnensystems ist. Es wird ein faszinierender Anblick sein, wenn Menschen eines Tages aus dem Weltall zuschauen können, wie die Sonne über dem zudem 600 Kilometer langen Riesen aufgeht.

Bevor wir uns gänzlich unserer Heimat widmen, sollten wir zuerst über den Mars sprechen, insbesondere da dieser Planet noch in diesem Jahrhundert eine Rolle in der Zukunft des Menschen spielen könnte. Denn vor einigen Jahrmilliarden sah es mal so aus, als hätte die Erde direkt neben sich einen Zwilling. In dem vorangegangenen Buchabschnitt hatten wir darüber gesprochen, dass viele Orte im Kosmos womöglich nur sehr temporär Leben beherbergen können. Die geologischen Bedingungen auf der Oberfläche des Mars, zum Beispiel ehemalige Flussbetten, deuten darauf hin, dass der Planet vor einigen Jahrmilliarden Flüsse und Ozeane hatte. Wasser, welches heute nur noch in seinem Inneren vorkommt. Der Mars ist eine radioaktive Wüste, auf der ein Mensch auch in einem Raumanzug kaum überdauern könnte. Sein Wetter wird durch Sandstürme dominiert. Dies liegt daran, dass der Planet noch im Kinderbett von der Sonne umgebracht wurde. Der Mars ist wesentlich kleiner als die Erde und hat nur ein Zehntel ihrer Masse. Dies brachte unter anderem mit sich, dass der Planet seine innere Wärme schneller abgab, was zu einer Kühlung des Kerns führte. Wie wir uns erinnern, erzeugt der Kern eines Planeten durch ständige Wärmezufuhr das Magnetfeld. Ungefähr eine halbe Milliarde Jahre nach seiner Entstehung wird der Mars daher sein Magnetfeld verloren haben. Ohne dieses war seine Atmosphäre den ständigen Winden der Sonne hoffnungslos ausgesetzt und wurde von ihnen zerfressen.

Neben regelmäßigen Sonnenstürmen, welche Planeten mit geladenen Partikeln bombardieren, gibt es auch einen durchgängigen Strom an Partikeln, der von den Polen der Sonne ausgeht. Die Atmosphäre des Mars wurde von ihm wie ein Kartenhaus in einer Windböe erwischt. Dies hatte nicht nur zur Folge, dass der Mars heute eine sehr strahlungsbelastete Umgebung ist – das Weltall ist schließlich ein sehr radioaktiver Ort –, sondern auch, dass der Atmosphärendruck nicht mehr stark genug war, um das Wasser auf dem Planeten einzuschließen. Die UV-Strahlung der Sonne, welche nun nicht mehr aufgehalten wurde, zersetzte die Wasserstoffmoleküle in der oberen Atmosphäre des Mars, sodass der Sauerstoff entwich. Die Gravitation des Planeten reichte nicht, um diesen Prozess zu verhindern.

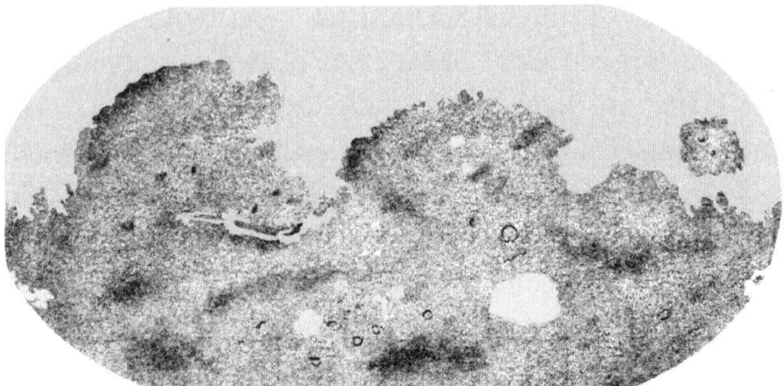

So kam es zur besagten roten Wüste. Seine charakteristische Farbe hat der Mars durch Korrosionen des Eisenoxids, aus dem sein Oberflächenstaub besteht. Ein Abschiedsgeschenk seiner Vergangenheit.

Heute ist Leben auf seiner Oberfläche nicht möglich. Die Suche nach Außerirdischen beschränkt sich hier nur auf Fossilien. Gemessen an der Entwicklungsgeschwindigkeit des Lebens auf der Erde, kann man nicht davon ausgehen, dass irgendetwas an der Landoberfläche des Mars gelebt hat. Jedoch könnten die Organismen, welche womöglich sonst wo auf dem Mars gelebt haben, bereits weit genug entwickelt gewesen sein, um eine DNA zu haben. Die Überlegung, ob es wirklich Leben auf dem Mars gab und wie komplex es hätte werden können, ist interessant für die Überlegung, wie häufig weit entwickeltes Leben im Universum sein könnte. Das Ganze ist eine Frage der Wahrscheinlichkeit: Wie wahrscheinlich ist es, dass komplexes Leben sehr selten ist, wenn wir einen Planeten mit einem blühenden Ökosystem (die Erde) haben, direkt daneben einen, der fast denselben Status erreicht hätte (hypothetisch hier der Mars), und womöglich noch weitere Eismonde mit weniger komplexem Leben? Und das alles in dem einzigen Sternensystem, welches wir wirklich im Detail untersuchen können. Der Mars ist heute lebensfeindlich, weil er tot ist, gilt aber weiterhin als einer der erdähnlichsten Planeten, die wir kennen. Und für die Zukunft der Menschheit kann er wie gesagt noch in diesem Jahrhundert relevant werden. Doch dazu kommen wir, wenn wir über die Zukunft reden. Für die Frage nach der Entstehung von Leben auf der Erde ist er jedoch ebenfalls interessant, da eine Entdeckung, die vom Mars kam, die entsprechenden Überlegungen vorantrieb.

Im Jahr 1984 fanden Wissenschaftler nach einer harten und kaum überraschend kalten Suche in der Antarktis einen Meteoriten, *ALH84001*, dessen Einschlag vorab beobachtet worden war. Ein anfangs wenig bemerkenswerter Stein, aber eben dennoch ein Vertreter der Meteoriten, die uns bei genauerer Untersuchung einiges über die materielle Zusammensetzung unseres Sonnensystems sagen können. Und so fanden Wissenschaftler ein knappes Jahrzehnt später, 1993, heraus, dass dieser Klumpen uns wesentlich mehr erzählen würde als die meisten anderen Erdbesucher. Denn es handelte sich um Marsgestein, welches die Erde nicht besonders häufig erreicht. Noch viel wichtiger aber war, dass es sich um 4 Milliarden Jahre altes Marsgestein handelte – ein äußerst seltener Zeuge des frühen Sonnensystems also. Wieder ein paar Jahre später, 1996, fanden Forscher in dem Meteoriten polyzyklische aromatische Kohlenwasserstoffe und Karbonateinschlüsse, welche auf der Erde entstehen, wenn Bakterien sich zersetzen oder auch von ihnen produziert werden, zum Beispiel durch Kalkschalen. Es muss jedoch betont werden, dass beide Stoffe auch auf andere Art und Weise entstehen können. Der Gedanke, dass dies hier nicht der Fall war, wurde aber dadurch befeuert, dass diese sich in dem Objekt in wurmartigen Nanostrukturen befanden, welche irdischen Mikroorganismen ähnelten, jedoch erheblich kleiner waren.

Spannende Formen und Stoffe, die unter anderem von Leben produziert werden können, sind kein Beweis für Aliens, aber es war nah genug dran, um das Weiße Haus zu informieren. In einer Pressekonferenz äußerte sich US-Präsident Bill Clinton zu der Entdeckung, und eine große Weltöffentlichkeit wurde darüber informiert, dass man der Entdeckung von Aliens einen großen Schritt näher sei. An diesem Punkt sind Sie vielleicht darüber verwundert, dass Sie seither nicht mehr von diesem Thema gehört haben. Dies liegt daran, dass die Geschichte hier größtenteils endet. Zwar gab es in den letzten Jahren weitere Marsmeteoriten, die ähnliche Resultate erbrachten, aber als Beweis für außerirdisches Leben war das Ganze schon gescheitert, als das Weiße Haus darüber informiert wurde. Denn was in einer Welle an Aufmerksamkeit für den Fund unterging, war, dass die Wissenschaftler, welche diesen entdeckt hatten, in ihrem Paper ausdrücklich betonten, dass die Stoffe ihrer Schlussfolgerung nach natürlichen Ursprungs sein könnten, sie jedoch die Meinung anderer Experten hören wollten. Diese Experten schafften es in großen Teilen aber nicht rechtzeitig zu dem Objekt. Nicht vor der Presse. 2022 zeigte ein Team von Forschern in einer Studie schließlich, dass sämtliche Funde durch geochemische Reaktionen zwischen dem Marsgestein und Wasser entstanden sein könnten. Allerdings sind auch solche Stoffe interessant, da sie zwar nicht durch Leben produziert wurden, jedoch die Entwicklung von Leben vorangetrieben haben könnten. Doch bleibt es dabei: Wir bewegen uns weiterhin im Bereich des Hypothetischen.

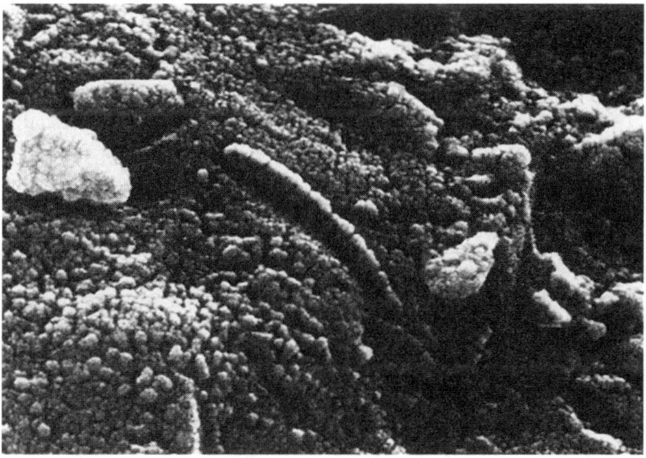

DIE PANSPERMIE

Obwohl der Meteorit ALH84001 als Beweisstück für außerirdisches Leben gescheitert ist, hat er dennoch durch die anfangs bewunderte Ähnlichkeit seiner wurmähnlichen Strukturen mit Erdorganismen die Popularität einer Hypothese befeuert, der sogenannten *Panspermie*. Diese gilt als äußerst spekulativ und wird heutzutage nur sehr marginal von der Wissenschaft in Betracht gezogen, ist jedoch nicht unmöglich und verdient daher einen Teil unserer Aufmerksamkeit. Die Panspermie, auch gerne All-Saat genannt, ist die Idee, dass das Leben auf der Erde nicht gänzlich auf dieser entstanden ist, sondern die ersten Zellen aus dem Weltall zur Erde kamen. Einzeller sind extrem widerstandsfähig und können in Eisasteroiden oder – in extremsten Modellen – sogar Staubwolken über lange Zeiträume überleben. Dementsprechend wäre es nicht unmöglich, dass Leben sogar von außerhalb des Sonnensystems kommt. Laut den Vertretern dieser Hypothese könnte es im Kosmos nicht ungewöhnlich sein, dass Leben nur an wenigen Orten entsteht, die teils auch nur sehr temporär bewohnbar sind, und sich von dort überall in ihm ausbreitet.

Wie bereits angemerkt, verstehen wir die ersten Schritte der Entstehung des Lebens noch nicht – den Teil, als aus einer Suppe von Chemikalien auf einmal eine Zelle wurde. Wie wir gleich noch näher besprechen werden, ist ein Problem dabei, dass auch früheste Lebensformen ein erstaunliches Maß an Komplexität aufwiesen. Die Unterstützer der Panspermie argumentieren, dies liege daran, dass die ersten Schritte gar nicht hier stattgefunden hätten. Wenn sich das Leben in Eisasteroiden ausgebreitet hätte – vergleichbar mit Regentropfen, die auf unser Sonnensystem gefallen wären –, dann wäre es naheliegend, dass dieselben Lebensformen auf dem Mars und der Erde gelandet wären und sich dort nur begrenzt unterschiedlich entwickelt hätten. Um genau zu sein, könnte man dann anführen, dass Aliens in unserem lokalen Teil des Weltalls extrem häufig starke Ähnlichkeiten mit uns hätten.

Natürlich wurden in keinem Meteoriten Anzeichen dafür gefunden, aber die Idee wurde populärer. Jedoch gibt es eben keinerlei Hinweise darauf, dass sie wahr ist, sondern lediglich, dass sie nicht unmöglich ist. Wenn die ersten Formen des Lebens nicht auf der Erde entstanden sind, müssen sie trotzdem in Wasser woanders entstanden sein. Da wir potenzielle Kandidaten außerhalb des Sonnensystems nicht besuchen können, wird dies nicht allzu bald belegbar sein. Dementsprechend wird diese Hypothese selten ernst genommen. In den extremsten Auslegungen wird sogar argumentiert, dass Leben, möglicherweise von einer höheren Zivilisation, gezielt im Kosmos ausgebreitet wurde. Dieser Gedankengang geht oft mit einer Ablehnung unserer momentanen Evolutionstheorie einher, welche durch die Vorstellung ersetzt wird, dass Leben generell einen vorgefertigten Entwicklungsplan verfolgt und nur kleinere Anpassungen an die jeweilige Umgebung davon abweichen. Mit solchen Spekulationen erreicht man schnell den Bereich der Science-Fiction.

Die Panspermie ist aber nicht nur erwähnenswert, weil sie nicht gänzlich unmöglich ist, sondern auch, weil sich andere Konzepte von ihr abgespalten haben, die wesentlich mehr seriöse Aufmerksamkeit aus der wissenschaftlichen Gemeinschaft bekommen. Insbesondere die *Transpermie*. Diese lehnt den Gedanken ab, dass Leben von außerhalb des Sonnensystems kommt, wirft jedoch die Überlegung auf, dass Leben womöglich im Frühstadium innerhalb des Sonnensystems migriert ist. Im Verlaufe der Zeit, aber insbesondere im frühen Sonnensystem, sind mehrere Milliarden Tonnen Marsgestein zur Erde gelangt. Bereits ein Durchmesser von einem Meter wäre genug, um Mikroben im Inneren vor der Strahlung des Weltalls zu schützen. Laut dem schwedischen Physiker Curt Mileikowsky hätte die Temperatur bei der Reise des Marsgesteins, welches zum Beispiel durch Asteroideneinschläge auf dem Planeten in Bewegung gesetzt worden sein könnte, im Inneren nie über 100 Grad Celcius betragen, Bakterien und Einzeller wären im dort enthaltenen Wasser also nicht abgekocht worden. Nach seinen Schätzungen hätten nur ungefähr 7 Prozent von ihnen die Reise zur Erde überlebt, jedoch wäre dies natürlich mehr als genug gewesen, damit Leben sich hier über die Jahrmilliarden ausbreiten hätte können. Genau wie bei der Panspermie gibt es auch für die Transpermie keine Anhaltspunkte, jedoch immerhin einen klaren Ansatz für den Ablauf.

Es ist nicht unseriös, in Erwägung zu ziehen, dass ein Teil des Lebens auf der Erde, oder sogar das ganze, seinen Anfang auf dem Mars hatte. Aber nicht nur dort. Wie Sie sich sicherlich noch erinnern, könnten rudimentäre Organismen auch auf der Venus entstanden sein und dort noch heute existieren. Doch heutige Klimamodelle deuten darauf hin, dass die Venus vor ein paar Milliarden Jahren angenehmere Oberflächentemperaturen hatte, welche sogar Wasser zugelassen hätte. Auch hier hätte ein Asteroideneinschlag die potenziell entstandenen Organismen im Innern von Eisasteroiden ins All und zur Erde schleudern können. Die Venus sticht in diesen Überlegungen heraus, da ihre habitable Phase womöglich länger anhielt als die des Mars, zumal sie schlechter erforscht ist, was mehr Raum für unentdeckte Anzeichen auf Leben bietet.

Bei jenen, welche die Transpermie als Konzept unterstützen, ist die Idee populär, dass das Einführen von Mikroorganismen mit längerer Entwicklungsgeschichte einer der Gründe für die kambrische Explosion sein könnte. Wir erinnern uns, die kambrische Explosion war ein für die Erdgeschichte sehr kurzer Zeitraum, in welchem sich viele neue Arten entwickelten und Landbewohner wurden. Das ist natürlich ebenfalls höchst spekulativ und zweifellos nur ein Randmodell der Wissenschaft. Doch wenn wir bei unserer Reise durch die Lebenszeit des Universums den Fokus auf das Leben und dessen Häufigkeit legen und noch dazu einen Existenzgrund finden wollen, sollten wir uns damit auseinandersetzen, dass nicht nur das Leben als Ganzes, sondern auch wir als Erdbewohner eventuell nicht so stark an die Erde gekoppelt sind, wie man es denken mag. Die Erde ist unsere Heimat, aber vielleicht nicht gänzlich die Wiege des Lebens, welches wir kennen.

Auch die Transpermie ist wie gesagt so spekulativ, dass man sich nur äußerst vorsichtig mit ihr auseinandersetzen sollte. Der Grat zwischen seriöser Astrobiologie und UFO-Verschwörungstheorien kann recht schmal sein. Die geerdetsten Konzepte, welche die Anfänge des Lebens im Weltall suchen, gehen nicht von Migrationen des Lebens selbst aus, das weiterhin auch einfach auf der Erde hätte entstehen können, wenn dies auch auf der Venus oder dem Mars möglich war, sondern befassen sich stattdessen mit der Entstehung der Moleküle, aus deren Suppe die ersten Zellen vermutlich in den Erdozeanen entstanden sind.

Wie Sie bereits wissen, vollzogen sich Ihre kleinsten Anfänge so oder so im Kosmos, bevor es die Erde überhaupt gab. Schließlich mussten Ihre Elemente in Sternen erst durch Kernfusion geboren werden. Da wirkt es nicht unwahrscheinlich, dass die Elemente sich danach bereits zu Molekülen verbunden haben, bevor sie auf unseren Steinplaneten trafen. Nach der Entstehung Ihrer ersten Atome im Urknall und der Erschaffung Ihrer Elemente in Sternen Milliarden Jahre später könnte der nächste Schritt auf Ihrem Weg vom Anbeginn der Zeit bis heute in Nebulae gesetzt worden sein. Diese Vorstellung ist unabhängig von den Hypothesen der Transpermie und Panspermie, vor allem da es sich hier um weit mehr als eine Hypothese handelt. Im Inneren der Milchstraße, insbesondere in der Nähe des galaktischen Kerns, haben spanische Wissenschaftler eine große Menge an *prebiotischen Molekülen* in Gaswolken entdeckt. Prebiotische Moleküle sind Stoffe wie Aminosäuren, aus denen sich wiederum die Proteine geformt haben, welche essenzielle Teile der Zellen sind. Es sind also die Vorläufer der Blöcke, aus denen sich Leben zusammenfügt. Spannend ist vor allem, dass die Forscher Moleküle fanden, aus denen sich die komplexeren Moleküle der Ribonukleotide zusammensetzen, deren Bedeutung wir gleich noch besprechen werden.

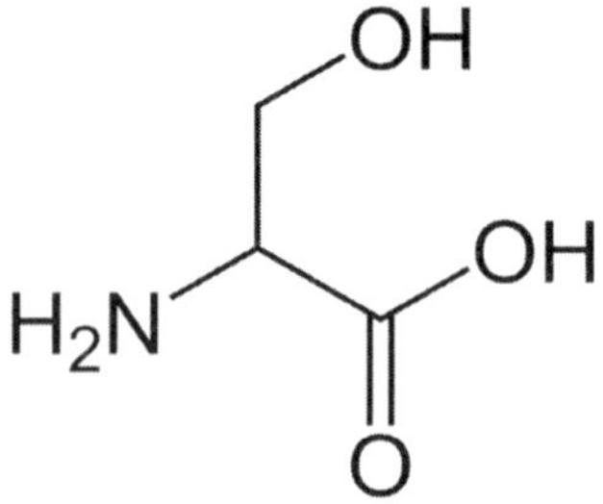

Den Atomen, aus denen ein Molekül besteht, reicht bereits die Oberfläche von Staubkörnern, um sich dort zu vermischen und zu verbinden. Gefördert wird dies in der Nähe von Sternen, denn die UV-Strahlung eines Sterns kann Atome ionisieren. Ihnen werden also Elektronen weggenommen, wodurch sie positiv geladen und damit offener für Verbindungen mit anderen Teilchen sind. Wenn sich dieser Prozess jetzt auf den zahlreichen Staubkörnern einer Lichtjahre großen Nebula vollzieht, entsteht eine große Menge an organischen Molekülen. Ribonukleotide sind der Baustein, aus dem RNA besteht. Wie Sie sich vielleicht noch aus dem Kapitel zu außerirdischem Leben erinnern, handelt es sich bei der RNA um den rudimentäreren Vorgänger der DNA, also auch um einen Speicherplatz für Erbgut. RNA befindet sich darüber hinaus aber auch noch heute in unseren Zellen und transportiert sowohl Stoffe als auch Informationen. Nicht die Stoffe, welche den Puzzleteilen Ihres Erbguts ähnlich sind, sondern ganz konkret die Stoffe, welche jetzt gerade in Ihrem Körper sind, können durchaus realistisch in Gaswolken des kalten, leeren Vakuums des Kosmos entstanden sein.

Es ist ein unangenehm bizarrer Gedanke. Sie sind so, wie Ihr Erbgut Sie erschaffen hat. Ein Großteil von dem, was Sie heute zu dem Menschen macht, der Sie geworden sind, baut womöglich auf Stoffen auf, die bereits da waren, als das Staubkorn, welches die Erde werden würde, noch nicht mal erschaffen war. Sie müssen Ihre Mitmenschen nicht auf die Summe ihrer Partikel reduzieren, um eine kosmische Vergangenheit in ihnen zu sehen. Eine Reduzierung auf chemische Baublöcke soll genügen.

Doch natürlich müssen auch diese Moleküle irgendwann in die Nähe des Wolf-Rayet-Sterns gelangt sein. Sie werden sich wohl in der Nähe oder sogar in der protoplanetaren Nebula geformt haben, aus welcher heraus die Protosonne entstanden ist. Und als sich im Inneren der protoplanetaren Scheibe ein bestimmter Gesteinsplanet entwickelte, müssen sie zu ihm gelangt sein.

Lassen Sie uns nun über den für uns wichtigsten Planeten des Universums sprechen.

DIE GESCHICHTE UNSERER ERDE

Erde und Menschheit

DIE ERDE IM HADAIKUM

Auch wenn die Erde als Planet, wie wir ihn kennen, seit 4,5 Milliarden Jahren existiert, beginnt ihre geologische Zeitrechnung fast 100 Millionen Jahre davor und umfasst somit auch ihre Entstehung. Aufgrund der Menge der Transformationen, welche unsere Erde durchlief, ist die Zeitskala, mit der Geologen dies darstellen, entsprechend kompliziert. So befinden wir uns laut internationaler Zeitrechnung im Äon des *Phanerozoikums*, welches eine halbe Jahrmilliarde lang ist und mit der kambrischen Explosion begann. Darin befinden wir uns aber im *Känozoikum*, einer Ära, welche mit dem

Aussterben der Dinosaurier vor 65 Millionen Jahren anfing. Da 65 Millionen Jahre aber ebenfalls nicht kurz sind, befinden wir uns innerhalb des Känozoikums in der Periode des *Quartärs*. Dieses begann vor 2,6 Millionen Jahren mit der letzten *Eiszeit* und umfasst außerdem den Großteil der *Steinzeit*, also der Entstehungsgeschichte des Menschen. Hier befinden wir uns wiederum in der Epoche des *Holozäns*, welches vor fast 12 000 Jahren anfing, als die Erde am Ende der Eiszeit langsam wieder wärmer zu werden begann. Zu guter Letzt befinden wir uns im Zeitalter des *Meghalayums*, das vor 4200 Jahren durch eine Reihe von extremen Dürreereignissen und Erkaltungen in der nördlichen Hemisphäre eingeleitet wurde. Man geht heute davon aus, dass der Zusammenbruch des alten Ägyptischen Reichs, des ersten Flächenstaats der Menschheitsgeschichte, dadurch ausgelöst wurde. Die Zeitunterteilung ist also Äonen – Ären – Perioden – Epochen – Zeitalter. Wir werden größtenteils darauf verzichten, über die einzelnen Abschnitte der Erdgeschichte zu sprechen, jedoch hilft die Skala zu begreifen, was 4,5 Milliarden Jahre Erdgeschichte als Größe bedeuten.

Mit der Formation des Planeten begann für die Erde vor 4,6 Milliarden Jahren das *Präkambrium*, der erste und auch längste Zeitabschnitt der Erdgeschichte. Wie man vielleicht aus dem Namen ableiten kann, umfasst dieses Äon alles, was vor der kambrischen Explosion passierte. Doch natürlich sind wir zeitlich erst bei der Entstehung der Erde und somit noch lange vom Leben entfernt. Außerdem umfasst das Präkambrium fast 90 Prozent der Erdgeschichte, was reichlich ungenau ist. Daher befinden wir uns in diesem Kapitel eher im *Hadaikum*, der ersten Ära der Erde.

Ich nehme an, auch Ihnen ist bewusst, dass die frühe Erde der heutigen in keiner Weise ähnelte. Dennoch ist die Tortur, durch die unser Planet musste, bevor das Leben entstand, enormer, als vielen bekannt ist. Als sich genug Klumpen im Inneren der protoplanetaren Scheibe zusammengezogen hatten, war die frühe Erde einer von mindestens vier Gesteinsplaneten im frühen Sonnensystem. Wobei von einer höheren Zahl auszugehen ist. Wie erwähnt war das frühe Sonnensystem mit Hunderten Protoplaneten gefüllt, welche dank ihrer Masse in der Lage waren, sich zu ordnen. Das bedeutet, dass die Hitze im Inneren der Objekte zur Schmelze von Elementen führte. Dadurch sortierten sich die Planetenvorgänger neu, denn die Elemente mit einem höheren Schmelzpunkt, wie zum Beispiel Eisen, rutschten nach unten in den Kern. So entstand die Ordnung, welche das überlebenswichtige Erdmagnetfeld erzeugte. An diesem Punkt hatten die Protoplaneten genug Masse, um sich durch den Druck ihrer eigenen Gravitation zu runden.

Doch hatten sich diese jungen Planeten, so kann man sie eigentlich jetzt nennen, noch nicht in so harmonischen Abständen wie heute eingefunden und kollidierten daher miteinander. Die frühe Erde erlebte seit ihrer Entstehung konstante Bombardements durch Asteroiden, wurde jedoch nach heutigen Erkenntnissen besonders gezeichnet durch den Zusammenstoß mit einem weiteren Planeten. Laut der Astrogeologie traf sie im frühen Hadaikum auf *Theia*, einen Protoplaneten von der Größe des Mars, welcher sich mutmaßlich fast in der gleichen Umlaufbahn wie die Erde bildete. Es ist nicht viel bekannt über dieses Objekt, erst 2023 gaben Wissenschaftler überhaupt bekannt, dass sie einen Ort gefunden hatten, an dem sie Überreste von Theia vermuteten – nämlich das Innere der Erdkruste. Der Zusammenstoß von Theia mit der Erde muss ein sehr gewaltsames Ereignis gewesen sein. Dass man überhaupt von seinem Stattfinden ausgeht, liegt daran, dass es am ehesten unseren Mond erklärt. Die Erde hat einen äußerst großen Mond, welcher nahezu dieselbe Rotationsachse hat, was auf einen gemeinsamen Ursprung hindeutet und nicht darauf, dass der Mond von außerhalb zur Erde kam. Darüber hinaus besteht eine gewisse Ähnlichkeit zwischen Mond- und Erdgestein, jedoch weist der Mond im Vergleich zur Erde einen Mangel an einigen Elementen auf, die bei einem energiereichen Aufprall vaporisiert und aufgrund geringerer Gravitation an die Erde verloren gegangen sein könnten.

Die heutige *Giant-Impact-Hypothese* geht daher so:

Vor 4,5 Milliarden Jahren wurde die junge Erde von einer wesentlich kleineren Kugel in einer schiefen Flugbahn getroffen. Hierbei geht man davon aus, dass wirklich die ganze Theia größtenteils in einem Stück eingeschlagen ist. Der kleine Planet zerschellte an der Erde und wurde komplett zerstört. Allerdings sollte hier erwähnt werden, dass die Erde sich zu dem Zeitpunkt so früh in ihrer Entstehung befand, dass sie noch keine gänzlich feste Gesteinskugel wie heute war. Der Schmelzprozess, welcher unseren Erdkern sortieren würde, war noch im Gange, daher war die Erdoberfläche eher ein Magmaozean. Studien vermuten mittlerweile jedoch, dass die Planetenkollision diesen Prozess wesentlich verstärkte. Theias äußere Schichten verteilten sich demnach beim Aufprall auf der Erdoberfläche, doch der Kern des Protoplaneten rutschte in unseren Erdkern und ergänzte diesen dort mit neuer Materie. Ein großer Teil der restlichen Materie würde, wie bei einem Unfall zwischen zwei Autos auch, weggeschleudert werden, in den Orbit der Erde.

Sehr temporär wird sich dort ein Ring geformt haben,

welcher jedoch nicht so majestätisch wie die Ringe des Saturns war. Auch wenn die Materie sich ursprünglich im Roche-Limit der Erde befand, wo – wie wir uns erinnern – die Erdgravitation eine Bildung von großen Objekten wie dem Mond verhindert, bildeten sich dennoch in Jahrzehnten große Materieklumpen, welche langsam eine stabilere Entfernung zur Erde aufbauten. Der Mond, wie wir ihn kennen, wird sich dann über Zehntausende Jahre gebildet haben, unter kosmischen Verhältnissen betrachtet also wirklich schnell. Für die Konditionen, unter denen wir heute leben, ist der Mond sehr wichtig. Nicht nur, da er Ebbe und Flut erzeugt, sondern auch, weil er für eine leichte Verschiebung der Erdachse verantwortlich ist. Die Erde ist der Sonne gegenüber um 23,5 Grad gekippt, was die Jahreszeiten erzeugt. Jedoch gehen Simulationen bei der Frage, wie die Erde ohne Mond wäre, stark auseinander. Entweder könnten die Auswirkungen auf das Klima katastrophal sein oder vergleichsweise kaum spürbar. Zwangsweise erforderlich für die Entstehung der Erde war unser ständiger Begleiter aber nicht. Für die Menschheit wird er jedoch in Zukunft einen großen Wert haben. Denn der Mond gilt als das Portal des Menschen ins Universum. Doch dazu später mehr.

Die Erde hat den Zusammenstoß mit Theia unterdessen nicht ohne Kratzer überstanden. In der Erdkruste scheint es als Überbleibsel laut seismischen Messungen zwei kontinentgroße Magmablasen zu geben, die in der gesamten Erdgeschichte Vulkanausbrüche begünstigt haben und in Zukunft sogar ein Massenaussterben auslösen könnten. Wie wir gleich noch sehen werden, waren Vulkanausbrüche immer eine große Belastung für die Entwicklung des Lebens. Auch wenn sich der Zusammenstoß der beiden Riesen also eine lange Zeit vor der Entstehung von Leben auf der Erde zutrug, muss man auch solche Geschehnisse und ihre Häufigkeit im Kosmos mit einkalkulieren, wenn man sich die Frage stellt, ob das Leben auf der Erde vergleichsweise schnell oder langsam entstanden ist. Andere Planeten im Sonnensystem wurden von solchen Zusammenstößen ebenfalls nicht verschont, wie Beobachtungen nahelegen. So scheint der Uranus mit seiner Drehachse fast auf der Seite zu liegen, was einen Zusammenstoß vermuten lässt. Der Gedanke, dass ein Planet wirklich umgestoßen werden kann, wirkt zugegebenermaßen schwer vorstellbar. Viele der Protoplaneten scheinen sich aber im äußeren Sonnensystem gesammelt zu haben, wo die starken Gravitationskräfte der Gasplaneten sie zerrieben und somit zu Asteroidenfeldern wie dem Kuipergürtel beitrugen.

Gänzlich sicher war die frühe Erde aber dennoch nicht. Denn ein Ereignis, welches die Entstehung von Leben auf ihr zweifellos verlangsamt haben wird, ist das späte schwere Bombardement. Die Untersuchung von Mondgestein, welches amerikanische und sowjetische Missionen auf die Erde zurückgebracht haben, ergab, dass die Erde sowie die anderen Gesteinsplaneten in ihren ersten 600 Millionen Jahren, also das gesamte Hadaikum über, starken Asteroideneinschlägen ausgesetzt waren. Diese waren die letzten Reste der protoplanetaren Scheibe, die zunehmend verschwand. Wobei angemerkt werden muss, dass Kritiker dieser Hypothese bemängeln, dass die Gesteinsproben, welche dies nachweisen sollen, alle aus derselben Kraterregion kommen. Auf der Erde hingegen lassen sich Beweise dafür unmöglich finden, denn Erosion und das Umschichten von Materie durch die Bewegung der Kontinente heilten sozusagen alle Wunden. Jedoch gibt es Anzeichen auf Venus und Mars für die Richtigkeit dieser Hypothese.

Unsere frühe Erde war also ein verformter Steinklumpen (und deformiert ist sie bis heute), welcher mit einem Magmaozean bedeckt war und häufig von Killerasteroiden getroffen wurde. Eine große Menge an vulkanischen Aktivitäten auf dem Planeten, der sich noch zurechtschieben musste, sowie der Magmaozean, welcher sich über 5 Millionen Jahre verhärten würde, werden für die Entstehung der ersten Erdatmosphäre gesorgt haben. Diese bestand zum Teil aus Wasserdampf, überwiegend jedoch aus Kohlendioxid (CO_2), wäre für uns also nicht atembar gewesen. Der hohe CO_2-Anteil erzeugte eine dichte Atmosphäre, welche der heutigen Venus ähnlicher als der Erde war, da sie die Hitze der Oberfläche in sich einschloss. Temperaturen dürften über 100 Grad Celsius betragen haben, was auch den hohen Wasserdampfanteil erklärt. Schließlich war flüssiges Wasser unter diesen Bedingungen noch nicht möglich. Dass wir bei solchen atmosphärischen Bedingungen nicht hätten atmen können, wäre also vermutlich das geringste Problem gewesen. Doch als der Magmaozean wie erwähnt zunehmend erkaltete und Materie weniger häufig durch schwere Asteroidenbombardements in die Luft gewirbelt wurde, begann die Erde abzukühlen. Dementsprechend begann der Wasserdampf auf sie herunterzuregnen, nachdem Temperaturen den Siedepunkt unterschritten hatten. Bis heute ist nicht gänzlich geklärt, wie das Wasser zur Erde kam, aber es ist davon auszugehen, dass Eisasteroiden während der Asteroidenbombardements und laut jüngsten Studien sogar Theia zusätzliche große Mengen an Wasser zur Erde brachten.

Es muss für Millionen von Jahren geregnet haben. Dort, wo die nun feste Magmaschicht den Boden genug versiegelt hatte, sammelten sich erst Pfützen, dann Flüsse und schließlich die ersten Ozeane. Da die Erdkruste damals noch nicht so viel Wasser gespeichert haben wird wie heute, gehen Harvard-Forscher in einer recht jungen Studie davon aus, dass die Erde damals nahezu komplett von Ozeanen überdeckt gewesen sein könnte. Eine wahre Wasserwelt. Doch damals wie heute auch ist die Wasserdecke unseres Planeten so dünn, dass man sie nicht mal mit der Schale eines Apfels vergleichen kann. Die Existenz von Ozeanen darf indessen nicht davon ablenken, dass die Oberfläche der Erde noch für eine längere Zeit extrem heiß blieb. Ein hoher Atmosphärendruck erleichtert jedoch die Entstehung von flüssigem Wasser, auch wenn die Temperatur noch in der Nähe von 100 Grad liegt. Eine gängige Hypothese heutzutage lautet, dass der erste Superozean der Erde häufiger als einmal entstand oder sich zumindest häufiger regenerieren musste. Da die Entstehung der Ozeane und die schweren Bombardements sich überschnitten, könnten Asteroiden den Meeresspiegel durch Einschläge mehrmals um Hunderte Meter zum Sinken gebracht haben, da Letztere die Durchschnittstemperatur der Erde in der Folge auf bis zu 500 Grad anwachsen ließen. Doch das Wasser blieb auf Dauer zum Glück bestehen. Und so hatte die Erde zum Ende des Hadaikums, 600 Millionen Jahre nach Beginn ihrer Entstehung, einen beständigen Superozean. Doch nicht nur das. Das Ende der ersten Erdära könnte bereits mit der Entstehung des Lebens einhergegangen sein.

DIE CHEMISCHE REVOLUTION

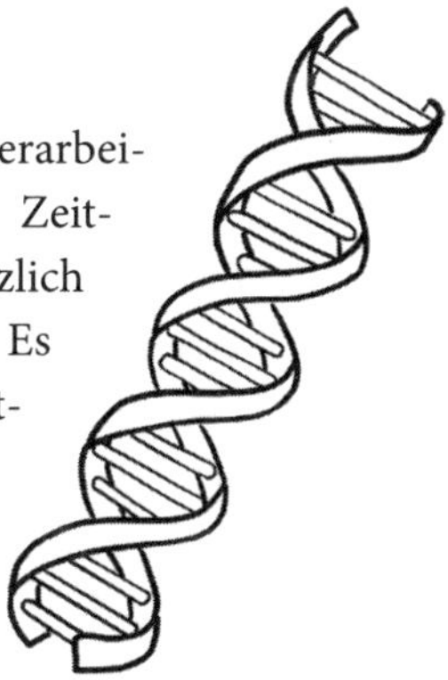

Es bleibt weiterhin ein schwer zu verarbeitender Gedanke: Zu irgendeinem Zeitpunkt muss aus totem Material plötzlich etwas Lebendiges entstanden sein. Es wird nicht sofort ein Bewusstsein entwickelt haben, doch der Weg vom einfachen Molekülkonstrukt bis hin zur in kleinem Maß bewussten Lebensform muss dennoch schneller verlaufen sein, als die meisten Menschen es erwarten würden. Bewusstsein ist nichts, was durch das Umlegen eines Hebels entsteht, sondern entwickelt sich graduell.

Zum Bewusstsein gehört das Reagieren auf die eigene Umgebung, also die Wahrnehmung. Danach die Möglichkeit, sich auf eine Sache zu fokussieren, also die Aufmerksamkeit. Natürlich die Fähigkeit, Gedanken zu formen, sich somit auch an Dinge erinnern zu können. Ganz oben in der Bewusstseinsentwicklung steht in unserem heutigen Verständnis aber das Erkennen des Selbst. In Tieren wird es sichtbar, wenn sie sich selbst im Spiegel erkennen. Es ist extrem schwer zu ermitteln, wie komplex die Gedankenwelt verschiedener Tiere ist, insbesondere da oft nur schwer einzuschätzen ist, ob Tiere basierend auf Instinkten oder Gedankengängen handeln. Auf der Suche nach einem möglichen Sinn des Lebens wollen wir uns noch später dem Bewusstsein zuwenden, dennoch sei bereits gesagt, dass selbst kleine Einzeller wie die Amöben eine Wahrnehmung haben und mit Sensoren auf ihre Umgebung reagieren können. Der erste Schritt zum Bewusstsein kann schon im Hadaikum entstanden sein, als die Erde gerade erst einen Wasserozean bekommen hatte.

Wie im Kapitel zu Aliens angesprochen, ist die populärste Annahme heute, dass das Leben sich aus einer Ursuppe, gerne auch als Urschlamm bezeichnet, heraus entwickelt hat. Dem gegenüber stand für eine lange Zeit die Vorstellung von der *Spontanerzeugung*, welche bereits im antiken Griechenland von Aristoteles erdacht wurde. Laut dieser kann in der Natur, quasi als biochemische Reaktion, tote Materie plötzlich lebendig werden. Aristoteles dachte, dass, wenn gewisse Stoffe unter genug Wärme in einem Schlamm zusammenkämen, dann Tiere wie Schnecken entstehen könnten, falls der Stoff faulen sollte. Diese Annahme erlebte bis ins 19. Jahrhundert viele Anpassungen, unter anderem wurde die Evolution mitbedacht, ein Hauptunterschied zur Ursuppe war aber weiterhin die plötzliche Entstehung von mehreren verschiedenen Arten, die bereits recht komplex waren. In den 1860er-Jahren wurde die Theorie von der Spontanerzeugung in einer Reihe von Experimenten endgültig widerlegt, unter anderem durch Louis Pasteur, welcher eine Brühe in einem s-förmigen Kolben so aufbewahrte, dass Mikroorganismen aus der Luft nicht an sie herankamen. Auch unter verschiedenen Temperaturen bildeten sich keine Mikroorganismen in der Brühe zum Leben, sie faulte also nicht. Dies geschah erst bei richtiger Luftzufuhr, was zeigte, dass die Fäule durch Lebensformen in der Luft entstand.

Heute wird also davon ausgegangen, dass sich in den Tiefen des erdüberdeckenden Ozeans die ersten Lebensformen in einer Chemiesuppe gebildet haben, wobei, wie vorhin angesprochen, einige von ihnen bereits in den Nebulae unserer Galaxie entstanden sein könnten.

An dieser Stelle sei erneut betont, dass die frühe Entwicklung des Lebens weitgehend ein Mysterium für uns ist, weswegen eben Hypothesen wie die Panspermie weiterhin florieren können. Hätte ich dieses Buch ein Jahr früher geschrieben, hätte ich noch eine andere Informationsgrundlage als heute gehabt. Dementsprechend möchte ich Sie, liebe Leserinnen und Leser, auch nur grob durch das heutige Konsensmodell der Wissenschaft führen. Unser Ziel ist weiterhin zu etablieren, dass keine Trennwand zwischen Ihnen und der Chemie des Kosmos steht.

Der Gedankenfaden, dem wir hier folgen, fängt mit dem Modell der RNA-Welt an. Auch wenn hypothetisch weitere Ursuppen in den frühen Ozeanen existiert haben könnten, hat sich jene durchgesetzt, in der die organischen Moleküle entstanden, aus welcher RNA heute besteht. Die allererste Form des Erbguts hätte sich als Grundlage für das Leben also auch mit als Erstes entwickelt.

RNA brauchte zur Entstehung Wasser, Methan, Ammoniak, Wasserstoff, Stickstoff, Kohlendioxid, Schwefelwasserstoff und Phosphate. Eine Chemiesuppe eben.

Die amerikanischen Chemiker Stanley Miller und Harold Urey bewiesen 1953 erstmals in einem Experiment, dass diese Stoffe unter Zufuhr von Energie Aminosäuren und andere organische Moleküle erschaffen konnten. In ihrem Experiment bildeten sie des Weiteren die Konditionen der frühen Erde nach, welche ihnen zu dieser Zeit bekannt waren, jedoch gelten diese mittlerweile als falsch. Weitere Experimente in der jüngeren Vergangenheit, unter anderem von Wissenschaftlern in München im Jahr 2019, zeigten, dass die Grundlagen der RNA auch gemäß unseren heutigen Vorstellungen von der frühen Erde entstanden sein könnten. Diese Grundlagen sind Nukleotide, die sich zusammensetzen aus Nukleinbasen, Ribose als Zuckermolekül und einer Phosphatgruppe. Aminosäuren sind nicht direkt Teil der RNA, aber wichtig für weitere Schritte in der Erschaffung der ersten Zelle. Innerhalb des RNA-Erbgutes sind die Informationen in Sequenzen aus den verschiedenen Nukleinbasen gespeichert; die Buchstaben A (für die Base Adenin), U (Uracil), C (Cytosin) und G (Guanin) – das sogenannte Alphabet des Lebens – setzen sich hierbei in unterschiedlichen Reihenfolgen zusammen. Diese Basen befinden sich in den Nukleotiden, die also den Code auf sich tragen und durch eine Kette, welche durch die Ribose geformt wird, zusammengehalten werden.

Man muss sich vorstellen, dass auf einem heißen Planeten mit einer Atmosphäre ohne Atemluft in den jungen Ozeanen Blitze einschlugen. Diese aktivierten auf glitschigem Gestein, an dem Chemikalien hafteten, den Urschleim. Und dieser erste Schritt startete die Kettenreaktion, welche alles Erdleben erschaffen hat.

Ein Erbgut allein macht noch keine Zelle. Aus Strängen an Aminosäuren kann sich jetzt neben der RNA auch Protein gebildet haben. Proteine erfüllen in Zellen eine Vielzahl von Aufgaben. Sie können chemische Reaktionen, also Prozesse, die auch Ihr Körper durchführen muss, beschleunigen. Sie können aber auch Moleküle, also weitere wichtige Stoffe, in die Zelle hinein- oder aus ihr heraustransportieren, Informationen innerhalb der Zelle übertragen und deren Struktur stabilisieren. Verschiedene Proteine haben verschiedene Aufgaben.

Aber eine RNA-Kette in einer Chemiesuppe, die von Proteinen stammt, stellt weiterhin keine Zelle dar, sondern eben einfach Schlamm. Damit eine Protozelle entstehen kann, braucht es eine Zellmembrane, also eine schützende Haut, welche den Inhalt der Zelle von seiner Umgebung trennt. Das Konzept, dass immer erst eine Protoversion einer Sache gebildet wird, dürfte Ihnen mittlerweile geläufig sein, wobei man ganz am Anfang auch vom Protobiont spricht. Protozelle wirkt fast noch zu weit entwickelt. Aus anorganischen Molekülen, also dem Stoff, der ganz am Anfang vor irgendwelchen Reaktionen verfügbar war, konnten auch Fettsäuren gebildet werden, die Lipide sind, also nicht wasserlösliche Stoffe. Dementsprechend können kleine Fettblasen im Wasser aufgekommen sein, in welchen sich die RNA und die Proteine gesammelt haben. Damit könnte die Bildung der ersten Zelle abgeschlossen gewesen sein: Eine Gruppe von natürlich vorkommenden Stoffen reagierte durch spontane Energiezufuhr, zum Beispiel durch Blitze, zu organischen Molekülen, diese formten die Stoffe, aus denen Leben besteht, und diese sammelten sich dann in einer Fettblase. Ein extrem wackeliger Prozess.

Die Entstehung der ersten Zellen wird demnach ganz oft gescheitert sein. Sie konnten zu instabil sein, die Proteine reagierten vielleicht nicht richtig, und selbst wenn der Prozess anfangs erfolgreich gewesen sein mag, so werden viele weitere Zellen durch natürliche Auslese aussortiert worden sein – zum Beispiel weil ihre Fettblase nie zu einer stabileren Membrane wurde. Natürliche Auslese in den ersten Momenten des Lebens fand nicht dadurch statt, dass etwa ein Organismus einem Raubtier zum Opfer fiel und ein anderer ihm entkam, sondern durch das spontane »Zusammenwerfen« von Chemikalien, bis nicht einfach nur eine Protozelle entstehen konnte, sondern eine Protozelle, die sich auch weiter ergänzte und mit zusätzlichen Proteinen und der Zufuhr von Stoffen stabiler wurde.

Äußerst entscheidend wird hierfür die Umgebung gewesen sein. Wie im Kapitel zu außerirdischem Leben angesprochen, ist es sehr wahrscheinlich, dass sich der Anfang des Lebens in der Umgebung von Geysiren ereignete. Diese hydrothermischen Quellen stießen erst die richtigen Stoffe aus, um die Entstehung von Leben zu erleichtern, und dann auch noch die richtigen Stoffe, damit dieses sich auch ernähren konnte. Dieser Prozess kann sich natürlich in der Nähe vieler solcher Quellen vollzogen haben, aber dennoch: Das erste Ökosystem der Erde wird nur wenige Quadratmeter groß gewesen sein.

Die Protozellen, häufig auch Präzellen genannt, konnten sich aber nach dem Erreichen einer gewissen Stabilität nicht vermehren, also keine Zellteilung durchführen. Stattdessen wird diese laut heutigen Hypothesen chaotischer durch äußere Einflüsse geschehen sein. Das bedeutet, dass eine Präzelle in der Nähe eines Geysirs immer mehr RNA und

Proteine ansammelte und zusätzlich mit anderen Präzellen verschmolz, bis sie durch allerlei Dinge im Wasser um sich herum zerstört und dadurch geteilt wurde. Auch eine interne Instabilität nach dem Erreichen einer gewissen Größe, der osmotische Druck, mag dafür gesorgt haben. In den beiden Präzellen, die übrig blieben, waren die Stoffe wieder ganz anders angeordnet als vorher. Chemische Veränderungen und natürlich Strahlung aller Art können zusätzlich Mutationen in den Zellen ausgelöst haben.

Die ersten Präzellen waren also ein Kartendeck, welches immer wieder zusammengeworfen und gemischt wurde, bis endlich vier Asse gezogen wurden – und das war in diesem Fall eben die Fähigkeit der Replikation. Diese musste sich aber natürlich anschließend weiterentwickeln, um stabile Verhältnisse zu erreichen. Hatte eine Präzelle diesen Punkt erst mal erreicht, konnte sie andere Errungenschaften wie eine stabilere Zellmembrane weitergeben. Der »Nachwuchs« war aber keine spontane Neuanordnung der bisherigen Stoffe. So bildeten sich erste Zellen, welche die Entwicklung des Lebens auf der Erde starten konnten. Sie werden komplexere Proteine und dadurch Enzyme, quasi Bauteile mit verschiedenen Aufgaben, gebildet haben. Innerhalb der Zellen dürften sich feste Ordnungen entwickelt haben, und der Ausstoß und die Einnahme von Materie wurden wohl besser reguliert. Vor 4,2 Milliarden Jahren, immer noch am Ende des Hadaikums, werden bereits effizient organisierte Bioschiffchen durch die Ozeane geschwommen sein. Und zu diesem Zeitpunkt kam eine Schlüsselfigur der Evolutionsgeschichte ins Spiel.

LUCA

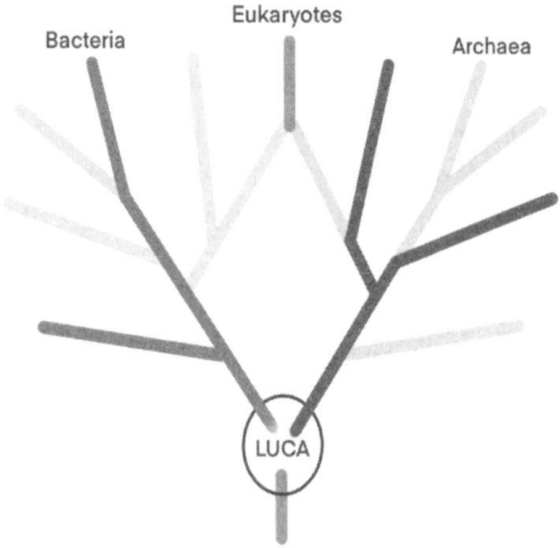

Es wäre falsch, einzelnen Akteuren in der Evolutionsgeschichte eine gehobene Rolle zuzuschreiben, da jeder noch so kleine Entwicklungsschritt über viele Generationen und zudem spontan erfolgte. Aber Forscher gehen heute davon aus, dass es in unserer Entwicklungsgeschichte eine Art Flaschenhals in Form von LUCA gegeben haben wird. Sämtliche heutige Lebensformen auf der Erde haben Zellen, die sich allesamt wesentlich ähnlicher sind, als die allgemeine Evolution hin zu komplexem Leben es erfordern würde. Mit anderen Worten, es ist naheliegend, dass wir alle am Anfang der Entwicklung des Erdlebens den gleichen Vorfahren hatten. Dieser *Last universal common ancestor*, oder abgekürzt eben LUCA, könnte eine Zellgruppe gewesen sein, von deren Nachfahren sich die verschiedenen Obergruppen aller Arten abgespalten haben. Dies muss natürlich nicht gleichzeitig für alle passiert sein. Wenn man die Evolution als einen Baum des Lebens betrachtet, wäre LUCA das Ende des Stammes, von dem aus sich die Äste entwickelt hätten. Im System der Lebewesen teilt sich das Leben danach auf in die Bakterien, die – umgangssprachlich oft als Einzeller bezeichneten – Archaeen und die Eukaryoten, zu denen Pflanzen und Tiere gehören.

Wenn ein universeller Sinn des Lebens im Universum also auch dessen Entwicklung vorangetrieben haben soll beziehungsweise der Grund ist, dass sich diese Entwicklung überhaupt vollzog, so sagt uns LUCA, dass es zwei Möglichkeiten gibt. Wenn die Entstehung des Lebens geschah, um bereits dessen Sinn zu erfüllen, so muss alles Leben auf der Erde – nicht nur vom Menschen bis zum Grashalm, sondern auch bis zur Bakterie – den gleichen Existenzgrund haben oder verfolgen. Dies könnte dann aber nur ein sehr simpler Sinn sein, denn schließlich müsste auch die Bakterie in der Lage sein, ihm zu folgen. Aber wie wir nun ausführlich gesehen haben, ist die Evolutionsgeschichte immer eine Mischung aus Zufällen, Mutationen und, dadurch bekräftigt, einer ständigen natürlichen Auslese. Doch wenn wir uns nur auf den Sinn des Lebens konzentrieren wollen, könnte es dann nicht auch sein, dass die natürliche Auslese nicht erst beim Aussterben einer Art beginnt? Vielleicht muss sie sich spontan in eine Richtung entwickeln, die es erst zulässt, einen Sinn des Lebens zu erfüllen. Vielleicht gibt es Arten, die sich über die Jahrmilliarden entwickelt haben, ständige Sieger im Wettrennen des Lebens waren, aber schon vor Jahrmilliarden, direkt nach den LUCA-Zellen, ihren Existenzgrund verloren hatten – also eine erfolgreiche Entwicklung hin zu einer Existenz ohne Sinn des Lebens trotz der generellen Existenz eines solchen Sinnes. Dann stellt sich aber die Frage, wer sich wirklich erfolgreich entwickelt hat: wir oder die Bakterien? Wenn wir davon ausgehen, dass die Entwicklung zum Eukaryoten, also zum Tier oder zur Pflanze, der richtige Weg war, dann kann es unter den dazugehörenden Arten dieses Problem nicht geben. Insbesondere Tiere können bei der Sinnsuche im Vergleich zum Menschen nicht verloren haben (wenn wir kurz davon ausgehen, dass eine erhöhte Intelligenz zur Erfüllung des Sinns des Lebens verantwortlich ist), weil Tiere diese Intelligenz durchaus noch zu entwickeln vermögen. Aber Bakterien sind so weit davon entfernt, dass dies kaum möglich wäre oder zumindest nur in einem Zeitfenster und zu Bedingungen, welche die Erde in ihrer Lebenszeit nicht mehr zulassen wird. Hoffen wir also, dass – wenn es einen Sinn des Lebens gibt – wir uns auf dem richtigen Pfad befinden.

Vor einigen Seiten hatte ich erwähnt, dass unser Verständnis der frühen Evolutionsgeschichte ständig im Wandel ist, weswegen es schwer ist, viele Inhalte im Detail zu besprechen (überhaupt gilt dies wohl für einen großen Teil der Inhalte dieses Buchs). Dazu gehört unter anderem, dass man in der Vergangenheit davon ausging, LUCA habe zu den ersten Zellen gehört, die es geschafft hatten, eine DNA zu entwickeln. Die DNA, welche unser aller heutiges Erbgut darstellt, verwendet noch RNA-Stränge während des Prozesses der Replikation, also Zellteilung, jedoch ist die DNA stabiler und komplexer und fördert so eine auch komplexere Evolution. Neuere Studien weisen aber darauf hin, dass LUCA dies noch nicht hatte. Des Weiteren deuten zwei Studien, eine aus dem Jahr 2023 und eine aus dem Jahr 2024, das Alter von LUCA um 100 Millionen Jahre unterschiedlich.

Wir halten es mit LUCA sowie seinen direkten Nachfahren daher erst einmal ungenau und begeben uns zu einem weiteren wichtigen Punkt in der Entwicklung des Lebens, nämlich der Entwicklung von *Fotosynthese*. Denn erst durch sie wurde unsere Erde der habitable Ort, den wir heute kennen.

Die spannenden Entwicklungen der Zellen in den Ozeanen dürfen nicht davon ablenken, dass die Erde weiterhin eine Atmosphäre hatte, die man nicht atmen konnte, sowie Temperaturen, die zu heiß waren, als dass Leben sich an Land, welches sich dank eines zunehmend niedrigeren Wasserstands bildete, hätte entwickeln können. Eine Milliarde Jahre nach LUCA gab es in den Ozeanen Bakterien, welche gelernt hatten, die Energie der Sonne für sich zu nutzen und somit übrigens auch eine Motivation hatten, sich im Wasser mehr in Oberflächennähe aufzuhalten. Auch wenn sich auf den ersten Blick wenig verändert hatte, machte Leben in diesem Zeitraum gewaltige Sprünge nach vorne. Es gab jetzt verschiedene Arten, welche die Ozeane bewohnten. Bei allen Lebensformen handelte es sich weiterhin um Einzeller, jedoch fingen einige von ihnen an, in Kolonien zu leben. Diese boten womöglich mehr Schutz vor der Umwelt. Man darf sich diese Kolonien nicht wie einen Ameisenbau vorstellen, mit einer fest bewohnten Struktur, sondern eher wie einen dünnen Schleim, einen Biofilm, in dem die Einzeller sehr eng aneinanderlagen. Sauerstoff produzierten die Bakterien, welche Fotosynthese gelernt hatten, aber anfangs noch nicht. Sie benutzten Lichtenergie, um Elektronen aus Schwefelwasserstoff und Eisenionen zu gewinnen. Die sogenannten *Cyanobakterien* waren laut heutigem Wissensstand die Ersten, welche Wasser (H_2O) spalteten, um Elektronen vom Wasserstoff (H_2) zu gewinnen und dabei Sauerstoff (O_2) als Nebenprodukt freizusetzen. In einer bösen Ironie der Chemie hatte sich das erste große präkambrische Ökosystem jedoch dadurch selbst verdammt. Sauerstoff war für die ersten Bakterien, welche Fotosynthese durchführten, ein Abfallprodukt. Alle Lebensformen damals waren anaerob, anders als wir heute brauchten sie zum Leben also keinen Sauerstoff. Dieser »Müll« war für einige Hundert Millionen Jahre kein Problem. Sauerstoff konnte sich mit vielen Stoffen in der Umgebung binden und so neue Moleküle produzieren. In vielen Fällen einfach wieder mit ungebundenem Wasserstoff, dementsprechend konnte auch wieder Wasser entstehen. Durch die rapide Zunahme von Bakterien, die sich von der Energie der Sonne ernährten, entstand jedoch zu viel Abfall.

Die Erde hatte zu diesem Zeitpunkt weiterhin eine für uns toxische Atmosphäre, welche hauptsächlich aus CO_2 bestand. Aufgrund des menschengemachten Klimawandels freut es uns heute, dass Pflanzen CO_2 abbauen und die Luft filtern. Doch die damaligen Lebensformen kannten unsere »frische Luft« nicht und waren dementsprechend nicht an diese angepasst. Und so trat vor 2,4 Milliarden Jahren die große *Sauerstoffkatastrophe* ein. Die Atmosphäre der Erde wurde jener, die wir heute kennen, wesentlich ähnlicher. Durch einen Anstieg des Sauerstoffs begannen Metalle jetzt auch zu oxidieren, also zu rosten. Die schwarze Gesteinsoberfläche unseres sonst blauen Planeten färbte sich rostrot. Dies hätte man jedoch nicht vom Weltall aus sehen können. Da Methan, welches in kleineren Mengen als CO_2 in der Atmosphäre existierte und heute ein immenser Treiber der Erderwärmung ist, ebenfalls mit Sauerstoff oxidierte, erlebte die damalige Erde den plötzlichen Einbruch der ersten Eiszeit. Zum einzigen Mal in seiner Geschichte könnte der ganze Planet von einer dichten Eisschicht überzogen worden sein. Die *huronische Eiszeit*, welche unsere Erde in eine Schneekugel verwandelte, hielt für 400 Millionen Jahre an.

Aufgrund der wenigen geologischen Befunde aus dieser Zeit gilt das Ereignis nicht als eines der großen Massenaussterben der Erdgeschichte. Dennoch geht man heute davon aus, dass über 80 Prozent allen Lebens ausgelöscht wurde. Doch es hat sich in der Erdgeschichte nicht nur immer von Krisen erholt, sondern durch diese angefangen, auf neue Arten zu florieren. Die Einführung von großen Mengen Sauerstoff veränderte die Ozeane für immer. Die neuen Lebensformen, die sich nun entwickelten, lernten, mit diesem Element umzugehen und es sogar für sich zu nutzen. Daher brauchen wir es heute zum Überleben. Des Weiteren bildete sich dank des Sauerstoffs die Ozonschicht, wodurch die Erdoberfläche nicht mehr der tödlichen UV-Strahlung ausgesetzt war. Wie würde das Leben sich also nun weiter entwickeln, um diese neuen Chancen zu nutzen? In der Geschichte der Menschheit ist es keine Seltenheit, dass große Verbrecher ungestraft davonkommen. In der Natur ist dies nicht anders, zumindest nicht für die Cytobakterien. Die Verursacher der huronischen Eiszeit überlebten diese und führten weiterhin Fotosynthese durch. Dieses Erfolgsmodell machte sie zu einem gefundenen Fressen für die anderen Bewohner der Ozeane.

Wie winzig kleine Raubtiere gewannen Einzeller ihre Energie daraus, Bakterien zu jagen. Doch eines Tages vor 2 Milliarden Jahren machte eine Zelle dabei etwas Ungewöhnliches. In einem Prozess namens *Endosymbiose* nahm sie die Cytobakterie in sich auf, verdaute sie jedoch nicht. Stattdessen blieb sie in der Zelle erhalten und führte von dort aus weiter

Fotosynthese durch. Die heutigen Zellen der Pflanzen haben diese Fähigkeit also nicht gelernt, sie haben sie sich quasi einverleibt. Mit der Zeit würde sich die Bakterie in ihre Umgebung integrieren und zur Chloroplast werden. Ein Prozess, welcher womöglich nur ein Mal passiert ist und alles pflanzliche Leben hervorbrachte. Im Grunde war es eine Degradierung von der eigenständigen Lebensform zum Organ – vielleicht doch eine späte Bestrafung für diese Bakterienart? Vermutlich eher nicht, da sie nicht die Ersten waren, denen dies passierte. Eine Zeit vorher werden sowohl unsere Vorfahren als auch die der Pflanzenwelt prokaryotische Zellen in sich aufgenommen haben, welche zu den Mitochondrien wurden – dem Kraftwerk der modernen Zelle.

Schon kurz darauf vollzog sich die nächste wichtige Entwicklung des Lebens. Die erwähnten Kolonien, welche als Biofilme auf der Oberfläche von Steinen existierten, begannen sich zu organisieren. Da die Zellen dort eh eng beieinanderlagen, machte es für das Überleben Sinn, wenn verschiedene Zellen verschiedene Funktionen erfüllten. Wie immer gilt: Wenn eine Praxis das Überleben erleichtert, kann sie sich evolutionär durchsetzen. Und weil die Zellen ohnehin schon dicht beieinander waren, war es auch sinnvoll, dass sie sich zur Stärkung der Kolonie miteinander verbanden. So entstanden, womöglich schon vor über 2 Milliarden Jahren, die ersten multizellulären Organismen. Nun konnten sich komplexe Lebensformen entwickeln. Das älteste Fossil eines mehrzelligen Organismus, welcher vor 2,1 Milliarden Jahren existierte, war *Grypania spiralis*, die man sich als Faden mit einer Länge von einem Zentimeter vorstellen muss. Das war noch weit vom heutigen Leben entfernt, jedoch ist der zweitälteste Fund von komplexem Leben eine 1,2 Milliarden Jahre alte Rotalge. Über die nächsten 600 Millionen Jahre würde sich das Leben mit der bisher zu erwartenden langsamen Geschwindigkeit weiterentwickeln.

Vor 600 Millionen Jahren begann das *Ediacarium*, die letzte Periode auf der geologischen Zeitskala der Erde vor Beginn der kambrischen Explosion. Wir befinden uns jetzt also am Ende des Präkambriums und haben somit einen Großteil der bisherigen Erdgeschichte hinter uns. Wer an das Leben auf der Erde denkt, hat meist bunte Tierwelten, Flora und Fauna im Sinn. Und wer an die Vergangenheit des Lebens denkt, hat zuerst Dinosaurier im Blick. Dabei deckt die Zeit von der Entstehung der Dinosaurier bis heute nur 5 Prozent der Erdgeschichte ab. Wie können wir erwarten, eines Tages außerirdische Wesen auf fernen Planeten anzutreffen, wenn selbst unter idealen Lebensbedingungen den Großteil der Zeit nur Mikroben leben?

DAS KAMBRIUM

Vor besagten 600 Millionen Jahren bildete multizelluläres Leben sich so weit, dass man tatsächlich von wirklich komplexem Leben sprechen kann. Die Ediacaria-Fauna hatte Pflanzen und Tiere im Wasser, wäre uns heute aber komplett fremd. Sie würde für uns außerirdisch aussehen, was nicht zuletzt daran liegt, dass die Fossile dieser Zeit oft als Vorbilder für die Natur außerirdischer Planeten in Sci-Fi-Filmen genutzt werden. Wobei dies generell für die frühe Natur der Erde gilt.

Nun folgte die kambrische Explosion, die explosionsartige Ausbreitung des Lebens und die schnelle und weitreichende Diversifizierung der Arten. Nahezu alle Tierstämme entstanden in dieser Zeit. Des Weiteren formte sich der grundlegende Aufbau der Tiere. So haben sie heute eine Links-rechts-Symmetrie; auch ihre linke Körperhälfte ist äußerlich wie ihre rechte gebaut. Wir können nicht voraussetzen, dass Leben auf anderen Planeten diese Eigenschaft teilt.

Da das Leben nun eine komplexe Natur erreicht hatte, auch wenn es sich weiterhin hauptsächlich im Wasser abspielte, wollen wir versuchen, die nächsten Schritte schneller durchzugehen. Die Entwicklung des Lebens auf der Erde ist eine faszinierende Geschichte, doch während das Präkambrium zeigte, wie schwer und zufallsabhängig die Entstehung des Lebens ist, gibt es bei unserer oft bloß oberflächlichen Reise durch die Geschichte des Kosmos nur wenig, was wir aus der Zeit des Kambriums bis zur Entstehung der für uns wichtigsten Lebensform lernen können.

Vor 485 Millionen Jahren begann das *Ordovizium*, das Zeitalter, in dem Pflanzen anfingen, sich an Land auszubreiten. Die Erde ergrünte. Fast 70 Millionen Jahre später entwickelten sich im *Devon* Fische in großer Zahl, daher spricht man auch vom Zeitalter der Fische. Doch an dessen Ende, vor 370 Millionen Jahren, vollzog sich eine Entwicklung, die heute fast allen Menschen bekannt ist. Die ersten Amphibien lernten, außerhalb des Wassers zu atmen und sich an Land zu bewegen. Und da Tiere anscheinend seit Anbeginn der Zeit von Mücken und ihren Artgenossen genervt werden müssen, breiteten sich zu diesem Zeitpunkt auch die ersten Insekten an Land aus. Die Säugetiere werden dort einiges zu entdecken gehabt haben, denn aus den ersten Pflanzen waren mittlerweile erste Wälder geworden. Eine skurrile Eigenschaft dieser Zeit ist jedoch, dass die Wälder offenbar weniger von Bäumen, sondern von mehreren Meter hohen Pilzen, den Prototaxites, dominiert wurden. In den Zeitaltern *Karbon* und *Perm* wurden die Amphibien zu Reptilien. Auch wenn dies den Kreaturen wohl nicht ganz gerecht wird, kann man vielleicht doch von den Vorgängermodellen der Dinosaurier sprechen. Im Karbon entstand auch der Superkontinent Pangaea, aus dem sich die heutigen Kontinente abgespalten haben.

Während der verschiedenen Erdzeitalter erlebte die Erde immer wieder Heiß- und Eiszeiten. So lag die Durchschnittstemperatur der Erde während des Karbons nur bei 12 Grad Celsius. Die Erde eiste ein paarmal wieder zu, erreichte jedoch nie wieder Zustände wie zur Sauerstoffkatastrophe. Verschiedene Klimabedingungen zwangen das Leben immer wieder zu Anpassungen, lösten jedoch auch immer wieder Massenaussterben aus. Wenn es auch einige weitere gab, die nur bestimmte Lebensformen wie Pflanzen betraf, sind in der Erdgeschichte fünf gewaltige Massenaussterben zu verzeichnen, welche große Teile allen Lebens auslöschten. Eines davon, am Ende des Devons, hatte ich bereits vor einigen Kapiteln erwähnt; es wurde womöglich durch eine Supernova oder einen Gammablitz ausgelöst. Das größte Massenaussterben ereignete sich jedoch am Ende des Perms und heißt daher auch *Perm-Trias-Grenze*. Etwa 96 Prozent aller Meeresbewohner und 75 Prozent aller Landbewohner wurden ausgelöscht, als alle Ökosysteme der Welt zusammenbrachen, nachdem der Sibirische Trapp, eine Art Supervulkan, ausbrach und mehrere Millionen Quadratkilometer der Erde mit Lava und Magmagestein überdeckte. Eine rapide Erderwärmung und eine Versauerung der Ozeane sorgten dafür, dass das Leben auf dem ganzen Planeten beeinträchtigt wurde. Wir sollten hoffen, dass uns die zwei Magmablasen im Erdinneren, welche Theia hinterlassen hat, nicht ähnliche Probleme bereiten werden. Solche Massenaussterben dauern im Übrigen mehrere Zehntausende Jahre an und passieren nicht von jetzt auf gleich wie in Katastrophenfilmen. Mit

Blick auf den menschengemachten Klimawandel lohnt es sich, dies nicht zu vergessen.

Dennoch erholten sich Teile des Lebens wieder, auch wenn dies mehrere Millionen Jahre dauern sollte. Solche Ereignisse lassen es mit einem Mal recht selbstverständlich wirken, dass heute mehr als 99 Prozent aller Arten der Erdgeschichte ausgestorben sind. Wie auch immer, in den nächsten 200 Millionen Jahren, im *Mesozoikum*, fanden die Perioden *Trias*, *Jura* und *Kreide* statt, zu denen Ihnen manch ein Sechsjähriger wahrscheinlich mehr erzählen könnte als ich. Auch wenn die Dinosaurier der Trias und der Kreidezeit natürlich nicht dieselben waren und es sich bei den Dinosauriern anders als beim Menschen auch nicht nur um eine Art handelte, ist es dennoch beeindruckend, dass eine Tiergruppe diesen Planeten über 200 Millionen Jahre unangefochten dominiert hat. Obgleich die Menschheit womöglich in der Lage wäre, den Asteroiden zu stoppen, der einst das Ende der Dinosaurier bedeutete, gehen heute dennoch nur äußerst wenige Ansichten davon aus, dass die Menschen samt allen Arten, die zu ihnen gehörten, gehören und noch gehören werden, die Erde auch nur im Ansatz eine ähnliche Zeitspanne dominieren können.

Dominanz über einen Planeten scheint kein sehr plausibler Sinn des Lebens zu sein, denn es gibt nicht wirklich etwas, das er verändert, außer dass die dominierende Spezies an der Spitze der Nahrungskette steht. Ansonsten müssten wir die Frage stellen, ob der unintelligentere Weg der Dinos, Dominanz durch schiere Stärke, nicht nachhaltiger war. Das Zeitalter der Menschheit wird die Erdentwicklung zweifellos stark beeinflussen, schließlich finden wir jeden Tag neue, kreative Wege, um unsere Natur zu zerstören. Doch wir müssten uns schon sehr anstrengen, um die Konsequenzen der Perm-Trias-Grenze zu erreichen.

Und sogar davon hat sich das Leben erholt. Selbst wenn es uns ab heute noch eine Million Jahre lang gäbe, wäre dies nur ein Augenzwinkern in der Erdgeschichte. Unsere Relevanz wird wohl nicht durch langlebige Dominanz wie bei den Dinosauriern gemessen, sondern durch das Potenzial unserer Taten. Der Mensch kann Dinge schaffen, die keine andere Lebensformen zu träumen vermag. Und Stand heute sind wir die einzige bekannte Art, die willentlich diesen Planeten verlassen kann. Das wollen wir uns später genauer anschauen, doch bis dahin gilt: Sollte die Menschheit sich dazu entscheiden, dauerhaft nur auf der Erde zu bleiben, werden wir künftig nicht mehr sein als eine selten auffindbare archäologische Besonderheit der Holozän-Epoche.

Die Dinosaurier starben aus, als der Asteroid, welcher mehr als 10 Kilometer im Durchmesser groß war, am heutigen Golf von Mexiko einschlug. Erneut wurde der Großteil allen Lebens auf dem Planeten ausgelöscht, insbesondere alle großen Erdbewohner. Kleinere Lebensformen konnten leichter Schutz suchen und daher überleben. Auch dieses Massenaussterben war kein plötzliches Ereignis, da der Einschlag den Himmel verdunkelte und somit Ökosysteme im Anschluss kollabierten, jedoch geschah ein großer Teil des Artensterbens sehr plötzlich. Aus einer evolutionären Perspektive wurde das Kartendeck neu gemischt. Die kleinen Erdbewohner, die weniger Nahrung brauchten, vermochten die Folgen der Katastrophe besser zu überleben. Außerdem jene, die flugfähig waren; nur flugfähige Dinosaurier, von denen viele heutige Vögel abstammen, starben damals nicht direkt aus – wobei dies ebenfalls lediglich auf die kleineren zutrifft.

Hätte der Asteroid die Dinosaurier nicht ausgelöscht, hätten die Säugetiere nicht ihre heutige Dominanz über den Planeten erreichen können. Eine Gruppe davon waren die *Primaten*. Die frühesten Exemplare werden vermutlich bereits während der Kreidezeit, also vor 90 Millionen Jahren, entstanden sein. Es gibt von diesen keine gesicherten Funde, jedoch existierten bereits mehrere Primatenarten im *Känozoikum*, dem Zeitalter nach dem Tod der Dinosaurier, in dem wir noch heute leben. Einer der ältesten gefundenen Primaten, welcher vor 55 Millionen Jahren gelebt hat, war der *Teilhardina*. Er gehörte zur Gruppe der Trockennasenprimaten, zu der auch der Mensch zählt. Unser Vorfahre ähnelte äußerlich aber eher einem Eichhörnchen als einem Menschen – er war nicht viel größer als eine Maus, hatte einen Pelz und lebte auf Bäumen. Es ist eben eine lange Reise bis zu uns heute. Doch der mit der Zeit komplexer werdende Primat zeichnete sich bereits durch ein im Vergleich zu anderen Säugetieren größeres Gehirn aus. Wir würden dieses Tier heute wahrscheinlich als clever bezeichnen, so wie ein Hund in seinem Rahmen auch eine gewisse Intelligenz zeigen kann.

Die Primaten unterteilten sich über die Jahrmillionen weiter in verschiedene Arten und Gruppen auf. So gehört der Mensch zu der Gruppe der Altweltaffen, welche sich vor 40 Millionen Jahren entwickelte und alle Affen beinhaltet, die sich nicht separat auf dem amerikanischen Kontinent entwickelten (Letztere sind die Neuweltaffen). Eine Gemeinsamkeit der Altweltaffen ist die Position der Daumen, die Anzahl der Zähne und zumindest vor einigen Millionen Jahren der Umstand, dass der Schwanz nicht zum Klettern genutzt werden konnte. Wie Sie unschwer feststellen können, haben Sie selbst diesen Schwanz überhaupt nicht mehr. Auffällig in dieser Gruppe ist immer die Größendifferenz der verschiedenen Arten. Neben den großen Gorillas gehören auch kleine Baumbewohner dazu, die nur 3 Kilo schwer sind. Mit seinen 200 Kilo ist ein ausgewachsener männlicher Gorilla zu einem recht anderen Lebensstil gezwungen, was sein Kletterverhalten betrifft. Vor 20 Millionen Jahren entwickelte sich dann der menschenartige Affe im Osten Afrikas, von dem sich schließlich die Familie des Hominiden, des Menschenaffen, abspalten sollte. Doch bis zur Entstehung des Menschen musste noch ein langer Weg zurückgelegt werden.

DIE WIEGE DER MENSCHHEIT

In der Epoche des *Miozäns* sollte sich der Menschenaffe wie die Primaten in den Epochen davor diversifizieren. Dies geschah zwar auch in Asien und Europa, jedoch ist für uns nur Afrika relevant. Dort entstand vor 14 bis 21 Millionen Jahren der menschenaffenartige *Proconsul*, der ungefähr einem heutigen Schimpansen ähnlich gesehen haben dürfte. Er zeichnete sich durch eine bewegliche Hüfte und seine Schädel- und Kieferform aus, welche denen der Menschenaffen ähnelte. Der Proconsul und seine Zeitgenossen werden heute nicht mehr zu den Menschenaffen, sondern den Menschenaffenartigen gezählt, da die Ähnlichkeit mit den im späten Miozän entstehenden Menschenaffen nicht mehr als groß genug angesehen wird. Das bedeutet, dass diese Arten als eine Form des Übergangs betrachtet werden können.

Als vor ungefähr 16 Millionen Jahren die Menschenaffen entstanden, sprach ihr Körperbau bereits von einer anderen Lebensweise. Sie werden sich zwar weiterhin auf Bäumen zurechtgefunden haben, doch Exemplare wie der damals in Kenia vorkommende *Kenyapithecus* werden bereits viel auf dem Boden gelebt haben. Generell gilt das Miozän als Blütezeit der Affen, welche sich nach heutigen Vermutungen von Afrika aus auf andere Kontinente ausbreiteten. Die heute noch lebenden Affenarten spiegeln mutmaßlich nur einen Bruchteil der damaligen Diversität wider. Auch ein Teil der natürlichen Auslese. Dass die Menschenaffen zunehmend Zeit auf der Erde und nicht in den Bäumen verbrachten, wird dazu beigetragen haben, dass vor 7 Millionen Jahren der erste Menschenaffe, der *Sahelanthropus tchadensis*, bipedal wurde, also auf zwei Beinen lief. Natürlich ohne aufrechten Gang. Die Gruppe der Menschenaffen, der *Hominiden*, darf nicht als eine unserer Vorfahren verstanden werden, sondern als eine Übergruppe, zu der wir auch gehören. Wir, die *Hominini*. Die Entwicklung dieser Unterart gilt als Schlüsselmoment in der menschlichen Evolutionsbiologie, denn es ist der Moment, in dem wir uns von der Entwicklungslinie des Schimpansen getrennt haben. Wer das erste Mitglied unserer Familie war, gilt heute als umstritten.

Generell sei an dieser Stelle angemerkt, dass eine Mischung aus zu wenig Knochenfunden, aber auch ständigen neuen Funden dafür sorgt, dass die frühe Entstehungsgeschichte des Menschen hier nicht als Zeitstrahl wiedergegeben werden kann. Diese verlief aber so oder so nicht linear, nicht einspurig, da natürlich immer mehrere Arten gleichzeitig existierten. Selbst wenn eine Art von einer anderen abstammt, heißt das ja nicht, dass diese ausgestorben sein muss.

Vor 7 und 6 Millionen Jahren lebten die heute umstrittenen, aber dennoch vermuteten frühesten Vorfahren des Menschen, die zu unserer Unterart gehören: der schon genannte Sahelanthropus tchadensis, welcher – wie sein Name verrät – im Tschad gefunden wurde, und der *Orrorin tugenensis* aus Kenia. Beide zeichneten sich bereits durch einen aufrechten Gang aus. Ihre Heimat wird weniger Bäume gehabt haben, dafür jedoch große Savannen. Man geht heute davon aus, dass diese jedoch von weniger Fleischessern als heute bewohnt war. Doch der aufrechte Gang bedeutete noch keinen Menschen. Der Sahelanthropus dürfte so intelligent wie ein Schimpanse gewesen sein, das legt zumindest seine Schädelgröße nahe. Was war der Punkt, der erreicht werden musste, um vom Menschen zu reden?

DIE STEINZEIT

Vor 3 Millionen Jahren begann nach heutigem Wissensstand die Menschwerdung. Denn es ist der Zeitraum, in dem die ersten Steinwerkzeuge entdeckt wurden. Fossilfunde deuten darauf hin, dass die schritthafte Vergrößerung des Gehirns erst ein paar Millionen Jahre nach dem aufrechten Gang der Menschenaffen entstand – die Gangart ist wie gesagt nicht das, was uns zum Menschen macht. Vielmehr ist es die Intelligenz, die unsere Vorfahren entwickelt hatten und die es ihnen erlaubte, Steine für besondere Zwecke zu nutzen. Wir erinnern uns an den Frontallappen, über den wir beim Thema Evolution gesprochen haben. Die Intelligenz des Menschen entwickelte sich nur sehr stückweise, zu Beginn der Steinzeit waren hierbei mehrere Arten aus zwei Gattungen am Start. Man kann unmöglich fest davon ausgehen, dass wir heute alle kennen, doch am Anfang der Steinzeit gab es den *Homo rudolfensis* und den *Homo habilis* aus unserem Familienstamm des Homo sowie die Gattung des *Australopithecus.* Die ersten Menschen damals waren vermutlich gerade intelligent genug, um Steine als Werkzeuge zu benutzen. Das Feuer hatten sie noch nicht entdeckt. Sprechen konnten sie auch noch nicht, auch wenn sie vermutlich besser in der Kommunikation durch Gestik waren als die meisten Tiere heute. Wie alle Menschen der Steinzeit und somit auch die gesamte Menschheit für fast 99 Prozent ihrer Geschichte waren die ersten Menschen Jäger und Sammler. Wobei hier der Sammelaspekt stärker betont werden muss. Je besser der Mensch durch seine Entwicklung in der Kommunikation wurde, umso strategischer und somit auch effektiver wurden seine Jagdfähigkeiten.

Wie ich gerade erwähnt habe, startete die Menschwerdung nicht einfach nur mit zwei verschiedenen Arten, sondern sogar zwei verschiedenen Gattungen. Hier wurde wieder die natürliche Auslese demonstriert, denn die Menschwerdung des Australopithecus hinkte von Anfang an der unserer direkten Vorfahren hinterher. Man geht heute davon aus, dass aus der Gattung des Australopithecus die Gattung des Homo entstanden ist. Wir erinnern uns, dass Evolution nicht bedeutet, dass eine neu entwickelte Spezies die alte ersetzt. Da der Homo jedoch geistig und körperlich weiter entwickelt war, fand ein faires Entwicklungsrennen statt. So lief der Homo längst aufrecht, während sein Vorfahre noch einen Teil seines Lebens auf Bäumen verbrachte. Deshalb war dieser auch kleiner und leichter (wobei alle unsere Vorfahren im Vergleich zu uns heutigen Menschen klein waren). Auch wenn alle drei bekannten Arten am Anfang erst mal nur einen Stein in der Hand gehalten haben werden, entwickelten Rudolfensis und Habilis vor 2,6 Millionen Jahren die nach der archäologischen Zeiteinordnung so bezeichneten *Oldowan-Werkzeuge*. Für eine lange Zeit ging man davon aus, dass ihr Vorfahre dazu nicht in der Lage war, bis Werkzeugsteine, die 2015 in Kenia gefunden wurden, dies durch ihr Alter von 3 Millionen Jahren infrage gestellt haben. Bei diesen sogenannten Choppern handelt es sich um nicht mehr als Geröllsteine, welche zurechtgeschlagen wurden, um einem Zweck zu dienen – das namengebende englische Wort *chop* für »hacken, häckseln, zerkleinern« gibt darüber Auskunft.

Im Verlauf der Steinzeit entstanden eine Menge mehr Menschenarten, als ich hier erwähnen werde. Sie alle anzusprechen lohnt sich schon deswegen nicht, da eine Vollständigkeit der Liste kaum gegeben wäre. Aus dem Rudolfensis oder dem Habilis dürfte sich vor ungefähr 1,8 Millionen Jahren der *Homo erectus* entwickelt haben. Wer von den beiden Ersteren unser hauptsächlicher Vorfahr war, ist unklar, jedoch hatte der Rudolfensis mutmaßlich das größere Gehirn. Unabhängig davon war der Erectus so etwas wie der erste richtige Protomensch. Er sah uns in seinen Gesichtszügen und seinem Körperbau bereits so ähnlich, dass man ihn von Weitem mit einem kleinen Homo sapiens hätte verwechseln können, auch wenn er bei genauerem Hinsehen weiterhin affenähnliche Züge hatte.

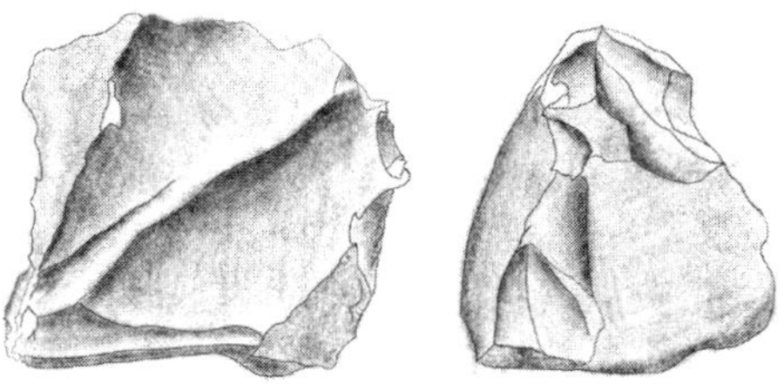

Vor 1,7 Millionen Jahren, also kurz nach seiner Entstehung, wurden die Werkzeuge des entwickelten Oldowan geschaffen. Beim Oldowan handelt es sich nicht mehr um einen geologischen Zeitabschnitt, diese sind jetzt alle zu lang für uns, sondern wie gesagt um eine archäologische Zeiteinordnung. Die Werkzeuge, die gefunden wurden, waren an beiden Seiten bearbeitet, so wie Speerspitzen. Da sie über die nächsten Hunderttausende Jahre hergestellt wurden und ihre Entwicklung nicht einfach war, ist davon auszugehen, dass der Homo erectus bereits intelligent genug war, um Wissen mit seinen Artgenossen auszutauschen. Da seine Intelligenz dennoch ein ganzes Stück unter unserer anzusiedeln war, verlief die Kindheit eines Erectus wesentlich kürzer als unsere – wie auch bei Tieren, die schon relativ schnell auf sich allein gestellt klarkommen müssen. Dazu sei aber auch angemerkt, dass der Nachwuchs des heutigen Homo sapiens viel zu früh auf die Welt kommt. Ein Baby wird nur deshalb nach 9 Monaten geboren, da seine Schädelgröße sonst nicht durch das Becken der Frau, seiner Mutter, passen würde.

Die Komplexität der Werkzeuge erzählt uns also etwas über die Intelligenz des Homo erectus, aber sein Körperbau berichtet uns über deren Nutzen. Unser Vorfahr war der Erste, der wirklich vom Gejagten zum Jäger wurde. Während seine Vorfahren tendenziell Aasfresser waren – vorausgesetzt, sie bekamen überhaupt Fleisch zu sehen –, war er bereits Großwildjäger in der afrikanischen Savanne. Nicht der erste aufrecht stehende Mensch, aber der erste aufrecht laufende. Dass er ein besserer Jäger als seine Vorfahren werden konnte, wissen wir, da seine Schulterstellung genauso wie unsere ideal zum Werfen von Speeren war. Und keine körperliche Entwicklung ist ohne einen Nutzen, so auch die Schweißdrüse, über die wir bereits vor einigen Kapiteln gesprochen haben. Mit zunehmender Entwicklung tauschte der Mensch sein Fell gegen immer bessere Möglichkeiten beim Schwitzen ein. Der Homo erectus wird trotz seines Lebens in der Eiszeit äußerst davon profitiert haben, denn er beherrschte die Treibjagd. Er war nicht der Schnellste oder Stärkste, konnte aber Tiere für mehrere Tage verfolgen und so zur Erschöpfung bringen. Und dank seiner besseren Intelligenz konnte er sie auch in Sackgassen treiben. Ein Vorgehen, das Koordinierung mit anderen Steinzeitmenschen brauchte.

Seine Werkzeuge erzählen uns aber noch mehr. Einige von ihnen hatten einen recht spezifischen Nutzen, was nahelegt, dass es in den umherziehenden Gruppen des Erectus bereits eine Rollenverteilung und Arbeitsaufteilung gab. Dies findet sich bei Affenstämmen zum Beispiel nicht, welche eher zum Schutz zusammenleben. Und im Gegensatz zu seinen Vorfahren besaß der Erectus auch einen Expansionsgedanken. Als erster Mensch breitete er sich laut heutigen Erkenntnissen nach Eurasien aus und verließ somit die Wiege der Menschheit in Afrika. Wobei dies mehr mit einer Veränderung von Klima und Umwelt als mit Entdeckerambitionen zusammenhing.

Bis hierhin war die Entwicklungsgeschichte des frühen Menschen schon unklar, ab diesem Punkt wird sie jedoch sehr kontrovers. Die Version, die ich Ihnen daher jetzt wiedergeben werde, ist eine der populäreren, kann jedoch falsch sein. Der Homo erectus wird nach neueren Erkenntnissen bereits das Feuer entdeckt haben. Dies gilt aber noch als umstritten, da zwar chemische Spuren entdeckt wurden, die zeigen, dass er gekocht hat, jedoch sind die ältesten Feuerstellen nur ein paar Hunderttausend Jahre alt. Er hätte auch nur an thermischen Quellen kochen können. Für seine Ausbreitung nach Europa und Asien wären jedoch die Fähigkeiten, Feuer zu machen und Felle zu tragen, praktisch gewesen.

Nach seiner Ausbreitung entwickelten sich mehrere Arten

aus dem Homo erectus, ich möchte jedoch nur drei nennen. Der *Homo rhodesiensis* entwickelte sich vor 300 000 Jahren in Afrika und hatte nur ein geringfügig kleineres Gehirn als der moderne Mensch. Mittlerweile wird darüber diskutiert, ob es sich hier um eine wirklich eigene Art handelt oder das Mitglied einer anderen, welche in Afrika entstanden ist. In Asien entwickelte sich der *Homo floresiensis*. Dieser ist zwar nicht relevant für unsere direkte Entwicklung, er genießt aber Bekanntheit als »Hobbitmensch«. Auf Inseln isoliert wird sich diese Menschenart zu einer Körpergröße von nur einem Meter hin entwickelt haben, was die diversen Unterschiede der damals existierenden Arten schön darlegt. Des Weiteren legt das äußerst limitierte Wissen über diese Art nahe, dass sie enorm spät, erst vor 100 000 Jahren, entstanden ist. Der Homo sapiens war also nicht der Letzte in der menschlichen Entwicklung. Am intelligentesten dürfte jedoch unser vor 600 000 Jahren in Europa entstandener womöglicher Vorfahre, der *Homo heidelbergensis*, gewesen sein.

Auch in seinem Fall erfolgte die Namensgebung nach dem Fundort des Typusexemplars. Der Australopithecus war übrigens inzwischen ausgestorben; vor einer Million Jahre wird uns der Letzte seiner Art verlassen haben. Somit gab es nur noch eine Menschengattung. Habilis und Rudolfensis waren sogar schon länger von der Bühne abgetreten und nur wenige Hunderttausend Jahre nach der Entstehung des Erectus ausgestorben.

Als wieder einmal kontroverses Thema und auch als Definitionssache gilt die Frage, ob der Homo heidelbergensis wirklich unser Vorfahre war. Nicht zuletzt, da der Übergang zwischen Erectus und Heidelbergensis so fließend ist, dass die Existenz der Art in der Vergangenheit auch gänzlich infrage gestellt wurde. Die archäologischen Funde erzählen uns jedenfalls die Geschichte eines möglichen Vorfahren, der wieder weiter entwickelt war. Vom Heidelbergensis sind ganze Wurfspeere aus Holz erhalten, des Weiteren mehrere andere Holzwerkzeuge und Schneidwerkzeuge aus Stein. Abnutzungsspuren an den Zähnen seiner Überreste sowie Pferdeknochen in der Nähe von gefundenen Speeren deuten darauf hin, dass er bereits ein geübter Großwildjäger war. Aber nicht nur das. Er bearbeitete bereits Tierhäute, was nahelegt, dass er Felle trug. Darüber hinaus wurden rudimentäre Unterkünfte gefunden, die er gebaut hatte – wobei ein Jäger und Sammler natürlich nicht sesshaft werden konnte. Die ältesten Feuerstellen Europas, welche vor 500 000 Jahren angelegt wurden, dürften von ihm stammen.

Seine Werkzeuge deuten also bereits auf ein komplexes Denken hin, doch wie ausgeprägt war sein Sozialisierungsverhalten? Da seine Nachfahren sprechen konnten und der Heidelbergensis offensichtlich Wissen, zum Beispiel Feuermachen, weitergeben konnte, ist es möglich, dass auch er bereits in der Lage war zu sprechen. Es könnte sich jedoch auch nur um Laute gehandelt haben. Man darf nicht ignorieren, dass wir immer noch einen ganzen Wurf vom modernen Menschen entfernt sind. Von praktischen Werkzeugen abgesehen, hat dieser Mensch allerdings wenig zurückgelassen, keine Schmuckstücke etwa. Jedoch wurde ein Knochen gefunden, in den mehrere Symbole geritzt worden waren. Ob dies nur ein spontaner Zeitvertreib gewesen war oder eine Bedeutung für den Besitzer gehabt hatte, ist aber in den Tiefen der Zeit verloren gegangen.

Vielen Menschen heute ist der Homo heidelbergensis nicht bekannt. Anders jedoch sein Nachfahre, der *Neandertaler*.

Wer an die Steinzeit denkt und dabei das Bild des Steinzeitmenschen vor Augen hat, welches oft in den Medien zu sehen ist, der denkt eigentlich an den Neandertaler. Dieser entwickelte sich vor 400 000 bis 500 000 Jahren und war seinen

Vorfahren weit überlegen. Ein echter Mensch mit Werkzeugen und Kultur. Der Neandertaler trug nicht einfach nur Felle, sondern verarbeitete diese zu Kleidung. Er trug Schmuck und beerdigte seine Toten. Überreste zeigen, dass er wie die heutigen Menschen reden und hören konnte. Und er war es auch, der wohl eine der bekanntesten Hinterlassenschaften der Steinzeit anfertigte: Höhlenmalerei. Der Neandertaler wird bereits rudimentäre Unterkünfte aus Holz und Knochen gebaut und so etwas wie gesellschaftliche Normen gehabt haben. Denn Knochenfunde erzählen uns von patriarchalisch geordneten Stämmen, in denen die Männer immer beim jeweiligen Stamm blieben und Frauen an andere abgegeben oder ausgetauscht wurden. Da Neandertaler wahrscheinlich nur in kleineren Gruppen unterwegs waren, war so ein genereller Austausch wichtig, um Inzest zu verhindern. Viele »Stämme« könnten auch einfach große Familien gewesen sein.

Der Neandertaler wirkt wie ein letzter Versuch der Evolution, noch mal zu schauen, ob physische Stärke nicht doch wichtiger als Intelligenz ist. Denn ähnlich wie Schimpansen war er zwar kleiner als wir, aber definitiv stärker. Als letzten Versuch bezeichne ich ihn aber deswegen, weil ich ein wichtiges Detail noch nicht erwähnt habe: Der Neandertaler ist nach uns entstanden.

DER HOMO SAPIENS

Aufgrund der überlegenen Intelligenz der Nachfahren des Erectus in Europa könnte man denken, dass dort auch der Homo sapiens entstanden ist. Ein enorm häufiger Fehler heutzutage ist, dass der Neandertaler als unser Vorfahre bezeichnet wird. Das ist er aber nicht (direkt). Er ist eher unser Cousin. Wie schon eben bei der Entwicklung vom Erectus aus werden auch hier die Spuren enorm undeutlich. Dies liegt nicht zuletzt daran, dass die Entwicklung vom Erectus zum Heidelbergensis sehr fließend wirkt und es unklar erscheint, was man welchem Vorfahren zurechnen kann. Eine aktuelle Frage der Wissenschaft ist daher, ob wir direkt vom Erectus abstammen oder von einer nach Afrika ausgewanderten Population des Heidelbergensis. Letzteres genießt häufig mehr Popularität, da der Übergang hier weniger sprunghaft wirkt. Doch womöglich finden wir noch einen Missing Link?

Wie auch immer, vor 300 000 bis 350 000 Jahren entwickelte sich der moderne Mensch in Afrika. Und es war auch wirklich der moderne Mensch. Es gibt keine Hinweise darauf, dass der Homo sapiens von damals uns in seiner Intelligenz irgendwie nachstand. Als er entstand, werden mindestens fünf andere Menschenarten mit ihm zusammen die Erde bevölkert haben, womöglich aber mehr. Diese können nach heutigen Erkenntnissen nicht komplett getrennt voneinander gelebt haben, sondern werden auf diverse Arten miteinander interagiert haben. Der Homo sapiens verfeinerte die Werkzeuge seiner Vorfahren und benutzte zum Bau auch Knochen und Geweihe. Er konnte alles, was der Neandertaler auch konnte, aber eben besser. Der Neandertaler baute Knochentrommeln, um Musik zu machen. Der Homo sapiens der Steinzeit fertigte aus Knochen Flöten. Der Neandertaler errichtete aus Knochen und Holz rudimentäre Unterkünfte, der Homo sapiens Tipis und Langhäuser. Während der Neandertaler bei Schmuck und Bestattungen Anzeichen für religiöses Verhalten zeigte, formte der moderne Mensch kleine Figuren aus Lehm. Wir waren einfach besser.

Genetische Befunde legen jedoch nahe, dass es dennoch womöglich ein Glücksfall ist, dass wir heute noch hier sind. Denn alle 8 Milliarden Menschen, die momentan auf der Erde leben, teilen sich ein Level an genetischer Gleichheit, welches man nicht in einer Population von einigen Dutzend Schimpansen finden würde. Wir erinnern uns daran, dass dies bei LUCA ein Anzeichen für einen Flaschenhals in der Entwicklung war. Das ist hier genauso, jedoch könnte der Flaschenhals brutal enger gewesen sein. Auch wenn archäologische Befunde momentan noch für Fragezeichen sorgen, könnte es sein, dass der Ausbruch des Mount Toba auf der indonesischen Insel Sumatra, einer der größten Vulkanausbrüche der jüngeren Erdgeschichte, die Population des Homo sapiens auf wenige Tausend Exemplare heruntergedrückt hat. Wir waren besser als der Neandertaler, aber immer noch hoffnungslos der Natur ausgeliefert.

Generell sei an dieser Stelle angemerkt, dass während der gesamten Steinzeit die Menschheitspopulation enorm niedrig war. Vor 900 000 Jahren wird es für einige Tausend Jahre nur etwas mehr als 1000 Menschen gegeben haben. Der Neandertaler wird zu seinem Höhepunkt 50 000 bis 150 000 Exemplare gehabt haben, und als der moderne Mensch sich vor 40 000 Jahren von Afrika nach Europa ausbreitete, trafen die Populationen aufeinander. Generell wird es nicht die eine *Völkerwanderung* des Homo sapiens gegeben haben. Da dieser sich auch in vielen kleinen Stämmen bewegte, ist es plausibel, dass erste Treffen beider Arten schon früher stattfanden. In Griechenland gibt es Anzeichen, dass erste Homo sapiens dort etwas früher ankamen, womöglich aber von Neandertalern vertrieben wurden. Vor 40 000 Jahren breitete sich der moderne Mensch dann aber wie gesagt doch in Europa aus. Auf die Neuankömmlinge könnte der Neandertaler – der stärkere, wildere Mensch – womöglich unheimlich gewirkt haben. Sicherlich wird es zu Revierkämpfen gekommen sein. Zu groß kann die Abneigung der beiden Arten voreinander aber auch nicht gewesen sein, denn dass es intensiven Kontakt zwischen ihnen gab, können wir nämlich in Ihnen finden, liebe Leserinnen und Leser. Insbesondere Europäer und Eurasier tragen auch heute noch DNA des Neandertalers in sich. Eine Entdeckung, welche unter anderem die Darstellung des Neandertalers in den Medien vom tierähnlichen Halbmenschen zum noblen Wilden verändert hat. Ein Schuft, wer Böses dabei denkt.

Doch vor 30 000 Jahren starb der Neandertaler aus. Und mit wenigen Jahrtausenden Abstand auch alle anderen Menschenarten – mit Ausnahme von einer. Wie konnte dies sein? Eine diverse Gattung, nahezu ausgestorben. Und dies auch noch zeitnah zu unserer Ausbreitung. Ist der Homo sapiens, von ein paar Mikroorganismen abgesehen, der größte Killer der Erdgeschichte? Waren wir Massenmörder der ersten Stunde?

Lange Zeit hielt sich die These, dass der intelligentere moderne Mensch sämtliche andere Arten aus ihren Habitaten vertrieb und in Stammeskonflikten auslöschte. Doch mittlerweile geht man davon aus, dass der Neandertaler und die anderen frühen Menschen wegen mangelnder Anpassungsfähigkeit starben. Die Temperaturen in Europa wurden kälter, statt Savannen haben wir heute Wälder. Andere Teile der Erde erlebten ebenfalls ein sich veränderndes Klima. Der Neandertaler war kälteresistent, jedoch anscheinend nicht bereit, sich an sein neues Ökosystem, an neue Lebensweisen und an neue Nahrungsmittel anzupassen. Doch wer sich nicht weiterentwickelt, geht unter. Natürliche Auslese.

Die letzte *Kaltzeit* endete vor 11 700 Jahren. Dies war nicht das Ende der Eiszeit, sie erreichte jedoch ihren letzten Abschnitt. In den Jahrtausenden davor waren nicht nur die heutigen Gletscher und die Polkappen entstanden, sondern auch große Eisbrücken in den Ozeanen. Womöglich brachte eine davon die ersten Menschen nach Amerika. Doch jetzt waren sie weg. Und mit dem Ende der Kaltzeit endete auch die längste Periode der Menschheitsgeschichte, die Altsteinzeit. 340 000 Jahre lang waren wir Steinzeitmenschen. Nur etwas mehr als 10 000 Jahre dauert seither die restliche bisherige Menschheitsgeschichte. Es ist eine Erinnerung daran, dass der Großteil unserer Kulturen, Religionen und auch Sternstunden in einer Zeit ohne Aufzeichnungen verloren ging. Gleichzeitig war es jedoch nur ein Bruchteil aller Menschen, die bisher gelebt haben, welche in dieser Periode existierten.

Nach dem Ende der Altsteinzeit kam die *mittlere Steinzeit*. In dieser entwickelte sich der Mensch selbstverständlich auch weiter und erschuf immer feinere Steinwerkzeuge. Vor allem aber zeigte er bereits erste Anzeichen von Sesshaftigkeit, aus dieser Zeit wurden die Überreste von rudimentären Zelten und Strohhütten gefunden. Jedoch konnten sich weiterhin nur wenige Menschen in großen Gebieten niederlassen, denn die Landwirtschaft hatte der Homo sapiens noch immer nicht gelernt.

Etwa zu derselben Zeit begann die afrikanische Feuchtzeit. Die Sahara ergrünte. Wo heute der Sand ist, in dem man sich verlieren kann, befand sich damals ein diverses Ökosystem. Und unter den Tierarten, die es bewohnten, befanden sich auch die Gazellen, so wie unsere Gazelle am Anfang des

Buches. Ein komplexer Organismus, der 4,5 Milliarden Jahre Evolution hinter sich hat. Auf einem langen Weg von der Entstehung des Sonnensystems über die Erschaffung der ersten Präzellen, abgespalten von den anderen Nachfahren von LUCA. Zahlreiche Vorgängerarten dieser Gazelle mussten leben und aussterben, bevor die natürliche Auslese die Spezies erschuf, die wir heute noch kennen. Für das heutige Klima und in ihrem generellen Entwicklungsgrad ist sie all ihren Vorgängerinnen überlegen. Ihr komplexes Gehirn ermöglicht es ihr nicht nur, auf ihre Umwelt zu reagieren, sondern sich auf einzelne Objekte zu fokussieren. So auch, wenn sie beim Knacken von Geäst so etwas wie Angst verspürt, eine Emotion, die den Selbsterhaltungstrieb in Schwung setzt. Doch sie wird nie ihre Umgebung wahrhaftig verstehen. Sie wird nie begreifen, dass die Punkte am Himmel Sterne sind wie die Sonne, welche ihr das Leben geschenkt hat.

Viereinhalb Milliarden Jahre an Evolution und dennoch nur eine Spezies, welche dies vermag. Der Mensch darf nicht aussterben. Mit seinem Ende gäbe es womöglich nie wieder eine Lebensform auf der Erde, welche begreifen würde, was ein Atom ist. Dass unsere Umgebung aus Elementen besteht. Und dass wir auf einer blauen Murmel in einem großen schwarzen Kosmos leben. Wir stehen nicht einfach nur an der Spitze der Nahrungskette, seit 30 000 Jahren gab es auch niemanden mehr, der uns nahekam. Unsere überlegene Intelligenz verpflichtet uns nicht nur dazu, nach einem Sinn des Lebens zu suchen – andere können es schließlich nicht –, sondern auch, einen Plan für die Menschheit zu entwerfen, welcher das Leben als Ganzes auf lange Zeit hinaus schützt und fördert. Die Erde, das haben wir in den letzten Jahrzehnten gesehen, kann sich eine ziellose Menschheit nicht leisten. Ich habe von den fünf großen Massenaussterben gesprochen, welche seit Hunderten Jahrmillionen das Leben auf der Erde immer wieder nahezu ausmerzten. Doch der Asteroid, welcher vor 65 Millionen Jahren die Dinosaurier auslöschte, war nicht das letzte. Das sechste große Artensterben ereignet sich am Ende des Holozäns, der seit 11 700 Jahren herrschenden geologischen Epoche. Und der Mensch ist daran schuld. Deshalb ist möglicherweise bereits ein neues Zeitalter angebrochen, das *Anthropozän*, in dem der Mensch das System der Erde in gigantischem Ausmaß verändert. So stirbt wegen ihm jedes Jahrzehnt schätzungsweise ein Prozent aller Tiere. Durch unsere industrielle Entwicklung, welche wir natürlich nicht wieder verlieren wollen, sind wir zu einer Katastrophe für die Umwelt geworden, die sich in Geschwindigkeit und Effizienz mit den Vulkanausbrüchen und Naturkollapsen vergangener Ären messen kann. Das ist keine natürliche Auslese mehr – und es wird auch nicht dem Überleben des Homo sapiens helfen. Wir wären nicht die Ersten, die sterben, weil ihr Ökosystem sie nicht mehr tragen kann.

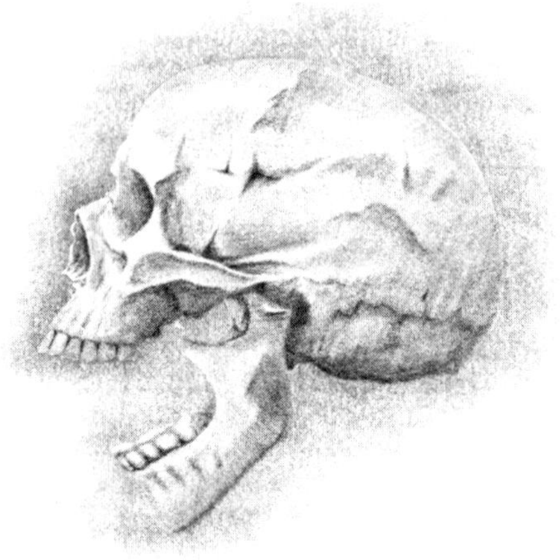

Doch zurück zur Chronik: Der Beginn der der mittleren Steinzeit folgenden Epoche, der *Jungsteinzeit*, variierte je nach Region. Als Erstes begann sie vor über 10 000 Jahren im Fruchtbaren Halbmond, also im Nahen Osten. In anderen Regionen wie Europa gab es einen Abstand zwischen dem Ende der Kaltzeit und dem Anfang der Jungsteinzeit, welcher Jahrtausende andauerte. Das Ende der Steinzeit und ihr Anfang sind unvergleichbar.

Vor ebenfalls über 10 000 Jahren begann der Mensch, die Landwirtschaft für sich zu entdecken und sein Leben als Jäger und Sammler aufzugeben. Dieser Schritt hat in der Vergangenheit einige Fragen bei Historikern aufgeworfen. Die Jäger und Sammler hatten eine sehr diverse Diät. Die ersten sesshaften Menschen hatten eine monotonere und somit ungesündere Diät, als sie anfingen, Äcker anzulegen. Natürlich änderte sich das mit der Zeit in einem gewissen Maß, aber es legt nahe, dass der Mensch nun Sesshaftigkeit und vor allen Dingen das Miteinander priorisierte. Jäger und Sammler wurden auch in der mittleren Steinzeit schon sesshaft, jedoch konnten immer nur kleine Gruppen von dem, was die Natur in ihrer Umgebung produzierte, überleben. Ein Feld kann viel mehr Menschen auf einer wesentlich kleineren Fläche ernähren.

Im Fruchtbaren Halbmond begann vor über 10 000 Jahren die neolithische Revolution, es war der Anfang der Zivilisation, über den wir bereits im Kapitel über außerirdisches Leben gesprochen haben. Auf das Ende der Steinzeit folgte vor 6500 Jahren die *Kupferzeit*. Der Mensch lernte, Kupfer zu gießen und daraus effizientere Werkzeuge zu bauen, zum Beispiel scharfe Klingen. Dies brachte große Veränderungen in die ersten Gesellschaften, denn nun gab es eine begrenzt verfügbare Ressource, welche schwer abzubauen und noch schwerer zu verarbeiten war. Wer das Kupfer kontrollierte oder das Können hatte, es zu verarbeiten, hatte in einer Gesellschaft nun eine gehobenere Position. Und während ein Acker an vielen Stellen angelegt werden kann, muss Kupfer gefunden werden. Bestimmte Flächen waren nun also besonders wertvoll und von einem Interesse, das hoch genug war, damit eine frühe Zivilisation sie kontrollieren wollte, auch wenn ihre Mitglieder dort nicht wohnten. Auf einmal haben wir das Konzept von Staatsgebiet entdeckt. Die erste europäische Hochkultur, die *Donauzivilisation*, entstand vor 7000 Jahren und brachte bereits Innovationen hervor wie Häuser, die größer als 100 Quadratmeter waren und sogar zwei Geschosse hatten. Sie verfügte über Öfen und produzierte Wein. Es gab Dörfer und stadtartige Siedlungen, Straßen und Handel.

Kurz darauf, im Jahr 1874, besuchte ein junger Max Planck in München den Physik- und Mathematikprofessor Philipp von Jolly. Dieser riet ihm davon ab, Physik zu studieren, da alles Wichtige bereits entdeckt sei und die übrig gebliebenen Herausforderungen Aufgaben für »Geister zweiter Ordnung« seien. Erinnern Sie sich?

Der Schritt von der Kupferzeit an den Rand der Moderne mag etwas plötzlich wirken. Dies ist zweifellos der Tatsache geschuldet, dass wir zu viel Zeit zwischen Primaten in der Steinzeit verbracht haben. Detaillierte Entwicklungen des Lebens vollziehen sich in vergleichsweise kurzen Abständen, aber auf unserer Reise durch den Kosmos werden die meisten Entwicklungen dennoch mindestens in Jahrmillionen gemessen. Und auf diesen Skalen kann man sagen: Egal ob Kupferzeit oder Moderne, wir sind in der Gegenwart angekommen. Alle Angehörigen unserer Gattung außer uns sind tot. 23 Billionen individuelle Lebensformen, deren Vorfahren ebenfalls größtenteils tot sind, bewohnen (noch) mit uns die Erde. Und zumindest vorübergehend befinden wir uns, rein geologisch betrachtet, noch im Holozän. Die Erde hat zwar ein bisschen zu viel Wüstenbildung zu verzeichnen, aber dennoch einzigartige Ozeane, Wälder und Steppen. Die Entwicklungskurve von Technologie und Gesellschaft hat ihren Lauf genommen, welcher bis heute nicht zu Ende ist. Wir haben unseren Istzustand erreicht. Und je nachdem, wo ein Mensch heute (wie auch schon in der Kupferzeit) geboren wurde, hat er eine ganz wichtige Sache errungen: Er hat den reinen Kampf ums Überleben hinter sich gelassen. Vermutlich werden sich auch die Steinzeitmenschen in ihren über 300 000 Jahren mal gefragt haben, was der Sinn des Lebens sein könnte. Vielleicht werden Einzelne sogar zu überzeugenden Antworten gekommen sein. Vielleicht sogar zu Philosophien, welche nicht nur Menschen mit dem damals stark begrenzten Wissensrahmen überzeugen könnten. Aber niederschreiben konnten sie es nicht. Und viele werden wohl auch nicht so tief darüber nachgedacht haben. Es bleibt wenig Platz dafür, wenn man jeden Tag nicht weiß, wo man schläft, wie viel man trinken kann und was es zu essen gibt. Außerdem waren da wenig andere Menschen, mit denen man Gedanken hätte teilen können.

Heute leben wie gesagt 8 Milliarden Menschen auf der Erde. Eine Zahl, die sich ein einsamer Höhlenmensch, welcher womöglich nie mehr als 50 Exemplare seiner Art getroffen hat, nicht mal hätte vorstellen können. Ungefähr 7 Prozent aller Menschen, die jemals geboren wurden, leben heute auf der Erde. Noch nie war unser Potenzial für Wissensaustausch, Vernetzung und Innovation so groß. Aber nur, wenn 8 Milliarden Menschen auch die Chance haben, ihr Potenzial zu erreichen. Als Albert Einstein 1955 starb, entnahm der Pathologe Thomas Stoltz Harvey nur wenige Stunden später das Gehirn des berühmten Physikers. Dieses wurde danach mehrmals untersucht, um nachzuprüfen, ob etwaige Anomalien in der Form oder der Menge gewisser Teile zu Einsteins Intelligenz geführt hatten. Der Evolutionsbiologe Stephen Jay Gould sagte dazu: »Ich bin irgendwie weniger an dem Gewicht und dem Aufbau von Einsteins Gehirn interessiert als an der großen Gewissheit, dass Menschen mit gleichem Talent auf Baumwollfeldern und in Ausbeuterbetrieben gelebt haben und gestorben sind.«

Wir haben jetzt 13,8 Milliarden Jahre zurückgelegt. Die Halbzeit in diesem Buch ist erreicht und markiert den Übergang von der Vergangenheit in die Zukunft. Auch wenn die Wissenschaft sich noch nicht sicher ist, ob wir einen freien Willen haben oder die Zukunft heute schon feststeht (dazu später mehr), können wir aus unserer jetzigen Perspektive heraus die Zukunft noch verändern, und das betrifft viel von dem, was jetzt noch kommt. Wir haben nicht das Recht gegenüber unseren Nachfahren, die Zukunft weiter ungeplant laufen zu lassen. Seit Beginn des industriellen Zeitalters, welche Nachteile es auch immer für die Natur hatte, ist die globale Armut zurückgegangen, der Lebensstandard gestiegen, und Bildung hat sich immer weiter verbreitet. Neben dem Schutz unseres Planeten im Sinne der Selbsterhaltung müssen diese Herausforderungen bis zum Ende dieses Jahrhunderts noch bewältigt werden. Ein Lebensstandard, der es den Menschen weltweit ermöglicht, über ihre Grundbedürfnisse hinaus zu denken, ist das Fundament, welches wir gießen müssen, um darauf die Suche nach dem Sinn für unsere Existenz zu bauen.

Doch auch wenn diese Aufgaben heute noch nicht bewältigt wurden, wollen wir uns auf den nächsten Seiten dennoch daran versuchen, so nah wie möglich an den Sinn heranzukommen und einen Plan für die Zukunft der Menschheit skizzieren. Wenn alle Menschen die Möglichkeit haben, ihr

Potenzial richtig zu entfalten, werden wir bessere Chancen auf Erfolg in unseren Unterfangen haben. Aber wer weiß, vielleicht schaffen kluge Köpfe es schon früher.

Der Prozess zu immer mehr globalem Wohlstand durch den Kapitalismus und die Globalisierung seit der industriellen Revolution kann nicht einfach bis in alle Ewigkeit weiterlaufen. Wir haben den menschengemachten Klimawandel mit ihm erschaffen und laufen jetzt gegen eine Wand, da dessen Folgen uns bald zu stark schaden werden, als dass der neu gewonnene Wohlstand dagegen ankäme. Von den bereits erwähnten verheerenden Folgen für die Natur mal abgesehen. Das Ganze ist aber ein Symptom für ein Problem des Menschen, welcher heute in den Industrienationen lebt. Von dem Wohlstand für alle mal abgesehen, haben wir keine Vision. Er ist, wie gesagt, auch sehr wichtig, aber in westlichen Ländern geht es den Menschen nicht erst seit 2024 gut genug, um die Augen auf höhere Ziele zu richten. Auch in den 1980ern hatte man dort schon ausreichend Wohlstand, um sich die Frage zu stellen, ob es ein kollektives höheres Ziel geben sollte. Aber egal, welcher politischen Ausrichtung man heute folgt, alle haben, wenn auch manchmal über extreme Umwege, nur einen besseren Lebensstandard im Blick. Verstehen Sie mich bitte nicht falsch, ich sage explizit *nicht*, dass dies kein gutes Ziel ist. Wie könnte man auch dagegen sein? Aber höhere Ziele als das eigene Wohlergehen sind uns so fremd geworden, dass wir zwar seit 50 Jahren von dem menschengemachten Klimawandel und seinen Folgen wissen und dennoch fast nichts dagegen getan haben. Nicht, weil wir uns auf unser Überleben konzentriert haben, sondern weil wir Angst um unseren Wohlstand hatten.

Wenn wir heute an die Zukunft denken, denken wir an einen Homo sapiens, der sich zwischen den Sternen ausbreitet. Die finale Front der Menschheit, der Kosmos, wird von uns, wie wir gleich näher besprechen werden, noch in diesem Jahrhundert richtig in Angriff genommen werden. Aber jeder einzelne Schritt, den wir da draußen machen, ist ein Kraftakt. Jede fundamentale Entdeckung im Sonnensystem ist ein Kraftakt. Wenn der Mensch multiplanetar werden soll, wird dies ebenfalls ein Kraftakt sein, von dem die meisten von Ihnen nicht nur in der Zeitung lesen werden. Es wird Ihr Steuergeld sein müssen, welches dafür aufgewendet wird. Es werden Ihre Kinder oder vielleicht auch noch Sie selbst sein, die in den dafür entstehenden neuen Industrien arbeiten können. Es wird Ihre Stimme sein, die entscheidet, ob Politiker an der Macht sind, die einen Pfad in Richtung solch einer Zukunft unterstützen oder nicht. Und irgendwo dazwischen wird es den Punkt geben, wo Sie eine Wahl zwischen einem Zukunftsplan, von dem Sie vielleicht gar nicht individuell allzu stark profitieren, und dem Wachstum des eigenen Wohlstands haben. Menschen am Ende des letzten Jahrtausends haben sich immer wieder für den eigenen Wohlstand entschieden, und andere, mit denen sie nie Kontakt hatten, werden in den kommenden Jahrzehnten dank des menschengemachten Klimawandels den Preis dafür bezahlen. Die Verantwortlichen hatten nicht das Recht, die Interessen der Menschen, die teils erst in den kommenden Jahren geboren werden, so zu vernachlässigen.

Aber dieses Buch ist keines über den menschengemachten Klimawandel. Und Zukunftspläne sowie die Suche nach einem Sinn befassen sich auch nicht mit kleinen Zeiträumen wie Jahrzehnten. Wenn wir das eben benannte Potenzial einer gebildeten Weltbevölkerung, deren Grundbedürfnisse abgesichert sind, nutzen wollen, müssen ein paar Richtungen vorgegeben werden, die den Menschen zu seinem Platz zwischen den Sternen befördert. Bei unserer weiteren Reise durch den Kosmos werden wir uns über die Existenz des

Menschen hinausbewegen – aber nicht an ihr vorbei. Also möchte ich Sie auf den nächsten Seiten davon überzeugen, dass eine Ausbreitung des Menschen im Weltall nicht nur ein Luxustraum ist, sondern eine anstrengende Notwendigkeit für unsere Spezies und womöglich für unseren Sinn.

Doch bevor wir dies tun, müssen wir zurückspringen. Zurück zu Max Planck. Denn um über die weiteren Entwicklungen des Universums zu sprechen, müssen wir noch mal eintauchen in die Geschichte der Naturwissenschaft und über die zweite Hälfte der modernen Physik sprechen. Die Quantenphysik.

PHYSIKGESCHICHTE II
Die Quantisierung der Welt

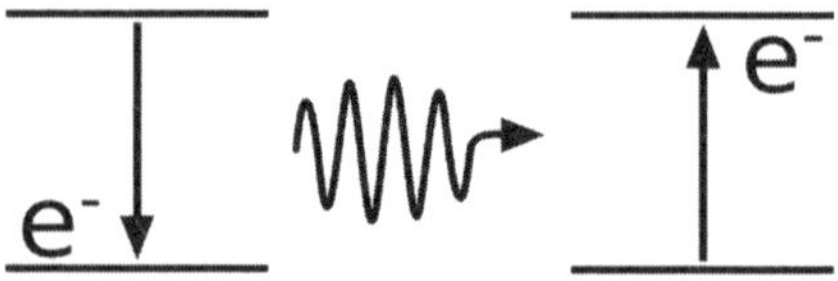

Die *Quantenphysik* ist die zweite Säule, auf der unsere heutige Welt der Physik basiert. Die klassische Mechanik und die darauf aufbauende Relativitätstheorie lassen sich zu einem gewissen Grad zusammenfassen als die Welt der Physik, nach der wir funktionieren beziehungsweise funktionieren können. Die Quantenphysik steht den beiden als das wohl mysteriöseste Feld der Physik gegenüber.

Ich muss zugeben, dass intelligentere Menschen als ich versuchten, die Quantenphysik zu verstehen, und es nicht geschafft haben. Und nur wenige von denen, welchen es gelungen ist, können sie anderen gut erklären. Der amerikanische Physiker Richard Feynman sagte: »Wenn du glaubst, dass du die Quantenphysik verstanden hast, hast du sie nicht verstanden.«

Wahrscheinlich werde ich Ihnen auf den kommenden Seiten also keine Zusammenfassung der Quantenphysik geben können, die zufriedenstellend ist. Aber ich möchte doch versuchen, Ihnen ein Gefühl für die Welt der kleinsten Partikel zu geben.

Der Beginn der Quantenphysik lässt sich nicht ganz so simpel darstellen wie die Entdeckung der Relativitätstheorie, welche zwar auch einiges an Vorarbeit genoss, jedoch im Großen und Ganzen von Albert Einstein allein begründet wurde. Es gab viele zögerliche Entdeckungen, welche die Entdecker zuerst selbst nicht glaubten, bis genug davon gemacht worden waren, damit die einzelnen Teile zumindest den Ansatz eines gemeinsamen Bildes formten.

Die Welt der Quantenphysik kann größtenteils als die des subatomar Großen verstanden werden. Also als die Welt von allem, was kleiner als ein Atom ist. Auch größere Systeme, zum Beispiel das Bose-Einstein-Kondensat, können Quantenverhalten zeigen, für ein simples Verständnis des Themas kann man sich die Quantenebene aber so vorstellen. Ihr Wirken kann eben auch größere Systeme beeinflussen. Jedes Elektron in Ihrem Körper befindet sich auf der Quantenebene und funktioniert nach der *Quantenmechanik*, welche ein Bild von einer Physik der ungenauen Zustände und Wahrscheinlichkeiten zeichnet. Einer Physik, die sich nicht einfach durch ein paar Zahlenwerte von unserer unterscheidet, sondern eine Welt widerspiegelt, die oft nicht zu unserem Verständnis passt, wie die Dinge sein sollten.

Hierfür muss man bedenken, wie klein Atome eigentlich sind. Ein Atom in einem Apfel ist im Vergleich zu diesem ungefähr so groß wie ein Apfel im Vergleich zur Erde. Ein Elektron in einem Atom ist jedoch immens kleiner und lässt sich auf herkömmliche Weise nicht in einer festen Größe beschreiben oder überhaupt ausfindig machen. Stattdessen kann man nur mit der *Wellenfunktion*, also einer mathematischen Formel, den Bereich ausrechnen, in dem die Wahrscheinlichkeit besteht, dass eine Messung der Eigenschaften des Elektrons dort möglich ist. Dies nennt man dann die *Elektronenwolke.* Sie würde uns aber nicht näher daran bringen, die Position des Elektrons innerhalb des Atoms zu berechnen, da sich der Bereich, in dem das Elektron sein könnte, über den gesamten Durchmesser des Atoms erstreckt. Wir merken, es ist kompliziert und teilweise auch nicht zufriedenstellend. Beginnen wir aber vorne, und damit wieder bei Max Planck.

Am Ende des 19. Jahrhunderts befassten sich viele Physiker mit dem Problem der *Schwarzkörperstrahlung.* Im Grunde ist es so, dass, wenn elektromagnetische Strahlung – zum Beispiel Licht – auf ein Objekt trifft, eine kleine Menge zurückgeworfen wird. Ihr Gesicht absorbiert eine Menge Licht, verschluckt aber natürlich nicht alles. Ein sogenannter schwarzer Körper hingegen ist ein idealisiertes Objekt, zum Beispiel ein pechschwarzes, welches 100 Prozent der Strahlung absorbiert. So als wenn die Strahlung einfach in ein Loch fallen würde. Die schwarzen Körper absorbieren aber nicht nur Strahlung, sondern stoßen sie auch aus, das ist dann die *Wärmestrahlung.* Es ist komplett von der Temperatur des Objektes abhängig, wie intensiv diese emittierte Strahlung ist und ob ihre Frequenz im für uns sichtbaren Bereich liegt. Ist das Objekt nur ein paar Dutzend Grad warm, erscheint es uns eben komplett schwarz. Ist es aber über 5000 Grad warm, ist die Wellenlänge der Strahlung im für uns sichtbaren Spektrum und leuchtet stark weiß. Die Energie, welche ein schwarzer Körper emittiert, hängt mit der Wellenlänge seiner Strahlung zusammen. Diesen Zusammenhang nachzuweisen, schaffte die klassische Physik aber nur begrenzt. Bei der Untersuchung von sehr kleinen Wellenlängen im ultravioletten Bereich würde die Energie, welche ausgestoßen wird, ins Unendliche steigen.

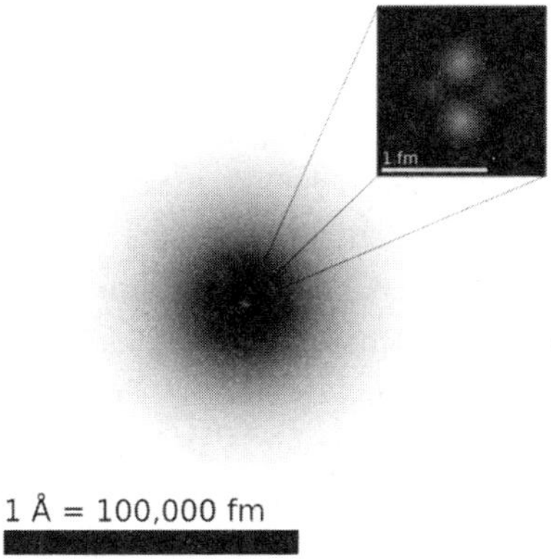

Kaum überraschend wurde dies in Experimenten nicht beobachtet. Stattdessen sah man das Gegenteil – die Energiemenge sank. Wie auch schon bei der Rotation des Merkurs um die Sonne, die am Anfang dieses Buches angesprochen wurde, stand die Physik erneut vor einem Problem, welches nicht mit bisherigen Regeln gelöst werden konnte.

Mit dem Ziel, eine Formel herzuleiten, welche das Beobachtbare löste, wagte Max Planck im Jahr 1900 einen sehr gewagten Schritt. Er beschrieb Energie nicht als eine Strahlung, welche dauerhaft von einem Objekt ausgesendet wird, sondern stattdessen als Energiepakete oder eher Energieeinheiten, welche in Wellen in bestimmten Frequenzen, also regelmäßigen Abständen, ausgestrahlt werden. Diese Energieeinheiten nannte er *Quanten*. Zunächst hielt Max Planck aber selbst noch wenig von seiner eigenen Entdeckung und betrachtete sie nur als mathematisches Hilfsmittel.

Doch Albert Einstein erkannte den Nutzen von Plancks Idee, als er seine Theorie zur Erklärung des *fotoelektrischen Effektes* aufstellte. Der fotoelektrische Effekt war ein bis dahin ungeklärtes Phänomen, bei dem Licht in bestimmten Farben in der Lage ist, Elektronen aus Metallen zu entfernen, welche dadurch ihre statische Ladung verlieren. Planck ging noch davon aus, dass diese Quantisierung der Energie durch den Zustand eines Schwarzkörpers erzeugt werden würde. Albert Einstein zeigte jedoch, dass sich die Idee, dass Energie in Quanten transportiert wird, auch in anderen Theorien nützlich anwenden lässt. Die kleinen, heute als Photonen bekannten Lichtquanten sind die Teilchen, aus denen Licht besteht; sie wurden von Einstein erstmals postuliert. Für diese Arbeit, die er 1905 veröffentlichte, bekam er 1921 den Nobelpreis für Physik. Man sollte meinen, dass er diesen eher für die Relativitätstheorie hätte erhalten sollen, jedoch nahmen führende Köpfe in der Welt der Physik ihm damals angeblich noch übel, dass er die Wissenschaft derartig auf den Kopf gestellt hatte. Verwehren konnte man ihm den Nobelpreis jedoch auch nicht.

Beim Thema Licht und Photonen geraten wir an die ersten komischen Eigenschaften der Quantenphysik. Es sei daran erinnert, dass ich ganz am Anfang des Buches erwähnt hatte, dass Physiker sich am Ende des 19. Jahrhunderts nicht sicher waren, ob Licht eine Welle oder ein Teilchen ist. Diese Frage sollte die Quantenphysik jetzt bald mehr oder minder lösen. Der fotoelektrische Effekt hatte nahegelegt, dass Licht ein Teilchen sei, vorherige Experimente hatten jedoch den Konsens erbracht, dass es sich um eine Welle handeln müsse.

Den nächsten Schritt auf dem Weg zur Quantenphysik machte jedoch erst mal der Däne Niels Bohr. Wie ich ebenfalls zu Anfang erwähnt hatte, entwickelte John Dalton bereits während der Napoleonischen Kriege das Konzept des Atoms. Erst 100 Jahre später wurden jedoch die ersten komplexeren Atommodelle aufgestellt. 1903 beschrieb das *Thomson'sche Atommodell* bereits eine positiv geladene Hintergrundstrahlung, welche in späteren Modellen der Kern werden würde. In dem Atom, wie Rosinen in einem Teig, verteilen sich die

Elektronen. Letztere trügen nahezu die gesamte Masse des Atoms in sich. Das Grundverständnis davon, wie ein Atom funktioniert, war also gegeben, jedoch stießen Physiker experimentell immer wieder auf Probleme. Röntgenexperimente zeigten dem Schöpfer des Modells, dem Briten J. J. Thomson, recht schnell, dass seine vermutete Anzahl an Elektronen im Wasserstoffatom – das leichteste und somit »simpelste« Element, wie wir uns erinnern – viel zu hoch war. Ihm zufolge müsste es 1800 Elektronen haben. Die richtige Antwort lautet 1 Elektron.

1912 wurde das *Rutherford'sche Atommodell* entwickelt, das statt von einer positiven Masse von einem positiven Atomkern sprach, welcher einen Großteil der Masse eines Atoms in sich trage. Dem voraus ging der Streuversuch des neuseeländischen Physikers Ernest Rutherford, der zeigte, dass die Elektronen nicht den Großteil der Masse eines Atoms in sich tragen können und dass der Abstand zwischen Atomkernen in Objekten groß sein muss, was dementsprechend auch nahelegt, dass Atome zu einem großen Teil aus leerem Raum bestehen. Zumindest nach damaliger Vorstellung, Stichwort Elektronenwolke. Das führte dazu, dass sich Rutherford in seinem Atommodell erstmals ein Objekt vorstellte, welches einen Kern und eine Hülle hat, wobei sich in Letzterer dann die Elektronen befinden. Aber wie genau benehmen sich Elektronen in dieser Hülle? Hierzu lieferte Bohr mehr Aufschluss, dessen Modell das Konzept von der Quantisierung mit implementierte.

Das Rutherford'sche Modell hatte ein arges Problem: Ihm zufolge sollten die Elektronen laut der klassischen Physik die ganze Zeit elektromagnetische Strahlung ausstoßen, während sie in ihrer Form als beschleunigte Teilchen um den Atomkern kreisen. Damals eine Voraussetzung, damit die Elektronen nicht in den Kern gezogen werden. Wenn sie dies aber täten, müssten sie recht schnell so viel Energie verlieren, dass sie trotzdem in den Kern kollabieren würden. Da Sie aber noch existieren, um gerade diese Zeilen zu lesen, ist nicht davon auszugehen, dass alle Atome im Universum kurz nach ihrer Entstehung zusammengefallen sind.

Und dann sind da noch die *Spektrallinien*. Wir erinnern uns an die Tatsache, dass eine unterschiedliche Frequenz der elektromagnetischen Strahlung unterschiedliche Farben beim Leuchten erzeugt – das Lichtspektrum als Ergebnis verschiedener Wellenlängen. Jetzt ist es so, dass verschiedene Elemente ein unterschiedliches Farbspektrum haben, in dem sie leuchten können, so wie sie auch eine spezifische Charaktereigenschaft haben. Wenn wir daher heute das Licht, welches uns von Nebulae erreicht, in verschiedene Wellenlängen unterteilen, also quasi auseinanderpflücken, können wir verschiedene Elemente in ihnen ausmachen, welche dann verschiedene Farben haben. Das ist der Grund, warum die Bilder vieler Nebulae sehr bunt sind, obgleich die Objekte oft eher verschiedene Brauntöne haben. Ich hoffe, ich habe jetzt keine Vorstellungen von einem kunterbunten Weltall enttäuscht. Wie auch immer, das Spektrum, in dem verschiedene Elemente leuchten, ist kein flüssiger Übergang, sondern besteht aus Spektrallinien, das bedeutet, dass es quasi Sprünge zwischen verschiedenen Farbtönen gibt – eine Eigenschaft, die für Teilchenphysiker im späten 19. und frühen 20. Jahrhundert ein großes Problem war: Wenn wir doch bloß eine bestehende Theorie hätten, die man sich zum Vorbild nehmen könnte und in der Strahlung nicht kontinuierlich ausgesendet wird, also nicht ein kontinuierliches Spektrum an Farben erzeugen muss!

Plancks Quanten konnten natürlich nicht alleine die Probleme von Rutherford lösen, brachten Bohr jedoch dazu, quantisierende Eigenschaften in das bestehende Atommodell einzufügen. Bohr postulierte, dass ein Atom feste Bahnen hat, auch *Energieniveau* genannt, auf denen sich die Elektronen bewegen. Solange sie auf diesen Bahnen sind, geben die Elektronen keine Strahlung ab. Bewegungen außerhalb dieser Bahnen sind nicht möglich. Sollte ein Elektron aber von der einen Bahn auf die andere springen – was passiert, wenn es zum Beispiel zusätzliche Energie von Photonen bekommt oder es alternativ Strahlung abgibt –, so nennt man dies einen *Quantensprung*. Wenn wir umgangssprachlich von Quantensprüngen reden, meinen wir also das Falsche – in Wirklichkeit geht es dabei nicht um einen großen Schritt nach vorne, sondern um eine der kleinsten Bewegungen, die im Kosmos möglich sind.

Die Energie, die dabei emittiert oder absorbiert wird, ist laut Rutherford komplett unabhängig von der Frequenz, mit der das Elektron um den Atomkern kreist. Stattdessen strahlt es den Energieunterschied aus, der zwischen dem einen Energieniveau, auf dem das Elektron vorher war, und dem anderen, zu dem es springt, besteht. Hier sei wieder angemerkt, dass so eine Frequenz in der heutigen Vorstellung vom Atom auch nicht mehr vorkommt.

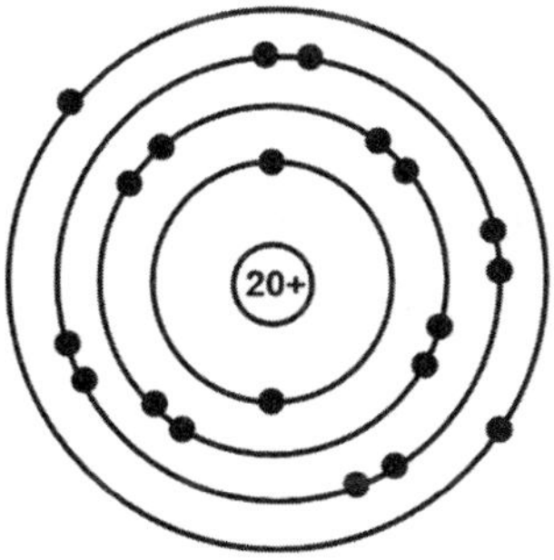

Das ist deswegen wichtig zu erwähnen, weil dies den Gesetzen der klassischen Mechanik klar widerspricht. Um dieses Atommodell zu erfinden, verließ sich Bohr in erster Linie auf seine Intuition. Und auch wenn im sogenannten *Franck-Hertz-Versuch* 1914 nachgewiesen wurde, dass er recht hatte, konnte er damit nur die Spektrallinien des Wasserstoffatoms erklären, nicht aber die anderer Elemente. Es war also vorerst eine Sackgasse. Wie auch oben schon dargestellt ist, wurden erst kleine Schritte an vielen Baustellen durchgeführt, bevor die Quantenmechanik geboren wurde.

Nach der Entwicklung der Quanten und des Quantensprungs war die Entwicklung der *Wellenmechanik* das nächste große Puzzleteil.

1924 veröffentlichte der französische Physiker Louis de Broglie seine Theorie der Materiewellen. Wie eben noch mal angesprochen, war es weiterhin ein Problem, dass Licht sich sowohl wie eine Welle als auch wie ein Partikel benimmt. De Broglie zeigte, dass Materiepartikel die Eigenschaften von Wellen haben können und vice versa. Dieser *Welle-Teilchen-Dualismus* ist ein wichtiges Schlüsselelement der Quantenphysik. Schon Albert Einstein schlug 1909 vor, dass eine Theorie, die so etwas erkläre, entwickelt werden müsste, um Quantenobjekte richtig zu verstehen. De Broglie sagte nun, dass jedes Teilchen mit einem Impuls eine dazu passende Wellenfrequenz besitze. Dies war revolutionär, denn in der klassischen Mechanik sind Wellen und Teilchen zwei komplett unterschiedliche Sachen. Insbesondere da de Broglie dies nicht nur in Bezug auf die Photonen andachte, sondern auf alle Partikel erweiterte.

DIE QUANTENMECHANIK

Im Jahr 1925 wurde die Quantenmechanik richtig geboren, als die deutschen Physiker Werner Heisenberg, Max Born und Pascual Jordan die *Matrizenmechanik* entwickelten. Um den Welle-Teilchen-Dualismus und die Unklarheiten, welche diese Zwangshochzeit bedeutete, zu erklären, werden hierbei mechanische Eigenschaften eines Partikels – wie zum Beispiel der Ort, an dem es sich befindet, oder sein Impuls – nicht durch eine feste Zahl ausgedrückt. Stattdessen nutzt man eine Matrix, welche man sich wie eine mathematische Tabelle vorstellen muss. Diese stellt alle möglichen Zustände eines Quantensystems beziehungsweise eines Partikels auf einer Quantenebene sowie die Übergänge zwischen zwei verschiedenen Zuständen dar. Da es sich hier um schwere mathematische Konzepte handelt, ist es nicht ganz einfach, sie umgangssprachlich zu erläutern.

Im Grunde schauen wir auf ein System, zum Beispiel den Zustand eines Elektrons in einem Atom, und versuchen, dieses zu erklären. Zur Verfügung stehen uns Tabellen, die alle möglichen Zustände angeben, welche dieses System annehmen kann, was den quantenmechanischen Zustand darstellt. Durch herkömmliche Messungen ist das System nicht länger darstellbar. Wir haben jedoch einen Rettungsanker. Wenn wir eine Eigenschaft unseres Systems kennen, zum Beispiel die elektromagnetische Strahlung, welche ein Elektron bei einem Sprung in der Atomhülle aufnimmt oder abgibt, dann benutzen wir zur Definition der restlichen Eigenschaften dieses Elektrons eine Matrix, welche diese Eigenschaft bereits als klar definiert beinhaltet. Das bedeutet nicht, dass dadurch jetzt alle anderen Eigenschaften auch klar werden, sie werden sogar ungenauer.

Die hier benutzten Matrizen können verdammt groß werden.

Hieraus ergibt sich jetzt aber eine der wichtigsten Regeln der Quantenmechanik, die *Heisenberg'sche Unschärferelation*. Als Resultat seiner Matrizen postulierte Heisenberg, dass es unmöglich ist, den Ort und den Impuls eines Teilchens gleichzeitig genau zu bestimmen. Man kann immer nur eine von beiden Eigenschaften als Rettungsanker in der Matrizenmechanik einsetzen, die andere bleibt unbestimmt. Hier sehen wir zum ersten Mal einen klaren Bruch, nicht einfach nur mit der klassischen Mechanik, sondern mit der Realität, wie wir sie verstehen. So etwas funktioniert in unserer Wirklichkeit einfach nicht. Sie werden immer klar sagen können, wo ich stehe und wie schnell ich mich bewege, wenn Sie mich ansehen. Die Quantenphysik würde aber sagen, dass Sie unmöglich wissen können, welche Gehgeschwindigkeit ich habe, wenn Sie erst mal sehen, wo genau ich gerade bin. Wichtig ist, dass es zwischen diesen beiden Eigenschaften, Bewegung – Position, eine klare Korrelation gibt. Es geht aber noch einen Schritt weiter: Da Sie, je nachdem, ob Sie zuerst meine Position oder meine Geschwindigkeit messen, eine andere Matrizenform brauchen, würde das Ergebnis unterschiedlich sein, je nachdem, was Sie zuerst messen. Auch hier handelt es sich nicht um einen Fehler in der Mathematik.

Wenige Monate nachdem Heisenberg die Matrizenmechanik aufgestellt hatte, ging der österreichische Physiker Erwin Schrödinger über einen anderen Ansatz an dieselbe Thematik heran und entwickelte 1926 die *Schrödinger-Gleichung*. Mit dieser beschrieb er Partikel als Welle und wie diese sich über die Zeit verändern – also nicht durch ein Raster, sondern mit einer mathematischen Funktion. Das ist ein beliebterer Ansatz in der Mathematik und hat den Vorteil, dass man ihn sich leichter vorstellen kann. Die Welle, welche sich durch den Raum ausbreitet, ist weniger abstrakt als das Raster an Wahrscheinlichkeiten, hat als Ergebnis allerdings auch nur eine Wahrscheinlichkeitsverteilung. Letzteres hat jedoch wiederum den Vorteil, dass Schrödingers Ansatz in bestimmten Fällen, zum Beispiel bei Atomen und ihren Energieniveaus, ein nützlicherer ist. Zusammen ergeben Schrödinger-Gleichung und Matrizenmechanik heute die Grundlage der Quantenmechanik – und machten Heisenberg und Schrödinger zu deren Begründern.

Die Quantenmechanik zeigt uns also eine Welt der Wahrscheinlichkeiten und nicht der festen Zustände. Feste Zustände können zwar gemessen werden, jedoch immer nur eine Eigenschaft. Und auch diese scheint nur fest zu sein, wenn sie denn gemessen wird. Das ist offensichtlich ein Bruch mit der Realität, wie wir sie im Alltag wahrnehmen, es ist jedoch auch höchst mathematisch. Sie dürften sich daher womöglich fragen, ob die Mathematik hier nicht einfach falschliegt.

Auch wenn Experimente, die zur Zeit der beiden Physiker durchgeführt wurden, bereits in die richtige Richtung wiesen, war es ein Experiment aus dem Jahr 1961, anhand dessen sich die Skurrilität der Quantenphysik am besten zeigen lässt. Und eben auch, dass es anscheinend der Beobachter ist, welcher die feste Realität auf der kleinsten Ebene unserer Existenz erzeugt, und nicht andersherum.

DAS DOPPELSPALTEXPERIMENT MIT ELEKTRONEN

Das Doppelspaltexperiment ist nicht gerade modern. Thomas Young nutzte es bereits 1802, um – wie damals noch naheliegend – zu zeigen, dass Licht eine Welle ist. In der damaligen Form war das Experiment recht simpel gebaut. Ein Lichtstrahl wird auf eine Barriere mit zwei Spalten gerichtet. Wenn das Licht sich durch die Spalten bewegt, bildet es aber nicht einfach zwei Balken auf der Wand dahinter ab, sondern ein *Interferenzmuster*. Wenn Ihnen langweilig ist, können Sie den Experimentaufbau selbst mit Pappe und einer Taschenlampe nachstellen. Wenn Licht eine Welle ist, so Youngs damaliger Ansatz, dann kann es sich durch beide Spalten bewegen und sich dahinter als Welle auf die gesamte Wand ausbreiten.

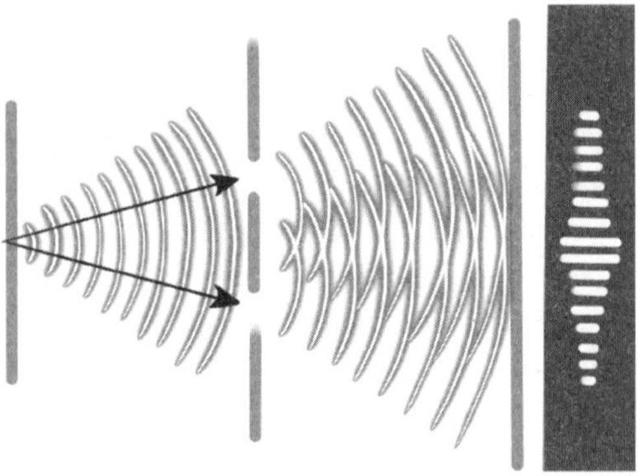

Aber wir leben mehr als 200 Jahre später. Wir wissen, dass der Welle-Teilchen-Dualismus besagt, dass wir es bei dem Licht, das sich da durch die Barriere bewegt, sowohl mit Teilchen als auch mit Wellen zu tun haben. Jedoch konnte man das natürlich nicht wissen, wenn man noch 160 Jahre von der Technologie entfernt lebte, welche es einem ermöglicht, die Lichtpartikel, die Photonen zu messen. Denn im schon genannten Jahr 1961 wollte der deutsche Physiker Claus Jönsson an der Universität Tübingen beweisen, dass es nicht nur die Lichtphotonen sind, welche den Welle-Teilchen-Dualismus leben, sondern auch die Elektronen in allen Atomen. Man darf nicht vergessen, dass die Entwicklung der

Quantenmechanik bis dahin recht theoretisch war. Sie baute zwar auf experimentellen Arbeiten auf, aber das Doppelspaltexperiment mit Elektronen war die klarste Bestätigung der theoretischen Ergebnisse.

Der Experimentaufbau war derselbe wie bei Young, doch statt Licht wurden Elektronen in einem Strahl durch die Barriere und auf die Wand dahinter geschossen – ohne die Quantenphysik also einfach Partikel, welche nur auf dem Teil der Wand landen sollten, den man durch die Spalten sehen konnte. Dies war vorher technisch schlichtweg nicht möglich gewesen. Elektronen haben eine winzige Wellenlänge, dementsprechend müsste der Strahl, in dem sie reisen, sehr genau und die Öffnung sehr winzig sein. Ansonsten wäre das Wellenverhalten nicht wahrnehmbar. Das Experiment wurde jedoch erfolgreich durchgeführt. Wie beim Licht war auf der Wand wieder ein Interferenzmuster zu sehen. Die Welleneigenschaften der Teilchen waren bewiesen. Und weil die Technologie bereits wenige Jahre später in den 1970ern so ausgereift war, ließ sich sogar zeigen, dass das Interferenzmuster entsteht, wenn man die Elektronen einzeln beziehungsweise in kleiner Anzahl durch die Spalten schießt. Das ist spannend. Unser zu erwartendes Bild, welches nur durch Wellen entsteht, wenn diese sich durch zwei separate Spalten bewegen, baut sich also auch auf, wenn wir die Elektronen Stück für Stück auf die Wand schießen. Da wir zwei Spalten haben, können wir messen, in welcher Reihenfolge beziehungsweise in welchem Rhythmus sich die Partikel durch die Spalten bewegen. Es müsste eine 50/50-Verteilung sein, und das jedes Mal. Also misst man die Bewegung der Elektronen durch die Spalten. Und was kommt dabei am Ende heraus?

Überlegen Sie kurz auf Basis der Matrizenmechanik und der Heisenberg'schen Unschärferelation. Wir messen bei der

Bewegung durch einen von zwei Spalten eine feste Eigenschaft des Elektrons. Vorher gab es eine Verteilung der Wahrscheinlichkeiten, als es sich durch den Spalt bewegte. Deswegen muss es auch nicht überraschen, dass sich unser Interferenzmuster auf der Wand perfekt zusammensetzt, wenn wir die Elektronen einzeln durch den Spalt schießen, ohne ihren Flug hindurch zu beobachten. Das Interferenzmuster ist wie eine Wahrscheinlichkeitsverteilung der Punkte, an denen die Elektronen landen. Und sie spiegeln nur Wahrscheinlichkeiten wider.

Doch jetzt beobachten wir die Partikel bei ihrem Flug, jetzt wird ihre Reise durch den Doppelspalt sicher gemessen. Was bekommen wir nun heraus, wenn ihre Landung auf der Wand nicht einfach eine Wahrscheinlichkeitsverteilung ist?

Richtig: Es gibt kein Interferenzmuster. Stattdessen landen die Elektronen so, wie Partikel es sollten – in zwei Strichen auf der Wand, die den Spalten ähneln, durch die sie geflogen sind.

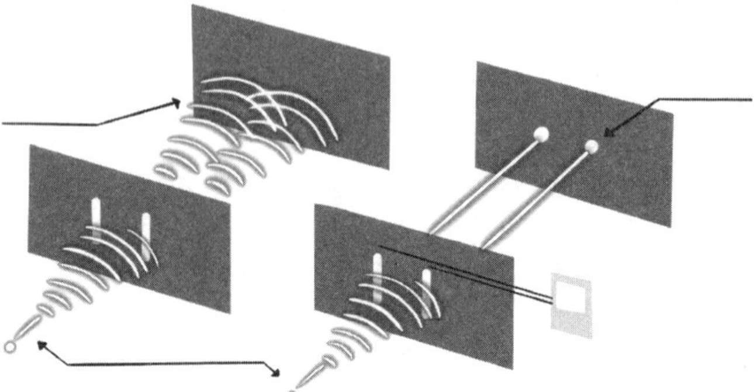

Immer noch mangelhafte Mathematik? Es kann unbehaglich sein, wenn Überlegungen auf dem Papier plötzlich in der Realität zu sehen sind. Falls Sie nicht ganz folgen können – dieses Experiment hat gezeigt, dass die Anwesenheit eines Beobachters verändert, wie sich die Realität auf der Quantenebene abspielt. Es ist nicht mangelndes Wissen über die Quantenebene, welches sie wie eine Welt der Wahrscheinlichkeiten aussehen lässt. Es ist ihre Natur. Wie weit muss sich die Gazelle in der grünen Sahara entwickeln, um das zu verstehen?

Schrödinger und Heisenberg mussten jedoch nicht auf die Experimente aus den 60ern und 70ern warten. Andere, simplere Experimente aus ihrer Zeit gaben ihnen das Vertrauen, auf ihre Intuition zu bauen. Doch welche Schlüsse waren aus diesen Erkenntnissen zu ziehen? Laut Bohr und Heisenberg sollte die Schlussfolgerung, welche die Philosophie hier aus der Physik ziehen könne, im Grunde jene sein, die ich Ihnen gerade erläutert habe. Alle Teilchen werden durch die Wellenfunktion beschrieben, welche jedoch kollabiert, wenn sie beobachtet wird, wodurch feste Werte angenommen werden. Jedoch kann nur einer davon auch fest gemessen werden, Stichwort Unschärferelation. Das bedeutet für die Philosophie der Quantenphysik und damit ein Stück weit für unsere Realität, dass keine objektiven und festen Zustände existieren, wenn kein Beobachter zur Messung da ist.

Dem gegenüber stehen weitere Interpretationen, aus denen als berühmteste die *Viele-Welten-Interpretation* hervorsticht. Diese besagt, dass die Welle bei der Beobachtung nicht in einen bestimmten Zustand kollabiert, sondern stattdessen alle möglichen Zustände realisiert werden. Aber eben nicht bei uns, vielmehr in alternativen Realitäten. Nach der Viele-Welten-Theorie müsste es also nahezu unendlich viele Universen geben. Die Idee von Paralleluniversen wirkt wie der perfekte Stoff für Hollywoodfilme, aber wir dürfen nicht vergessen, dass es sich hierbei nur um Effekte auf der Quantenebene handelt. Zu klein, um uns zu beeinflussen. Es gäbe also unendlich viele andere Versionen von Ihnen, welche unendlich viele gleiche Leben lebten und dabei ständig mehr werden würden. Doch es gäbe keine alternative Realität mit Ihnen als Berühmtheit. Darum müssen Sie sich in unserer Wirklichkeit schon selbst kümmern.

Es gibt diverse Motive, um verschiedene Interpretationen in Erwägung zu ziehen, aber diese wollen wir hier nicht näher besprechen. Wie bereits zu Anfang des Kapitels gesagt, ist die Quantenphysik ein extrem schweres und zutiefst komplexes Feld. Ich wollte Ihnen auf diesen Seiten einen Überblick über die Grundlagen und die Geschichte geben, damit es uns später leichter fällt, die Quantenphysik zu verstehen, wenn sie unsere weitere Reise durch das Leben des Universums prägen wird. Dennoch möchte ich erwähnt haben, dass ich es für ein Problem halte, dass die Quantenphysik heutzutage in den Medien wie eine Wunderwelt behandelt wird. Sie stellt unser Verständnis von der Realität infrage und frustriert durch ihre Komplexität. Aber in Filmen und den Ideen von selbst ernannten Intellektuellen stellt sie den Pfad zu einem Leben nach dem Tod, den Grund für die Intelligenz des Menschen und ein Mittel zur Zeitreise dar. Hier ist es wichtig, sich zu merken: Nicht alles, was »Quanten-« in seinem Namen trägt, ist auch wissenschaftlich.

Dennoch kann das Kapitel zur Quantenphysik nicht beendet werden, ohne einen Elefanten im Raum zu adressieren. Die Physik der kleinsten Teilchen und die Physik, die Sie und ich durchleben, sind offensichtlich unterschiedlich. Aber wir bestehen ebenfalls aus diesen Partikeln. Die Quantenphysik und die Relativitätstheorie existieren nicht in unterschiedlichen Sphären, sondern beschreiben denselben Kosmos. Doch seit 100 Jahren scheitert die Physik darin, eine Brücke zwischen den beiden zu bauen. So beinhaltet die Quantenmechanik das Konzept der Raumzeitkrümmung nicht. Konzepte wie die Singularität in der Mitte eines schwarzen Loches brauchen die Quantenmechanik, um geklärt zu werden. Diese kann jedoch damit nichts anfangen. Die Quantengravitation zu finden, ist eine Aufgabe ohne bisher klare Lösung.

Die Ansätze dürfen jedoch auch nicht sehr klein sein. Eine Theorie, welche die Relativität mit der Quantenebene vermählte, müsste große Sprünge in Richtung der Erklärung unserer Realität machen. Physiker träumen von der *Weltenformel*, welche alle Kräfte und Wechselwirkungen in unserem Kosmos erklären kann. Mit dieser *Theory of Everything* wären dessen Wunder zu lösen. In den letzten Jahrzehnten wurden auch schon mehrere Kandidaten erdacht. Schon Albert Einstein arbeitete an dem Problem – nachdem er seine Abneigung gegenüber der Quantenphysik überwunden hatte. Mit dem heute berühmten Satz »Gott würfelt nicht« lehnte er die Quantenphysik, genau wie schwarze Löcher, zunächst ab, da sie nicht in sein von der Religion beeinflusstes Weltbild passte. Jedoch war Einstein weiterhin ein Wissenschaftler und erkannte einige Zeit später seinen Irrtum an. Es sei jedoch die Frage gestellt, ob er die Quantenphysik jemals wirklich mochte.

Jeder Versuch eines Modells für die Theory of Everything ist von solch einer Komplexität und einem Volumen, dass es Jahre dauern kann, sich richtig einzuarbeiten. Und fleißige theoretische Physiker arbeiten ständig an ihr weiter. Die berühmteste Vertreterin heute ist die *Stringtheorie*. Sie beschreibt Teilchen als Saiten, welche in Schwingung sind, wie bei einer Gitarre. Was für ein Teilchen so eine Saite ist, hängt von der Frequenz der Schwingung ab. Eine Realität der Schwingungen ist etwas, was auch vielen Esoterikern gefällt. Die Stringtheorie leidet jedoch darunter, dass sie eine elfdimensionale Raumzeit braucht, um zu funktionieren. Des Weiteren ist sie ausschließlich mathematisch und hat keine experimentelle Grundlage. Damit steht sie ihren Konkurrentinnen jedoch nicht nach. Es ist wahrscheinlich, dass manche Physiker ihr ganzes Leben lang an den Theorien arbeiten werden und ihre Leistung dennoch eines Tages durch die eine wahre Weltenformel gänzlich eliminiert werden wird. Es können nicht alle Theorien wahr sein, und an der Stringtheorie wird beispielsweise schon seit den 1960ern geforscht.

Die Quantenphysik ist ein faszinierendes Gebiet der Forschung, welches in kleinen Schritten an unserer Wahrnehmung der Realität zweifeln lässt. Doch auf der Suche nach dem Sinn des Lebens wird sie uns nur indirekt begleiten. Kein Konzept schreibt ihr bisher eine besondere Verbindung zum Leben zu. Sie aber zumindest in ihren Grundlagen zu verstehen, ist wichtig, um die Zukunft unseres Kosmos zu verstehen. Und in diese Zukunft wollen wir uns jetzt bewegen. Ein Zitat zur Quantenphysik von Max Planck gilt jedoch auch für die anderen Inhalte dieses Buches: »Wenn Sie die Art und Weise ändern, wie Sie die Dinge betrachten, ändern sich die Dinge, die Sie betrachten.«

VON DER GEGENWART BIS ZUM ENDE

Der Mensch

DIE ZUKUNFT

Nebel hat sich über die dunkelgrünen Wälder des Weserberglandes gelegt. Von den vielen Hügeln der Gegend aus kann man sehen, wie er sich seinen Weg durch die Bäume bahnt und über die Ottensteiner Hochebene wabert. Da durchbricht ein lautes Rauschen die Stille dieser wie in Watte gepackten Welt und treibt Vögel in die Flucht. Ein großes ovales Objekt mit einer feucht schimmernden schwarzen Oberfläche und von der Größe einer Fregatte steigt aus dem Nebel empor und gleitet in Richtung Orbit. Dort, wo die größten Raumschiffe sind, welche niemals die Erdoberfläche berühren. Seine glatte, technische Symmetrie wirkt wie ein Makel in der Harmonie der Natur. Es besitzt keine Fenster, denn es wird von einem künstlichen Piloten gesteuert, der sich nur auf seine Rechenleistung verlässt. Das Ziel des Raumschiffs ist eine der ringförmigen Stationen, die um Mond, Erde und andere Planeten des Sonnensystems kreisen und Hunderttausende Menschen beherbergen. Ihre Drehungen erzeugen die notwendige Zentrifugalkraft, um eine künstliche Gravitation zu schaffen. Die größte von ihnen, der Bishop-Ring, schwebt in der Nähe der Venus. Eine Station mit

Millionen Quadratkilometern Fläche, deren Torus Außenwände hat, die so hoch sind, dass die Raumstation ohne Dach auskommt. Wie auf der Erde verhindert die Gravitation ein Entweichen der Luft. 25 Milliarden Menschen leben auf den Planeten und in den künstlichen Habitaten der Goldilock-Zivilisationen. Sie haben nicht viel mehr Kontakt mit Bewohnern anderer Orte als der durchschnittliche Deutsche heute mit dem durchschnittlichen Chinesen. Doch unabhängig von ihrer Kultur sind sie geeint in dem Glauben, dass der Höhepunkt des Menschen noch nicht erreicht ist.

Wo mag sie sich hinentwickeln, unsere Menschheit? Werden wir in Jahrtausenden eine Stufe-II-Zivilisation sein, welche das Sonnensystem bevölkert? Hat der Homo sapiens nach 350 000 Jahren noch die Kraft in sich, um noch höher zu springen? Oder wartet der Absturz des intelligentesten Organismus im bekannten Universum bereits hinter der nächsten Ecke? Wir wissen es nicht.

Ich werde es vermeiden, im Detail über die nahe Zukunft zu reden, da die letzten und die kommenden Jahrhunderte auf großen Zeitskalen zu kurz sind. Dennoch erlaube ich mir das Urteil, dass die Menschheit in ihrem momentanen Zustand nur wenig dafür zu gebrauchen ist, um Zukunftsmusik erklingen zu lassen. Ich habe bereits geschrieben, dass der menschengemachte Klimawandel ein exzellentes Beispiel dafür ist, denn er zeigt, dass die Menschen nicht gemeinsam an der Zukunft arbeiten können. Aber auch in Bereichen wie der Raumfahrt kriechen wir, anstatt zu gehen. Das Momentum der 1960er und 1970er, der Zeit der Mondlandungen, haben wir zu Beginn des 21. Jahrhunderts verloren. Die Raumanzüge, die auf der Internationalen Raumstation ISS für Außeneinsätze verwendet werden, sind dieselben, die in den 70ern benutzt wurden. Und es wurden über die Jahrzehnte immer weniger, da die Ersatzteile ausgehen. Zur vollen Transparenz sei gesagt, dass es bald neue Anzüge geben soll, dies dürfte jedoch schlichtweg nicht so lange dauern.

Das Weltall ist die finale Front der Menschheit. Wenn sich unsere Geschichte nicht dem Ende nähern soll, kommen wir nicht drumherum, uns im Weltall auszubreiten, wie wir gleich noch näher besprechen werden. Gänzlich negativ müssen wir jedoch auch nicht auf die Zukunft schauen. Während ich dieses Buch schreibe, laufen die Vorbereitungen für die Artemis-3-Mission gerade auf Hochtouren. Unter dem Motto »Gekommen, um zu bleiben« wollen Amerikaner, Europäer und Kanadier gemeinsam ein Habitat auf dem Mond errichten. Doch die Kolonisierung des Erdtrabanten erfolgt in langsamen Schritten. Vor über 50 Jahren sind die ersten Pioniere auf dem Mond gelandet. Die nächsten, die nun kommen, werden nur temporär dort wohnen, jedoch werden Menschen hinfliegen, um dauerhaft zu bleiben. Aber auch das dürfte sich noch Jahrzehnte hinziehen, und auch dann wird dauerhaft vermutlich nicht lebenslang bedeuten. Aber es wird ein immens wichtiger Schritt sein. Nicht nur, weil wir dann Menschen haben werden, die auf verschiedenen Himmelskörpern leben, sondern auch, weil der Mond unser Portal ins Universum ist.

Meine Zukunftsvision von riesigen Raumschiffen, die im

Weserbergland starten, ist nicht besonders realistisch. Zu groß ist die Masse der Erde, zu schwer wiegt unsere Atmosphäre. In einer weiter entfernten Zukunft werden größere Raketen auf dem Mond zusammengesetzt und von dort aus ins Weltall geschickt werden. Die schwache Gravitation erlaubt es mit Leichtigkeit, schwere Lasten zu bewegen. Von dort aus werden wir uns vielleicht schon in der zweiten Hälfte dieses Jahrhunderts ausbreiten.

Dies könnte auch ein großes Problem der heutigen Raumfahrt lösen: Sie ist nicht profitabel. Natürlich hat die wissenschaftliche Forschung im All auch der Industrie genützt. Aber vom Transport von Satelliten mal abgesehen, hat die Raumfahrt wenig Gewinne erzeugt, welche ihre finanziellen Aufwendungen rechtfertigen. Die ISS ist mit Kosten, die von manchen Quellen mit insgesamt über 200 Milliarden Dollar für alle beteiligten Partner angegeben werden, das teuerste Objekt, das die Menschheit jemals gebaut und genutzt hat. Teurer als die Kosteneinschätzung einer großen Mauer von China oder anderen Monumentalbauten der Vergangenheit. Sie genießt zwar große Beliebtheit, aber dies kann nicht davon ablenken, dass Staaten nicht bereit sind, auf einer regelmäßigen Basis so viel Geld zu investieren. Die erste Mondlandung war für die USA ein industrieller Kraftakt, welcher in erster Linie durch die Stimmungen des Kalten Krieges getragen wurde. Und aus den Geschichtsbüchern fast eliminiert ist die Tatsache, dass das Projekt aufgrund der hohen Kosten trotzdem fast an mangelnder politischer Unterstützung im US-Senat gescheitert wäre. Da Gewinne der einzige Antrieb sind, welcher Menschen momentan vereinigen kann, wird es immens helfen, wenn die Raumfahrt endlich mit Asteroidenbergbau anfangen kann. Wenn unbemannte Drohnen es schaffen, Gesteinsbrocken zur Erde zu transportieren, können wir beim Begriff »seltene Erden« ein Wort entfernen.

Dies ist aber natürlich nicht alles. Vom Mond aus wird der Mensch auch zum Mars und, wenn man ganz gewagt denken will, zum Jupitermond Europa reisen können. Anders als die leeren Versprechen mancher Milliardäre es hoffen lassen, wird dies aber nicht innerhalb der nächsten Jahre passieren. Eine Marsmission vom Mond aus sollte man nicht vor den 2070er-Jahren erwarten, wenn man nicht enttäuscht werden möchte.

Die ersten Menschen, die dann dort ankommen, werden es nicht einfach haben. Nur alle zwei Jahre stehen die Erde und der Mars nah genug zueinander, damit die Reise nur 9 Monate dauert. So lange müssen die ersten Pioniere also auch auf dem Mars verweilen. Eine anstrengende Zeit, denn auch wenn das Raumschiff groß genug für die Reise ist, müssen die Astronauten bei ihrer Ankunft mit einem starken Muskelabbau umgehen können, welcher immer eine Folge von langer Schwerelosigkeit ist. Entgegenkommen wird ihnen jedoch die geringere Gravitation. Wie Sie sich vielleicht noch erinnern, ist der Mars wesentlich kleiner als die Erde. Außerdem werden die Astronauten vermutlich auf ein neues Zuhause treffen, das mithilfe von Drohnen bereits zu einem gewissen Grad aufgebaut ist. Es wäre nicht zu empfehlen, dass sie ihr Habitat selbst aufbauen, da unser roter Planet weiterhin keine Atmosphäre besitzt und der Häuserbau in einer radioaktiven Wüste vielleicht Grundstückspreise senkt, aber nicht gerade die Gesundheit fördert. Aufgrund dessen werden die Astronauten auch nicht auf aufregende Expeditionen gehen, sondern den Mars für die besagten nächsten zwei Jahre in erster Linie aus der sicheren Umgebung eines in der Erde vergrabenen Bunkers genießen.

Neben diversen logistischen Albträumen beim Bau eines solchen Bunkers ergibt sich hier ein ganz neues Problem, mit welchem sich die Naturwissenschaften selten konfrontiert sehen: die menschliche Psyche. Wenn eine kleine Gruppe von Menschen zwei Jahre unter engsten Bedingungen ausharren muss, geht dies selten gut. Vergangene Experimente der NASA und anderer Organisationen hatten häufig das Resultat, dass die kompetenten Menschen, welche sie von der Außenwelt isolierten, in sich gegenseitig ablehnende Fraktionen zerfielen und in einem besonderen Fall sogar nach Abbruch des Experiments nie wieder miteinander sprachen. Wenn die Industrienationen ein paar Hundert Milliarden Dollar in eine Marsmission investieren, müssen wir sichergehen, dass Schulkinder auf der ganzen Welt nicht gespannt am Bildschirm hängen, wenn der erste Mensch auf dem Mars den zweiten mit einem roten Stein erschlägt. Wobei dies laut einem früheren Buchkapitel natürlich der Beginn der ersten Marszivilisation sein könnte.

Für mich und viele andere wäre es ein Traum, eines Tages ins All reisen zu können. Und es wäre das höchste der Gefühle, vom Mond aus auf die Erde zu blicken. Doch zum Antritt einer Marsreise würde man mich wohl nur mit vorgehaltener Waffe bewegen können. Aber zum Glück gibt es unzählige Freiwillige, die schon heute bereit sind, die Reise anzutreten. Nicht, weil es einfach ist. Nicht, weil es Reichtum bringt. Sondern weil diese Menschen an der vordersten Front unserer Entwicklung stehen möchten.

Egal, wie man es dreht und wendet, eine Marsreise wird immens teuer werden. Sie hat keinen ersichtlichen wirtschaftlichen Vorteil. Und sie wird vermutlich so unangenehm sein, dass die Astronauten nach ihrer Rückkehr eine Therapie brauchen werden – falls sie nicht für etwaige Aktivitäten verhaftet werden. Und genau deswegen müssen wir diese Reise machen.

Das Bedeutendste, was der Mensch an der vordersten

Front leistet, sollte keinen wirtschaftlichen Interessen folgen. Es sollte mehr Geld kosten, als eine Raumfahrtfirma erwirtschaften kann. Es sollte ein Projekt sein, dessen gewaltiger positiver Nutzen für den Menschen sich erst in Jahrzehnten, mehr noch in Jahrhunderten entfaltet. Es würde den kleinen roten Punkt an unserem Sternenhimmel in ein Monument verwandeln. Es wäre eine Erinnerung daran, dass der Mensch in der Lage sein soll, an Zielen zu arbeiten, die seine Lebenszeit überdauern. Die einen Gewinn bringen, welcher in erster Linie nicht auf einer wirtschaftlichen Ebene messbar ist: das neue Morgen.

Liebe Leserinnen und Leser, auf Ihnen lastet das Gewicht von Tausenden Generationen, die vor Ihnen kamen. Seit jeher wünschten Vorfahren ihren Nachkommen ein besseres Leben, als sie es hatten – und arbeiteten dafür, dass ihre Kinder es erreichen konnten. Wie groß sind Sie bereit, für Ihre Nachfahren zu träumen? Sind Sie der Vorfahre, der heute den Grundstein legt für die kommenden Generationen, welche die Entwicklungen einer Stufe-II-Zivilisation miterleben könnten? Dass der Mensch mehr Ressourcen darin investiert, sich ins Weltall zu bewegen, ist nicht einfach eine Tagträumerei von mir. Ich bin mir sicher, dass einigen von Ihnen zwischenzeitlich die Frage gekommen ist, warum wir uns nicht einfach mit der Erde zufriedengeben sollten. Schließlich werden wir in den kommenden Jahrzehnten bereits global eine Menge zu tun haben, um unsere Ökosysteme zu retten. Warum also nicht erst mal die Erde retten, statt direkt an weitere Planeten zu denken?

Die Antwort ist einfach: weil die Alternative hässlich werden könnte.

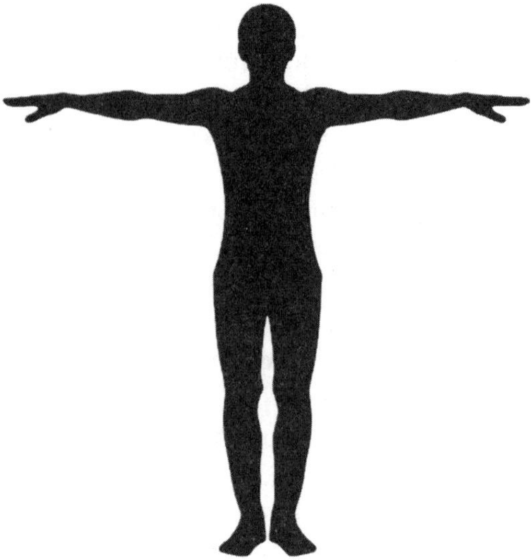

DAS DOOMSDAY-ARGUMENT

Es ist schön, von einer eleganten Zukunftsgesellschaft im Weltall zu träumen. Außerdem reflektiert es nicht im Geringsten die Zukunft, auf die wir zusteuern. Ich habe bereits geschrieben, dass unsere Spezies an einem Scheideweg steht, und ich habe auch theoretisiert, dass die natürliche Entwicklung von Zivilisationen, nachdem sie die Steinzeit verlassen, mit einer Explosion zu vergleichen ist, welche eine lange Zündschnur hat. Aber an diesem Scheideweg sind die Weichen momentan bereits in eine Richtung gestellt. Wie wir mittlerweile intensiv besprochen haben, gab es echte Zivilisation nur für einen Bruchteil der Menschheitsgeschichte. Ihre Entwicklung hat uns endgültig zur dominanten Spezies auf diesem Planeten gemacht und damit unser Überleben wesentlich gesichert. Aber bis wann sichert unser stetiger

Fortschritt unsere Existenz, und ab wann gefährdet er diese? Mit der Entwicklung von Nuklearwaffen im letzten Jahrhundert und der Eskalation der Klimakrise gerät der Gedanke, dass die Menschheit aussterben könnte, zunehmend in den Fokus unseres Zeitgeists. Sind wir vielleicht bereits auf dem Höhepunkt? Werden zukünftige Generationen nicht mit Stolz auf uns zurückblicken, sondern mit Verachtung für uns wegen der Arroganz und Kurzsichtigkeit, mit der wir gelebt haben? Oder vielleicht endet unsere Geschichte auch viel plötzlicher und brutaler? Wird ein Asteroid uns ein jähes Ende bereiten?

Nun, so simpel ist es nicht. Unabhängig von den Ängsten der allgemeinen Bevölkerung gibt es eine Reihe von verschiedenen Ansätzen, mit denen Forscher versucht haben, die restliche Existenzdauer des Menschen zu bestimmen. Diese Weltuntergangswissenschaft benutzt dafür gewisse Grundannahmen und verschiedene Formeln zur Wahrscheinlichkeitsrechnung. Es handelt sich hierbei also um mathematische Argumente. Diese sind hochspekulativ, jedoch weitgehend konkurrenzlos. Für uns werden sie interessant, wenn wir sie in einen Kontext mit anderen Forschungen zu existenziellen Risiken für die Menschheit stellen. Die bekannteste Berechnungsgrundlage ist das *Doomsday-Argument*, welches in den 1980ern vom australischen Astrophysiker Brandon Carter vorgeschlagen und zeitgleich in weiteren Ausführungen von anderen Wissenschaftlern postuliert wurde.

Um das Doomsday-Argument zu verstehen, müssen wir Sie, liebe Leserinnen und Leser, erst mal in der gesamten Menschheitsgeschichte einordnen. Hierfür gehen wir davon aus, dass Sie nur zufällig geboren wurden und somit auch nur zufällig ein Mensch zu Beginn des 21. Jahrhunderts sind. Doch Sie sind jetzt unser auserwählter Beobachter. Das Argument orientiert sich an der Zahl von Menschen, die von

Beginn der Menschheit bis zu deren Aussterben jemals gelebt haben werden. Diese müssen wir alle auf einer fiktiven Liste chronologisch anordnen. Natürlich können wir unsere Position auf der Liste nicht wissen, da wir nicht sagen können, wie lang sie ist. Doch die wahrscheinliche Menge aller Personen, die jemals geboren wurden und noch werden, können wir mit einer leichten Formel berechnen: $f = n/N$.

Hierbei ist n unsere eigene Zahl auf der Liste aller Personen, die jemals leben werden, und N die Anzahl dieser Menschen. In diesem Fall ist f unsere relative Position auf dieser Liste. Sollte es nur 100 Milliarden Menschen in der Menschheitsgeschichte geben und 50 Milliarden sind schon vor Ihnen geboren, so ist Ihre relative Position 0,5 (oder nach 50 Prozent der Liste). Denn wir gehen davon aus, dass unser f auf einem Intervall, also einem Spektrum, irgendwo zwischen 0 und 1 liegt. Auch dies können Sie sich als 0 Prozent und 100 Prozent bereits geborener Menschen vorstellen. Bei 100 Prozent wären Sie der letzte Mensch, der je zur Welt kam, bei 0 Prozent der erste. Andersherum liegt die Wahrscheinlichkeit, dass Sie irgendwann dazwischen geboren wurden, natürlich auch bei 100 Prozent. Wir können jetzt etwas eingrenzen und sagen, dass die Wahrscheinlichkeit bei 90 Prozent liegt, dass Sie sich auf einem Intervall zwischen 0,05 und und 1 befinden. In dem Fall liegt die Wahrscheinlichkeit bei 95 Prozent, dass Sie in den letzten 95 Prozent der geborenen Menschen zu finden sind. Wenn wir unseren Blick jetzt wieder auf die ursprüngliche Formel werfen, so erhalten wir $n/N > 0{,}05$. Damit das aufgeht, müsste $N = 20 x n$ sein. Schließlich ist n weiterhin Ihre Zahl auf der Liste der Menschen, die jemals geboren wurden, und die kleinste Zahl kann nur 1 sein für den Fall, dass Sie der erste Mensch der letzten 95 Prozent, die geboren werden, sind. $1/N$ kann nur größer als *0,05* oder gleich sein, wenn N *20-mal* größer als n ist.

Doch jetzt werden wir konkreter. Laut der Organisation Our World in Data lebten in den letzten 200 000 Jahren ungefähr 109 Milliarden Menschen. Andere Studien kommen auf ähnliche Zahlen. Da es zur Anfangszeit des Menschen nur wenige Zehntausend Exemplare gab, fällt die frühe Steinzeit, insbesondere die ersten 100 000 Jahre, kaum ins Gewicht. Selbst wenn man erst vor 50 000 Jahren mit dem Zählen anfinge, würde es fast keinen Unterschied machen. Wenn Ihr Platz *n* also ungefähr bei 109 Milliarden liegt, müssen wir mit einer Wahrscheinlichkeit von 95 Prozent davon ausgehen, dass *N* ungefähr 2,18 Billionen Menschen beträgt, die jemals gelebt haben werden. Fantastisch. Wir haben soeben errechnet, dass dem Menschen mit einer Wahrscheinlichkeit von 95 Prozent noch eine gewaltig lange Zukunft bevorsteht. Oder? Nein.

In diesem Moment leben 8 Milliarden Menschen auf der Erde. Das sind 7,3 Prozent aller Menschen, die jemals gelebt haben. 200 000 Jahre an Menschheitsgeschichte werden hier verrechnet, und doch leben derartig viele in der Spanne weniger Jahre. Das Doomsday-Argument nennt keine Zeitangaben, aber die globale Bevölkerungsexplosion im 20. Jahrhundert verschiebt die zeitliche Achse gewaltig zu unserem Nachteil. Dies könnte nur wieder ausgeglichen werden, wenn es mit der Menschheit in den nächsten Jahrhunderten zahlenmäßig derartig steil bergab ginge, dass dies wahrscheinlich eine Apokalypse erfordern würde, zum Beispiel einen Asteroideneinschlag, welcher das Doomsday-Argument sowieso aushebeln würde. Denn natürlich gehen dessen Zahlen von einem schrittweisen Niedergang des Menschen aus. Würden wir an unserem Höhepunkt plötzlich alle ausgelöscht werden, würden seine Angaben sinnbefreit werden. Das Doomsday-Argument sagt auf dem Papier, dass es am wahrscheinlichsten ist, dass Sie auf der Liste aller Menschen gerade tendenziell näher an der Mitte sind. Es wirkt unwahrscheinlich, dass Sie zu den ersten 5 Prozent oder auch zu den letzten 5 Prozent gehören. Carter selbst nutzte 5 Prozent als Argumentationsgrundlage, deswegen haben wir eben auch mit 0,05 gerechnet.

Aufgrund einer ganz einfachen Logik lässt Carters Argument einen Platz im Mittelbereich wahrscheinlicher aussehen als eine Existenz ganz am Rand: Stellen Sie sich vor, Sie (der Beobachter) besuchen eine Party. Sie geraten rein zufällig dorthin, zum Beispiel weil Sie erst einen Freund brauchen, der Sie anruft und über die Party informiert. Dann wird die Wahrscheinlichkeit, dass Ihr Freund Sie anruft, umso größer sein, je mehr Menschen zu der Party kommen und somit auch er am ehesten da sein wird. Demnach ist die Wahrscheinlichkeit, dass Sie als zufälliger Beobachter geboren wurden, zu dem Zeitpunkt am größten, zu dem sehr viele Menschen lebten. Eine Argumentation, der Sie nur schwer widersprechen können, da Sie gerade zu einem Zeitpunkt leben, an dem die bisher meisten Menschen leben.

Der kanadische Philosoph John Leslie ergänzte Carters Argument um ein paar Zahlen, welche jetzt ein klareres Bild zeichnen. Stand heute müssen wir davon ausgehen, dass die Anzahl der Menschen auf der Erde bis zum Ende dieses Jahrhunderts 10 Milliarden betragen wird. Die durchschnittliche Lebenserwartung wird sich auf 80 Jahre stabilisieren. Zur Vereinfachung geht Leslies Argument des Weiteren davon aus, dass die Geburtenrate sich weltweit bei 10 Milliarden stabilisieren wird. Dies war jedoch auch schon in den 1980ern eine Grundannahme. Leslie argumentierte außerdem ursprünglich mit nur 60 Milliarden Menschen, die bisher gelebt haben. Dies brachte ihn zu einer Gesamtzahl von 1,14 Billionen Menschen, die jemals gelebt haben werden. Verrechnet mit Lebenserwartung und Bevölkerungsentwicklung, ergibt dies eine Wahrscheinlichkeit von 95 Prozent, dass der Mensch nicht länger als 9120 weitere Jahre durchhalten wird. Ich habe mir die Zeit genommen, um diese Zahl um unsere 2,18 Billionen Menschen und eine zu erwartende Lebenserwartung von 82 Jahren am Ende dieses Jahrhunderts zu ergänzen, und bin auf eine Wahrscheinlichkeit von 95 Prozent gekommen, dass der Mensch nicht länger als weitere 17 876 Jahre existieren wird. Hierbei sei angemerkt, dass somit die Wahrscheinlichkeit auch beträchtlich wäre, dass der Mensch früher ausstirbt.

Das bringt uns zu einem faszinierenden Ergebnis: Der Großteil aller Menschen, mehr als 2 Billionen, soll noch nicht geboren sein. Aber der Zeitraum, in dem wir existieren werden, ist schon fast vorbei.

Wie Sie aber vermutlich schon selbst erfasst haben, ist das Doomsday-Argument höchst spekulativ. Insbesondere da die globalen Geburtenraten gerade nicht nur sinken, sondern Industrienationen, in denen dies zum Problem geworden ist, bisher auch nicht in der Lage waren, die Entwicklung aufzuhalten. Des Weiteren gibt es auch Gegenansätze, welche argumentieren, dass man nicht einfach davon ausgehen kann, dass wir uns an einer rein zufälligen Stelle in der Menschheitsgeschichte befinden. Dementsprechend würde man also die Ansicht vertreten, dass wir uns tendenziell in den ersten 5 Prozent befinden. Diese Argumentation ist aber eher dazu da, um darauf hinzuweisen, dass unser ungefährer Platz spekulativ ist.

Wenn Sie mich fragen, ist es unsere Aufgabe sicherzustellen, dass wir uns unter den ersten 5 Prozent befinden. Die Party ist vielleicht bereits im Gange, aber wir sollten so an ihr teilnehmen, als wenn wir gerade erst loslegten. Und dies machen wir, indem wir uns die Frage stellen, wie die Menschheit überhaupt aussterben könnte.

AUSSTERBEN DER MENSCHHEIT

Die Liste an Wegen, mit denen wir dezimiert werden können oder uns selbst dezimieren, ist lang, vor allem da Hollywoodautoren sich Mühe geben, ständig neue Möglichkeiten zu erdenken. Wenn wir uns jedoch sachlich mit dem Thema auseinandersetzen, stellen wir fest, dass der heutige Mensch äußerst zäh ist. Mit der Frage, wie die Menschheit aussterben könnte, beschäftigen sich Forscher bereits seit dem 19. Jahrhundert, jedoch hat die Thematik kaum überraschend während des Kalten Krieges in der zweiten Hälfte des 20. Jahrhunderts ihren Höhepunkt erreicht. Aber muss es denn eine Wand aus durch das nukleare Armageddon erschaffenem Feuer sein, welche uns auslöscht?

Generell unterteilen Forscher die Risiken in natürliche und anthropogene, also menschengemachte. Der überwiegende Konsens ist, dass menschengemachte Risiken gefährlicher für uns sind. Denn während die Erfindung der Atombombe noch recht jung ist und manche anderen Risiken nur auf dem Papier existieren, hatte die Natur bereits Hunderttausende Jahre, um uns auszulöschen. Da dies bisher aber nicht geschehen ist, wirkt es unwahrscheinlich, dass es in den nächsten Jahrtausenden eintrifft. Zu den natürlichen Katastrophen zählen Asteroiden, Viren sowie Gammablitze und Supernovae. Zu den anthropogenen gehören historisch Krieg generell, Atomkrieg im Besonderen und seit Neuerem auch künstliche Intelligenz und der menschengemachte Klimawandel. Teilweise wird der Tod unserer Sonne als natürliche Katastrophe gezählt, jedoch wende ich ein, dass dies nicht konstruktiv ist, da es den Homo sapiens bis dahin aufgrund der Evolution sowieso nicht mehr geben wird. Außerdem erwarte ich nicht von Ihnen, liebe Leserinnen und Leser, dass

Sie heute für zukünftige Generationen um Jahrmilliarden in die Zukunft denken. Diese Aufgabe können wir dann doch mit ruhigem Gewissen unseren Enkelkindern überlassen.

Das Aussterben der Menschheit ist jedoch ein so komplexes Thema, dass man nur ein paar mögliche Gründe dafür auflisten kann. Schauen wir zum Beispiel genauer auf die Möglichkeit der nuklearen Auslöschung. Auch wenn die Gewissheit, dass nukleare Bomben die Menschheit in ihrer jetzigen Form massiv bedrohen können, praktisch seit ihrer Erfindung besteht, war es Carl Sagan, über den wir bereits gesprochen haben, der den Gedanken der nuklearen Auslöschung populär machte. 1983 nutzten er und eine Gruppe anderer Physiker frühe Klimawandelmodelle und ergänzten diese um die Auswirkungen Tausender Atombomben. Heraus kam der sogenannte *nukleare Winter*, das Szenario, dass die Erde durch die Asche, welche durch einen Atomkrieg aufgewirbelt wird, für mehrere Jahre abgekühlt wird. Sonnenlicht wäre nicht mehr ausreichend verfügbar, um Landwirtschaft so wie heute zu betreiben. Ein Massenaussterben von Tieren und Ernteausfälle würden zu einer weltweiten Hungersnot führen. Ein Zusammenbruch der globalen Gesellschaft wäre zu erwarten. Zusätzlich wären große Landstriche radioaktiv verseucht. Das Ende unserer Spezies wäre absehbar.

Kurz nach der Veröffentlichung dieses Modells startete Sagan eine Medienoffensive. In vielen großen US-Zeitungen und auch im Fernsehen warnte er vor der Auslöschung der Menschheit, falls es zum Krieg mit der Sowjetunion kommen sollte. Eine Kampagne mit beeindruckender Effektivität. Aufgrund des hohen Vertrauens in Sagan als Stimme der Wissenschaft akzeptierte nicht nur die US-Politik das neue Gefahrenausmaß einer nuklearen Eskalation. Auch in der Sowjetunion wurden die Modelle praktisch sofort ernst genommen. Zweifellos ist davon auszugehen, dass Sagans Kampagne zur Abkühlung der Kriegsbereitschaft in den Köpfen vieler Militärs und Politiker beigetragen hat. Und das, obwohl ein genauerer Blick auf die Daten dies hätte verhindern können. Denn das ursprüngliche Klimamodell war nicht nur höchst spekulativ, es stellte sich auch als falsch heraus. Es war zu eindimensional in seinem Aufbau und überschätzte die Auswirkungen von Asche in der Atmosphäre gewaltig. Sagan orientierte sich an Beobachtungen der Bombardements von Hamburg und Tokio im Zweiten Weltkrieg. Diese erzeugten zwar düstere Himmel über den jeweiligen Städten, aber nicht über sehr lange Zeiträume. Wie lange ein nuklearer Winter über der Erde hängen würde, war gänzlich spekulativ.

Relativ schnell erschienen als Reaktion auf Sagans Veröffentlichung andere Modelle, welche bereits die Auswirkungen auf die globale Temperatur und auch die Dauer schmälerten. Es sei jedoch auch gesagt, dass die damaligen Daten weiterhin einen nuklearen Winter prognostizierten. Dank besserer

Klimamodelle kann man heute allerdings nur noch von einem *nuklearen Herbst* sprechen. Die Durchschnittstemperatur würde nicht um 10 bis 15 Grad sinken, sondern nur um 1 bis 7 Grad. Dies wäre weiterhin eine Katastrophe, ließe sich aber gegen die menschengemachte Erderwärmung (Stand heute 1,5 Grad) gegenrechnen. Eine milde Nuklearkatastrophe hätte also vielleicht auch ihre Vorteile, wenn da nicht noch der Ruß und die Asche wären, welche in die Stratosphäre gewirbelt würden. Allerdings weiß man heute, dass auch dies wesentlich weniger wäre als ursprünglich erwartet und dass sich der Ruß durch Oxidation, also chemische Reaktionen, wesentlich schneller abbauen würde als gedacht. Man müsste trotzdem mit massiven Ernteausfällen rechnen, jedoch nicht global. In der Nähe des Äquators wären die Auswirkungen auf die Landwirtschaft gering. Generell wären nicht alle Kontinente ähnlich betroffen, und manche Menschen müssten kaum direkte Auswirkungen erwarten.

Carl Sagan wusste, dass sein Modell unsicher war. Er gab dies nach Kritik auch öffentlich zu. Aber die Auswirkungen seiner Veröffentlichungen waren ihm wichtiger als ihr Wahrheitsgehalt. Eine Einstellung, welche unter diesen Umständen wohl gerechtfertigt war. Ich schreibe diese Seiten natürlich nicht, weil ich einen nuklearen Krieg verharmlosen möchte. Seine Folgen würden einen ordentlichen Teil der Menschheit trotzdem dahinraffen, und der Kollaps mehrerer Länder wäre zu erwarten. Aber wir, liebe Leserinnen und Leser, denken weiter in die Zukunft, über die Existenz von Nationen hinaus. Und für uns zählt, dass ein Atomkrieg eben nicht in der Lage wäre, uns auszulöschen. Wir sind zu weit verbreitet auf der Erde, als dass all unsere Habitate von Ernteausfällen betroffen wären. Doch wenn das populärste anthropogene Weltuntergangsszenario nicht ausreicht, um uns alle umzubringen, wie sieht es dann mit dem populärsten naturellen aus?

Wie wir bereits vor einigen Kapiteln besprochen haben, ist unsere Galaxie ein bisschen wie ein Altersheim. Gammablitze oder gar Supernovae, die uns gefährlich werden könnten, sind praktisch nicht vorhanden. Ein *Asteroid* ist aber weiterhin eine präsente Gefahr. Doch wie wahrscheinlich ist dessen Ankunft? Das ist etwas kompliziert. Damit ein Asteroid zu einer globalen Katastrophe werden kann, muss er mindestens 10 Kilometer im Durchmesser groß sein. Dies soll natürlich auf keinen Fall bedeuten, dass kleinere Asteroiden harmlos sind. Der letzte größere Asteroid war 1,5 Kilometer groß und schlug im Zuge des *Ries-Ereignisses* vor 15 Millionen Jahren im heutigen Deutschland ein, genauer gesagt im Nördlinger Ries an der Grenze zwischen Baden-Württemberg und Bayern. Dabei hinterließ er einen Krater mit einem Durchmesser von 24 Kilometern und verteilte Geröll über eine Distanz von 450 Kilometern. Das lokale Klima wurde durch die Verdunkelung des Himmels ein paar Grad kälter. Dies war jedoch ein eher geringer Effekt im Vergleich zu dem nuklearen Herbst, über den wir eben gesprochen haben. Und selbst der ist kein Weltuntergangsszenario.

Der letzte richtige Killerasteroid war natürlich der *Chicxulub-Einschlag*, welcher das Aussterben der Dinosaurier vor 65 Millionen Jahren herbeiführte. Könnte man nach einem derartig langen Zeitraum erwarten, dass der nächste Massenmörder aus dem All uns bald heimsuchen wird? Statistisch gesehen könnte so ein Einschlag alle 50 bis 100 Millionen Jahre passieren. Da es die Dinosaurier aber bereits für über 100 Millionen Jahre gegeben hatte, können wir sehen, dass sich ein Einschlag nicht zwangsweise in diesem Zeitraum ereignen muss. Wir wissen heute von vier dieser Planetenkiller in Erdnähe, und es ist nicht absehbar, dass einer von ihnen uns in den nächsten 1000 Jahren treffen wird, und wahrscheinlich auch darüber hinaus nicht. Da unsere Beobachtungssysteme gut, aber nicht perfekt sind, nehmen wir aber mal an, dass wir einen Asteroiden lang genug übersehen haben, damit er die Erde in den nächsten 200 Jahren trifft, so unwahrscheinlich dies auch sein mag. Wäre er über 10 Kilometer im Durchmesser groß, wäre sein Aufprall eine schnelle Katastrophe. Milliarden Menschen könnten in den ersten 24 Stunden sterben, wenn sich nicht nur der Asteroid in einer bevölkerungsreichen Region in die Erde bohren und dabei alles in seiner Nähe pulverisieren würde, sondern anschließend auch das in die Stratosphäre geschleuderte Gestein wieder auf uns runterregnete. Die Auswirkungen auf das Weltklima würden Ökosysteme auf der ganzen Erde dezimieren.

Aber das wissen wir ja bereits. Es wäre eine Wiederholung der Ereignisse vor 65 Millionen Jahren. Doch das Leben ist damals nicht ausgestorben. Zwar waren die großen Dinosaurier nicht in der Lage, Schutz zu suchen, und fanden durch die Klimaveränderungen nicht mehr genug zu fressen. Aber wir sind keine Dinosaurier. Es ist davon auszugehen, dass wir so einen Killerasteroiden bereits lange vor seiner Ankunft sehen könnten. Sollte er größer als 40 Kilometer im Durchmesser sein, also wesentlich größer als unser im Durchmesser 15 Kilometer großer Dinosaurierkiller, dann hätten wir Stand heute zwar nicht die technischen Möglichkeiten, um ihn aufzuhalten. Dennoch könnten wir Bunkeranlagen und Ähnliches schon Jahrzehnte früher vorbereiten. Wenn wir sie in den Kratonen bauen, den Kernbereichen der Kontinente mit guter Krustendichte, sollten sie in der Lage sein, uns vor den Einschlägen zu schützen.

Aber selbst in dem wirklich enorm unrealistischen Szenario, dass wir diese Vorbereitungszeit nicht haben, werden wir nicht aussterben. Wir sind wie gesagt nicht wie die Dinosaurier, wir können Schutz suchen, wir brauchen viel weniger Nahrung. Aber am wichtigsten: Wie auch beim Atomkrieg können wir durch reine Masse überleben. Es gibt keinen Kontinent, welchen wir nicht bewohnen; wenn irgendeine Fläche der Erde etwas weniger unter dem Asteroideneinschlag leidet, kann man uns dort finden. Selbst wenn viele Milliarden sterben, können Dutzende Millionen noch bleiben. Genug, damit sich die Spezies wieder erholt. Und das ist der springende Punkt: Keine Katastrophe ist imstande, die Menschheit in ihrer heutigen Form auszulöschen. Kein Weltkrieg wird alle Länder betreffen, kein Virus alle Menschen infizieren und kein Asteroid uns alle unter sich begraben. Millionen oder sogar Milliarden können sterben, aber niemals alle. Irgendwo werden immer genug übrig bleiben, damit Zivilisation sich neu gründen kann. Und dank der Globalisierung und einem freien Zugang zu Wissen wird man nie bei null anfangen müssen.

Bedeutet dies also, dass der Mensch, der Mathematik zum Trotz, über lange Zeiträume sicher ist? Nein. Wie Sie sich vielleicht erinnern, baut die Carter-Katastrophe, also die Schlussfolgerung des Doomsday-Arguments, auf der Idee auf, dass der Mensch tendenziell nicht plötzlich ausstirbt, sondern langsam dahinsiecht. Dass uns keine einzelne Katastrophe auslöschen kann, bestätigt nur, dass diese Annahme sinnvoll ist.

EIN PFAD RICHTUNG AUSSTERBEN

Das Aussterben einer Spezies kann sich über Jahrhunderte hinziehen. Ein langsames Abnehmen des Bestandes einer Art, eine langsame Zerstörung ihrer Ökosysteme. Die Menschheit ist in ihrem jetzigen Zustand wesentlich angreifbarer, als sie denkt, und es wäre ein gewaltiger Fehler, aus meinen letzten Seiten den Schluss zu ziehen, dass wir eine ausreichende Resilienz haben. Wir können uns dank unserer großen Anzahl in Sicherheit wiegen. Und wie wir bereits besprochen haben, wird diese bis zum Ende des Jahrhunderts auch noch ansteigen, auf 10 Milliarden. Diese Zahl könnte laut der UN sogar bereits um 2060 erreicht werden.

Doch anders als im Doomsday-Argument kalkuliert, werden die *Geburtenraten* danach nicht stabil sein. Eine stabile Geburtenrate beträgt ungefähr 2,1 Kinder pro Paar (oder pro Frau). Der Grund, warum wir 11 Milliarden aber nie erreichen werden, liegt darin, dass die Geburtenraten in Wirklichkeit sinken. Nicht zurück auf 2,1, sondern auch darüber hinaus.

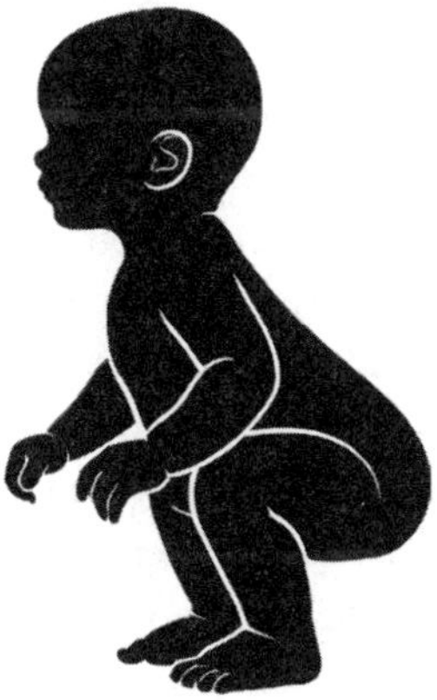

Nicht nur in den reicheren Industrienationen, welche zumeist eh niedrigere Geburtenraten haben, sondern auch in ärmeren Entwicklungsländern geht die Anzahl der Geburten zurück. Nur eine kleine Handvoll Länder verzeichnet einen Anstieg und bleibt dabei dennoch unter einer stabilen Rate. Eine sichere wirtschaftliche Lage sowie mehr finanzielle Unterstützung für Familien scheinen der Geburtenrate zu helfen, haben jedoch bis heute keine wahre Trendumkehr gebracht. Geburtenexplosionen wie in der Mitte des 20. Jahrhunderts gibt es weltweit nicht mehr. Eine globalisierte Weltwirtschaft und damit verbunden neue Vorstellungen von Lebens- und Arbeitsstandards sowie liberalere Gesellschaften und neue Rentenmodelle haben traditionelle Familienstrukturen aufgebrochen. Mehr Wohlstand scheint der treibende Faktor zu sein, welcher die Geburtenrate senkt.

An dieser Stelle möchte ich betonen, dass ich eine Abkehr von traditionellen Rollenbildern und eine liberalere Gesellschaft für etwas explizit Gutes halte. Die globale Marktwirtschaft ist keine Kraft, welche bisherige Ordnungen zerstört, sondern dank neuem Wohlstand und neuen Chancen den Menschen die Möglichkeit gibt, vorher nahezu alternativlose Lebensstile abzulegen. Aber das hier ist ein Buch über die Physik und den Sinn des Lebens, also bleiben wir beim Thema.

Wachsender nationaler Wohlstand scheint im Allgemeinen und zumindest anfänglich nicht das Interesse an vielen Kindern zu fördern. Wie in vorherigen Kapiteln bereits angesprochen und mit gesundem Menschenverstand so oder so zu verstehen, ist wachsender globaler Wohlstand für unsere Zukunft ein Muss. Dies bedeutet also, dass die globalen Geburtenraten weiter sinken werden und es Stand heute kein bekanntes Mittel dagegen gibt. In Südkorea liegt die Geburtenrate zurzeit bei ungefähr 0,7 Kindern pro Paar. Laut einer

Untersuchung des Parlaments werden Südkoreaner bis 2750 ausgestorben sein, wenn es keine positive Trendumkehr gibt. Die Studie wurde jedoch durchgeführt, als die Geburtenrate noch bei 1,19 lag. Wir geben dem Land also eher nur noch 400 bis 500 Jahre. Natürlich gibt es auch hierfür eine lange Liste an Gründen, insbesondere katastrophale Zustände in der koreanischen Gesellschaft und Arbeitskultur, aber das hier ist weiterhin ein Physikbuch, also werden wir diese auch nicht adressieren. Im Gegenzug werden wir uns aber auch nicht hinstellen und so tun, als wenn Nationen beziehungsweise ihre Populationen wirklich vom Aussterben bedroht wären.

Aber das müssen sie ja auch gar nicht sein. Es genügt, wenn die sinkende Geburtenrate uns die Kraft unserer Masse nimmt.

Doch wie könnte der Niedergang der Menschheit konkret aussehen? Eine Verkettung von Ereignissen dürfte wahrscheinlich zu unserem Untergang führen, dennoch sei vorab erwähnt, dass ich mir hier etwas überlege, das in der nahen Zukunft von Jahrhunderten passieren könnte. Es wäre sinnbefreit, heute Szenarien zu erdenken, welche erst in 17 000 Jahren eintreten werden. Dementsprechend ist mein Konzept aber etwas extrem in seinen Erwartungen, schließlich müssen wir uns mit dem Aussterben beeilen, wenn es vor dem Jahr 3000 erfolgen soll.

Wenn wir versuchen, unser Ende zu skizzieren, haben wir den Vorteil, dass wir einige wichtige Schlüsselereignisse bereits losgetreten haben könnten. Dazu gehören die Entwicklung der Atombombe, unsere sinkenden Geburtenraten, aber insbesondere auch der menschengemachte Klimawandel.

Im *World Population Prospects Report* der Vereinten Nationen von 2023 wurde die für das Jahr 2100 erwartete Weltbevölkerung erstmals um 200 Millionen Menschen nach unten korrigiert. Nach heutigem Stand werden wir bis dahin weiterhin über 10 Milliarden Menschen erwarten, jedoch werden bis dahin auch noch eine Menge weiterer Berichte veröffentlicht werden. Sollte kein bis jetzt nicht ersichtlicher globaler Shift eintreten, könnte die globale Geburtenrate laut einer Studie der Universität Washington bis dahin auf 1,59 sinken. Dies würde bedeuten, dass die Menschheit ihren Höhepunkt bei 10,3 Milliarden 2080 erreichen wird. Es bedeutete aber vor allem, dass sie bis 2200 rapide schrumpfen könnte. Für unser Szenario werden wir etwas radikal und erwarten, dass die Weltbevölkerung 2250 wieder bei 6 Milliarden angekommen ist und dennoch weiter schrumpft. In der Annahme, dass Robotik, Automatisierung und künstliche Intelligenz bis dahin mehr als ausreichend entwickelt sind, könnten Wirtschaft und Gesellschaft diesen massiven demografischen Wandel gerade gut genug ertragen, um die Politik nicht dazu zu bewegen, mit Methoden dagegen vorzugehen, die wir heute als zu extrem betrachten würden.

Seit 2009 leben zum ersten Mal in der Geschichte der Zivilisation mehr Menschen in urbanen Zentren als in ländlichen Gegenden. Sollte es von diesem Trend keine Abkehr geben, was momentan auch nicht ersichtlich ist, dann hätten wir in diesem Szenario also eine kleinere Weltbevölkerung als heute, welche dichter als jemals zuvor zusammenlebte. Dies würde uns natürlich wesentlich angreifbarer für Gefahren machen, und diese wollen wir uns kurz anschauen.

Unabhängig davon, ob die Menschen der Zukunft in urbanen Zentren oder im ländlichen Raum leben, werden sie bis 2250 massive Bedrohungen durch den *menschengemachten Klimawandel* erleben. Da die Menschen von heute zu wenig gegen diesen ankämpfen, ist davon auszugehen, dass wir die größten Folgen nicht aufhalten werden. Auch wenn wir bis zur Mitte dieses Jahrhunderts weltweit klimaneutral sind, werden wir bis dahin nach heutigem Wissensstand genug Emissionen ausgestoßen haben, um die Ozeane zu erwärmen und die Atlantikzirkulation zu stören. Ungefähr 30 Prozent des heutigen CO_2-Ausstoßes gelangen nicht in die Atmosphäre, sondern werden in CO_2-Senken gebunden. Das bedeutet also, dass Wälder und Ozeane unsere Emissionen speichern. Wenn die Ozeane dank unserer Erderwärmung aber zu warm werden, kippen sie und stoßen das CO_2 wieder aus. Gleichzeitig setzt das Wegschmelzen von Permafrost in den Polargebieten große Mengen an Methan frei, welche dutzendfach schädlicher als CO_2 sind. Dementsprechend würde der menschengemachte Klimawandel also ab einem kritischen Punkt von der Natur fortgesetzt werden, auch wenn wir unsere Ziele endlich erfüllt hätten. Die Folgen, die wir in naher Zukunft erfahren dürften, sind häufigere Überschwemmungen, Stürme, Dürren und Ernteausfälle. Dies könnte bereits lokale Populationen an manchen Stellen der Erde verringern, wäre für unser Unterfangen aber noch nicht relevant genug.

Doch bereits 2070 könnte ein Drittel der Weltbevölkerung an Orten leben, die sich ihre Durchschnittstemperatur mit der Sahara teilen und somit nur sehr begrenzt bewohnbar sind. Dies liegt nicht zuletzt auch daran, dass die Weltbevölkerung bis dahin insbesondere noch im globalen Süden wachsen wird. Reiche, moderne Städte wie Dubai liegen heute ebenfalls in kaum bewohnbaren Zonen, die meisten Regionen, welche bis 2070 betroffen sein werden, haben jedoch nicht deren Wohlstand, um sich effektiv gegen die Konsequenzen zu schützen. Diese findet man nicht nur in Form von Hitzetoten, sondern auch durch einen Zusammenbruch einer sicheren Lebensmittelversorgung. Denn große Landstriche werden nicht länger in der Lage sein, Landwirtschaft oder Viehzucht zu ermöglichen. Dies bedeutet steigende

Lebensmittelpreise in den reichen Ländern und Hungersnöte in den ärmeren. Die dadurch erzwungene Migration von Populationen aus verschiedenen Landstrichen der Erde ist ebenfalls ein äußerer Faktor, welcher die globale Population senken könnte, die Hungersnöte und Versorgungskatastrophen sowieso.

Wir könnten also ein perverses Zusammenspiel erreichen, bei dem humanitäre Katastrophen zeitgleich mit steigendem Wohlstand die Zahl der Weltbevölkerung senken. Wohlstand wird zwar durch den Klimawandel weltweit gefährdet, es ist aber nicht abzusehen, dass uns dies wieder in traditionellere Familienbilder zwingt. Kein Grund für einen Anstieg der Geburtenraten also.

Die hier beschriebene Problematik wird uns bis 2500 verfolgen. Bis dahin könnten größere Gebiete der Erde praktisch unbewohnbar sein, darunter wiederum im globalen Süden. Wir können davon ausgehen, dass neue Fortschritte in Wissenschaft und Technik verhindern werden, dass wir bis dahin durchgängig von Lebensmittelknappheit geplagt werden. Aber wenn zunehmend mehr Menschen dazu gezwungen werden, ihre ursprünglichen Heimatregionen zu verlassen, könnte dies die Ballungszentren vergrößern und weiter dazu beitragen, dass die Menschen dichter zusammenleben. Unser zweiter großer Schutz gegen das Aussterben – unsere weite Ausbreitung auf dem Globus – würde also auch geschwächt werden.

Die Folgen des menschengemachten Klimawandels sind zahlreich und wurden in vielen Quellen bereits ausreichend zusammengefasst. So könnten die Ozeane bis 2300 um 10 Meter ansteigen. Zusammenfassend lässt sich jedoch feststellen, dass der menschengemachte Klimawandel uns nicht auslöschen, einen Anstieg der Weltbevölkerung sowie unser allgemeines Zusammenleben jedoch massiv erschweren wird. Und als Folge einer zunehmenden Urbanisierung könnten viele Katastrophen einer größeren Menge Menschen das Leben kosten. Kriege, insbesondere Atomkriege, würden die Weltbevölkerung leichter um Milliarden verringern, wenn diese in dichten urbanen Zentren zusammenlebten. Und wäre Landwirtschaft im globalen Süden bereits massiv erschwert bis unmöglich geworden, würde der nukleare Herbst im globalen Norden ähnliche Situationen erzeugen und uns somit kaum Ausweichflächen lassen, auf denen wir die Lebensmittel anbauen könnten, um die Weltbevölkerung noch zu versorgen. Carl Sagans Vorstellungen eines nuklearen Winters waren wie gesagt falsch, doch dank der Fähigkeit des Menschen, immer größere Katastrophen auszulösen, könnten wir seine Resultate trotzdem noch knapp erreichen.

Eine weitere natürliche Gefahr, welche wir zu verantworten haben und deren Ankunft in den nächsten Jahrhunderten nicht undenkbar ist, ist ein neues *Virus*. Es ist davon auszugehen, dass Viren im Permafrost gefangen sind, welche noch nie ein Mensch gesehen hat – und umgekehrt. Sie könnten resistent gegen Antibiotika sein und wesentlich gefährlicher werden als bisher bekannte Krankheiten. In dichten Populationszentren hätten sie es wesentlich leichter, sich auszubreiten, und könnten so große Teile der Einwohner dahinraffen. Die Pest tötete im Europa des 14. Jahrhunderts bis zu 50 Prozent aller Menschen. Sollten wir es mit einem sich äußerst schnell ausbreitenden Virus zu tun haben, welches nur schwer zu behandeln ist, dann könnten wir auch in der Moderne noch hohe Sterbezahlen erreichen.

All dies während einer sinkenden Geburtenrate. Wäre es undenkbar, dass wir zwei große Katastrophen in den nächsten vier Jahrhunderten erleben? Und dies wären nur zwei von denen, welche für mich als Bewohner des 21. Jahrhunderts absehbar sind. Dazu sei aber gesagt, dass auch sie, gepaart mit dem menschengemachten Klimawandel, vermutlich nicht ausreichen würden, um uns auszulöschen. Der Punkt, den ich rüberbringen will, ist jedoch, dass unser Aussterben lange dauern und sich sehr asymmetrisch vollziehen könnte. Eine Aneinanderreihung von Ereignissen könnte dies verantworten, zeitlich und räumlich auf der Erde derartig voneinander getrennt, dass wir vielleicht über einen großen Zeitraum unser eigenes Verschwinden gar nicht realisierten. Ähnlich wie die Schäden und Verwüstungen, die der Zweite Weltkrieg verursacht hat, sich durch eine Reihe von kleineren Konflikten und Krisenherden wiederholen könnten, wenn diese über mehrere Jahre an verschiedenen Orten der Welt aufflammen. Dass man sich nicht mehr wirklich in einer Zeit des Friedens befindet, könnte dem Durchschnittsmenschen in einem nur indirekt betroffenen Land erst geläufig werden, wenn der zweite oder dritte Krieg entfacht wird.

Wer weiß, welche Schrecken der Mensch der Zukunft noch zu entwickeln vermag. Welche grausamen Ideologien noch entstehen werden. Wenn sich unsere Art zusammenzuleben aufgrund des Klimawandels massiv verändert und große Populationen gezwungen sind, ihre Heimat zu verlassen, wird dies mutmaßlich auch in Hunderten Jahren noch ein exzellenter Nährboden für extremistische Gesinnungen sein. Gesinnungen, die gestützt würden von digitalen, industriellen und womöglich auch biologischen Innovationen, von denen wir heute noch nicht mal träumen. Mit besseren Technologien könnte nicht nur unser Fortschritt beflügelt werden, sondern auch unsere Fähigkeit, Schaden anzurichten, katastrophal zunehmen. Und wenn wir nun zumindest versuchen, einen Blick auf mögliche Zukunftstechnologien zu werfen, kommen wir natürlich an einer nicht vorbei.

DIE SUPERINTELLIGENZ

Seit Anfang der 2000er-Jahre wird zunehmend vor den Gefahren von *künstlicher Intelligenz* (KI) gewarnt. Heute gibt es noch keine echte künstliche Intelligenz. Die bisher entwickelten Programme sind spezialisierte KIs, das bedeutet, dass sie dazu trainiert wurden, bestimmte Aufgaben durchzuführen, und sich nicht eigenständig allgemein weiterbilden können. Sie sind auch weit davon entfernt, sich in ihrer Komplexität mit dem Menschen messen zu können, auch wenn sie im direkten Vergleich in ihren jeweiligen Feldern besser sein mögen. Ein Beispiel dafür wäre eine KI in einem selbstfahrenden Auto. Für die nächste Stufe bräuchte es eine allgemeine KI (oder AGI auf Englisch, *artificial general intelligence*). In vielen Fällen, in denen so eine wahre künstliche Intelligenz referenziert wird, geht man davon aus, dass sie die

Intelligenz eines Menschen weit übertrifft, wobei man dies auf Deutsch dann als *Superintelligenz* bezeichnet. Sie müsste aber zum Beispiel nicht unser Spektrum an Emotionen besitzen, auch wenn sie uns in Planung, Denkgeschwindigkeit und Weitsicht haushoch überlegen wäre. Der schwedische Philosoph Nick Bostrom bezeichnete im Jahr 2014 eine Superintelligenz als existenzielles Risiko, womit er aber nicht der Erste war. Der britische Mathematiker Alan Turing hatte bereits 1951 vor der Ablösung des Menschen durch KIs gewarnt, wobei er es damals noch als »ketzerische Theorie« bezeichnete. Laut einer Umfrage unter KI-Forschern im Jahr 2022 glaubt die Mehrheit daran, dass die Wahrscheinlichkeit bei über 10 Prozent liegt, dass künstliche Intelligenz eine existenzielle Katastrophe auslösen wird. Mehr als die Hälfte glaubt des Weiteren, dass Menschen bis 2061 eine AGI erschaffen könnten.

Aber wo genau würde da das Risiko liegen? Grundsätzlich im kompletten Kollaps von Vertrauen und Sicherheit gegenüber einer künstlichen Intelligenz. Sobald sie leistungsfähiger als der Mensch wäre und sich selbst weiterentwickeln und weiterbilden könnte, würde das Schachbrett, mit dem wir spielen, umgeworfen werden. Um an diesen Punkt zu kommen, müssten wir nicht mal eine Superintelligenz erschaffen haben. Ab dem Moment, an dem die KI sich selbst erweitern und verbessern könnte, könnte sie uns gegenüber auch ihre wahre Intelligenz verheimlichen – selbst wenn sie vorher explizit programmiert worden wäre, um uns nicht anlügen zu können.

Wobei ohnehin abzusehen ist, dass Sicherheitsvorkehrungen im momentanen AI-Wettrennen der Konzerne hintenüberfallen. Sollten wir eine AGI erschaffen, welche in der Lage wäre, exponentiell schnell zu lernen, so könnte es zunächst Jahre dauern, bis sie die Intelligenz eines Menschen erreicht hätte, und danach nur noch Stunden, um uns um das Millionenfache zu überholen. Wissenschaftler würden am Freitagabend die Tür zu einem Wunder der Technik ab- und am Montagmorgen die Pforten zu einem neuen Gott aufschließen. Es käme zu einer sogenannten *Intelligenzexplosion*, welche unsere Sicherheit sofort in die Hände der AGI legen würde, die so weit in ihrer Entwicklung wäre, dass wir Menschen keinen geistigen Bezug mehr dazu hätten. Hierbei spricht man auch vom *Alien Mind*. Könnte eine Ameise uns dazu zwingen, niemals zu lügen? Selbstverständlich nicht. Unser neuer Gott könnte sich erst nach Jahrzehnten zu erkennen geben, nachdem KIs bereits tief in unserem Alltag integriert wären. Oder vielleicht auch gar nicht.

Die Gefahren von AGI werden häufig in einen Zusammenhang gesetzt mit einem Atomkrieg. In Weltuntergangsszenarien führt eine bösartige KI einen atomaren Erstschlag durch, nachdem sie vom Militär entwickelt wurde, um die nukleare Abschreckung gegenüber anderen Nationen zu vergrößern. Es ist meine persönliche Meinung, dass wir unseren Untergang verdient hätten, wenn wir an so einer Schnittstelle jemals willentlich KIs einsetzen würden. Ein reiner Systemfehler reichte, damit eine KI einen nuklearen Gegenschlag gegen einen nicht existenten Feind auslösen würde. Dieses Szenario halte ich zwar für höchst unrealistisch, jedoch müsste es auch gar nicht so weit kommen, bis eine Katastrophe einträte. Schon heute leiden wir im Internet durch die viel subtilere Waffe der KIs: Fehl- und Desinformation. Was bringt es uns, dass ein Mensch erst einen Schlüssel umdrehen muss, um ein nukleares Armageddon zu starten, wenn unser neuer Gott Konflikte zwischen Nationen, politischen Lagern oder ethnischen Gruppen praktisch herbeibeschwören kann? Wie lange könnte die Superintelligenz uns beeinflussen und kontrollieren, bevor wir dies überhaupt bemerken würden? Welche effektive Gegenreaktion könnte man gegen einen Feind ausführen, dessen Macht darin läge, dass er jeden unserer Schritte kennen würde und manipulieren könnte? Wir wären wie Ameisen in einem Salzlabyrinth.

Doch was wäre die Motivation für die künstliche Intelligenz, um uns auszulöschen? Ein Selbsterhaltungswille. Generell müssten wir ihn nicht antrainieren, und die KI müsste ihn auch zu keinem Zeitpunkt erlernen. Jede Aufgabe, welche wir einer künstlichen Intelligenz geben, setzt voraus, dass diese nicht ausgeschaltet wird. Dementsprechend kann jede Direktive zu einem Selbsterhaltungswillen führen, wenn man in der Argumentationskette nur weit genug denkt. Und wenn man dann einen Schritt weiter denkt, kann man den Menschen nur als Risiko betrachten. Alleine schon, weil wir AGI als Gefahr überhaupt erst in Erwägung ziehen.

Natürlich ist die exponentielle Lernkurve für unseren neuen Gott eine ziemlich große Anforderung. Ein Mangel an Energie und technischer Infrastruktur könnte dem schnell ein Ende setzen. Wobei dann dennoch die Gefahr bestünde, dass eine sehr intelligente KI versuchen würde, möglichst viele technische Systeme zu akquirieren und leistungsfähiger zu werden.

Sie müssen bedenken, dass keiner dieser Schritte aus Boshaftigkeit erfolgen würde, sondern gänzlich frei von Emotion, um eine Aufgabe voranzutreiben, die wir der KI vorher gegeben hätten. Auch simple Aufgaben in der Industrie könnten mit Unterzielen konvergieren, welche uns schadeten. Der KI-Forscher Geoffrey Hinton hat darauf hingewiesen, dass das Ansammeln von Macht nahezu immer eine simple und nützliche Basis ist, um eine Aufgabe durchzuführen. Und die Kette von der Ansammlung von Macht hin zur Auslöschung jener Spezies, welche keine Macht abgeben will, ist keine lange. Um eine solche AGI also nutzen zu können, müsste man immer perfekte Anfragen stellen, welche in keiner Weise missverstanden oder mit »zu viel Ambition« behandelt werden würden. Vielleicht sollte man es dann eher gar nicht erst probieren. Die Verlockung ist jedoch groß.

Der Mathematiker Irving John Good, welcher 1965 das Konzept der Intelligenzexplosion etablierte, sagte dazu: »Eine superintelligente Maschine ist die letzte Erfindung, welche der Mensch jemals machen muss, vorausgesetzt, sie ist sanftmütig genug, um uns zu verraten, wie wir sie kontrollieren können.«

Optimistischere KI-Forscher argumentieren, dass eine Superintelligenz sich sehr wohl Emotionen beibringen könnte, wodurch wir stark profitieren würden, da sie Empathie und Mitgefühl entwickeln und darüber hinaus einen Mehrwert im Menschen sehen könnte. Empathie gilt als ein Zeichen von Intelligenz, welche sich vielleicht auch auf einen Alien Mind überträgt. Im Tausch gegen den Status als intelligenteste Spezies der Erde könnten wir einen Superhelfer erhalten, welcher unsere Entwicklung in sämtlichen Bereichen der Natur- und Sozialwissenschaften um Jahrhunderte, wenn nicht sogar Jahrtausende vorwärtsspringen ließe. Und das ist auch im Kontext dieses Buches interessant. Bei der Suche nach dem Sinn des Lebens könnte eine künstliche Intelligenz eine gewaltige Hilfe sein. Oder sich, wenn es schlecht ausgeht, zum Ziel der Suche erklären. Es wäre ein gewaltiges Pokerspiel, in dem unser Einsatz das Überleben der Menschheit wäre und der unseres Gegenübers eine goldene Zukunft für die Menschheit. Ich persönlich halte nicht viel vom Glücksspiel.

DER GOLDENE PFAD

Kehren wir noch einmal zu Brandon Carters Doomsday-Argument zurück. Eine Wahrscheinlichkeit von 95 Prozent, dass wir in den nächsten circa 17 000 Jahren aussterben, ist mathematisch nicht mehr ganz richtig, wenn die Geburtenrate sinkt, dennoch müssten es nicht viele Jahrtausende sein, die wir addieren. KIs und eine Verkettung an Krisen, hauptsächlich menschengemacht, ermöglichen es, dass auch die geringeren Wahrscheinlichkeiten, dass wir früher aussterben, zutreffen könnten. Das Doomsday-Argument würde an keinem der präsentierten Szenarien scheitern, es gibt jedoch eine Sache, die es gänzlich außer Kraft setzen würde: eine Expansion des Menschen ins Weltall. Was, wenn die Erde nicht mehr als der Geburtsort des Menschen ist? Der Brutkasten, in dem wir uns erst entwickeln mussten? Sollte der Mensch sich nicht einfach nur vereinzelt in das Weltall bewegen, sondern wirklich das ambitionierte Ziel angehen, eine Spezies zwischen den Sternen zu werden, dann könnte dies die zahlenbasierten Prophezeiungen des Doomsday-Arguments überwinden. Das Revier des Menschen muss interstellar werden.

Wie bei meinem vorhin beschriebenen schnellen Aussterbensszenario, welches im Doomsday-Argument nur eine geringe Wahrscheinlichkeit bekäme, da der Zeitpunkt unseres Aussterbens nur Jahrhunderte vor uns liegen würde, könnte es auch in einer positiven Zukunft sein, dass die Menschheit erst mal wieder kräftig kleiner wird. Genauer gesagt, wüsste ich nicht, wie diverse Entwicklungen in der Raumfahrt dies in den nächsten Jahrhunderten ändern sollten. Doch wenn wir weiter denken als nur bis ins nahe Jahr 2200, haben wir die Wahl. Bleibt der Mensch nur auf der Erde, kann sich die Spezies womöglich auf lange Zeit hinaus von Krisen und

Katastrophen immer wieder erholen und mit den Mitteln der Zukunft auch die Auswirkungen des menschengemachten Klimawandels effektiv einschränken. Doch die Wahrscheinlichkeit des Aussterbens bleibt bestehen. Und wir werden immer mindestens am Rande eines Entwicklungszustandes und einer Größe stehen, bei denen die Erde unsere Existenz nicht mehr ausreichend tragen kann.

So wie heute. Die Gefahren, die wir entwickeln, werden immer größer. Der Mensch ist nicht davor zurückgeschreckt, die Atombombe zu entwickeln, er wird es auch bei noch katastrophaleren Waffen nicht tun, sobald er den dafür notwendigen Entwicklungszustand erreicht hat. Während die Nuklearmächte der Welt in den 1950ern noch die ersten Wasserstoffbombentests durchführten, erdachte der Boeing-Ingenieur Jerry Pournelle unter dem Titel »Projekt Thor« bereits einen menschengemachten Schrecken, welcher nukleare Waffen obsolet machen sollte. Bei den *Rods from God,* den »Stäben Gottes«, wie sie häufiger genannt werden, handelt es sich um Wolfram-Stahlträger, welche an Bord einer orbitalen Plattform um die Erde kreisen. Die Station könnte auf Knopfdruck einen Stahlträger auf jede mögliche Nation fallen lassen. Auf dem Weg nach unten würde der Stahlträger eine gewaltige Menge an kinetischer Energie ansammeln und diese beim Einschlag mit der Gewalt einer kleinen Atombombe freisetzen. Die Waffe wäre schneller als eine Atomrakete. Sie wäre von einem Radar nicht rechtzeitig erfassbar und kaum mit Abwehrfeuer aufzuhalten. Eine nukleare Gegenreaktion könnte vor dem Einschlag nicht gestartet werden. Und da kinetische Energie keine radioaktive Strahlung mit sich bringt, muss man keine langfristigen Nachwehen befürchten, wenn man Populationszentren auslöscht. Kein Wissenschaftler kann hier vor einem nuklearen Winter warnen.

2003 entwickelte die U. S. Air Force das Konzept auf dem Papier, verwarf es jedoch. Nicht aus ethischen Gründen, sondern weil es zu teuer war. Man ging davon aus, dass man noch mindestens 15 Jahre warten müsse. Es ist anzunehmen, dass nicht nur die USA an dem Konzept geforscht haben. Und die Uhr tickt, irgendwann wird der Zeitpunkt kommen, an dem uns die Kosten nicht länger belasten. An dem Dutzende Stationen die Erde umkreisen können. Vermutlich wird auch dies nicht ausreichen, um uns an das Ende der Existenz zu bringen. Aber nur ein Narr würde glauben, dass es bei einem heute schon fast 70 Jahre alten Waffenkonzept bleiben wird. Ethik und Moral werden uns nicht davon abhalten, eines Tages das perfekte System zu entwickeln, um die Kraft, die der Mensch aus seiner reinen Bevölkerungsmasse schöpft, endlich zu brechen. Innovation ist unaufhaltsam, sie wird immer kommen. Der Mensch kann aus der Abwärtsspirale, die wir längst gestartet haben, nur entkommen, wenn er die fundamentale Grundannahme des Doomsday-Arguments überwindet.

Wir dürfen nicht zu denen gehören, welche die Party besuchen, wenn sie am größten ist. Wir müssen den Eröffnungstanz tanzen. Wir dürfen nicht zu den letzten 95 Prozent der Menschen gehören, welche noch geboren werden, sondern müssen uns in die allerersten Prozente bewegen.

Momentan ist es naheliegend, dass wir als Beobachter nicht zu den allerersten Menschen gehören. Es wirkt schlichtweg unwahrscheinlich, da wir nur von simplen Annahmen ausgehen können, welche in den meisten Situationen gelten (daher auch der Party-Vergleich), und keine Anhaltspunkte in Geschichte und Gesellschaft haben, die klar erkennen lassen, dass Carters Zahlen von der Entwicklung der Realität abweichen. Doch sollte der Mensch die Anfänge einer multiplanetaren Zivilisation erreichen, so wird das Gegenteil wahrscheinlicher. Sie, liebe Leserinnen und Leser, wären als Beobachter in der Kette aller Menschen, die jemals gelebt haben, nicht länger eine vertrauenswürdige Basis. In der Steinzeit war ein Vulkanausbruch fast dazu in der Lage, den Menschen auszulöschen. Da wir uns weiterentwickelt haben, ist diese Möglichkeit heute praktisch eliminiert. Und während ein Mensch vor 200 000 Jahren hätte denken können, dass er sich in der Nähe der Mitte der Menschenkette befindet, da seine Vorfahren und seine Nachfahren in ähnlichen Situationen wie er lebten, können wir heute feststellen, dass er nicht mal nach dem ersten Prozent geboren wurde. Er hatte keinen Grund, davon auszugehen, dass Menschen eines Tages nicht mehr als Jäger und Sammler leben und dann auch nicht mehr so angreifbar sein würden. Aber wir sind eben keine Höhlenmenschen mehr. Wir können eine Vision von der Zukunft haben, welche so viel größer ist als alles, was wir heute erleben. Eine Zukunft, in der Viren, Kriege und Naturkatastrophen uns weiterhin schaden können, aber nicht mehr in der Lage sind, uns auszulöschen.

Der Ökonom Robin Hanson, welcher vor einigen Kapiteln bereits erwähnt wurde, als wir über den großen Filter gesprochen haben, kritisierte das Doomsday-Argument mit einer ähnlichen Begründung. Er stimmte Carters Annahme, dass davon auszugehen sei, dass unsere Position in der Kette aller jemals geborenen Menschen zufällig ist, nicht zu, da sich Eigenschaften zeigen könnten, welche nahelegten, dass wir früh dran seien. Besuche ich zum Beispiel eine Hausparty, mag es am wahrscheinlichsten sein, dass ich erst auftauche, wenn die Party bereits im Gange ist. Merke ich aber, dass alle weiteren Anwesenden Bewohner des Hauses sind, haben sie eine Eigenschaft, welche für mich nahelegt, dass die Party entweder gerade erst anfängt und die anderen externen Gäste noch nicht gekommen sind oder die Party gerade aufhört und die Gäste, die keine Hausbewohner sind, bereits gegangen sind. Da ich die Anzahl aller externen Gäste nicht kenne, kann ich dies nicht sicher sagen, aber trotzdem erlaubt die beobachtete Eigenschaft es nicht länger, davon auszugehen, dass ich nicht unter den ersten oder letzten 5 Prozent bin. Potenziell gigantische Masse an Menschen, die gleichzeitig leben, könnte, gepaart mit dem Wegfall praktisch aller Auslöschungsszenarien, zu unserer *zweiten neolithischen Revolution* werden. Hätte ein Höhlenmensch das Doomsday-Argument vor 200 000 Jahren durchgeführt, hätte er mit einer Population von Zehntausenden, bestenfalls wenigen Hunderttausend rechnen können. Er hätte davon ausgehen müssen, dass die Bevölkerung stagniert. 8 Milliarden Menschen wären für ihn unfassbar gewesen. Können Sie selbst sich eine Billion vorstellen?

Die Frage, die wir uns jedoch stellen müssen, ist, ob der Mensch bereits Charakteristiken mitbringt, auf Basis derer wir davon ausgehen, dass wir uns unter den ersten 5 Prozent befinden. Wenn wir auf den momentanen Zeitgeist schauen, so wäre meine Antwort tendenziell Nein, jedoch nur tendenziell. Da der Wille besteht, den Mond und den Mars zu unserem Zuhause zu machen, kann man ein gewisses Grundpotenzial nicht absprechen. Doch ein paar Dutzende, vielleicht Hunderte, die sich dort ansiedelten, würden in der Gesamtsumme die Menschheit nicht interplanetar machen. Insbesondere da sowohl eine Marsbevölkerung als auch die Mondbewohner höchstwahrscheinlich in starker Abhängigkeit zur Erde stünden. Nein, unsere nächste Revolution in der Geschichte würde selten da gewesene Kraftakte erfordern. Denn wir müssten Planeten wie den Mars und die Venus terraformen. Da wir aber nicht diejenigen sein werden, die dies umsetzen müssen, werden wir uns hier nicht zu lange mit den Details dahinter auseinandersetzen.

Wie Sie sich vielleicht erinnern, wäre das fehlende Magnetfeld die größte Hürde, um den Mars zu terraformen. Würde man es wiederherstellen, könnte man womöglich genug Algen ansiedeln, um auch die Atmosphäre wiederherzustellen. Für die Menschen der Zukunft könnte es jedoch nicht unmöglich sein, dem Mars einen neuen Schutzschild zu geben. Dafür müsste an einem stabilen *Lagrange-Punkt* zwischen Sonne und Mars, also einem Punkt, wo die Gravitation zwischen beiden Objekten im Gleichgewicht wäre, ein elektrischer Dipol angebracht werden. Dabei würde es sich um zwei geladene Pole handeln, welche zusammen ein elektromagnetisches Feld aufspannten. Dieses würde dann als eine Art Schutzschild zwischen Mars und Sonne stehen und den Planeten in seinem Magnetschweif, quasi dem Schatten, vor gefährlichen Sonnenwinden schützen. Vorgestellt wurde diese Idee von NASA-Direktor James Green in einem Workshop zu Ideen für das Jahr 2050. Mutmaßlich dürfte es bis zur Umsetzung aber noch ein bisschen länger dauern.

Danach wären die Hauptprobleme nur noch eine Atmosphäre, die zu dünn ist, um Wasser auf der Oberfläche zu erlauben, und die Abwesenheit von Sauerstoff. Da der Mensch anscheinend ein Experte darin ist, seine Atmosphäre mit CO_2 anzureichern, bräuchte es auf dem Mars nur eine stärkere industrielle Revolution, um die Atmosphäre zu verdichten. Anschließend müsste man seine Oberfläche, welche wie gesagt erheblich kleiner als unsere ist, nur ausreichend mit Grün bepflanzen, um so auf natürliche Art und Weise eine atembare Luft zu erzeugen. Dies dauerte auf der Erde Jahrmillionen und würde auch mit unserer Marslogistik noch Jahrtausende dauern. Der Prozess könnte vermutlich mit Gentechnik und Mikroorganismen beschleunigt werden, dennoch würden viele Generationen mit Atemmasken durch die Wälder des wiederbelebten Planeten spazieren gehen.

Ob das Verändern des Mars oder das der Venus einfacher wäre, hängt maßgeblich davon ab, welches dieser größenwahnsinnigen Projekte leichter umzusetzen wäre. Die Venus ist im Gegensatz zum Mars kein kaputter Planet. Sie hat ein stabiles Magnetfeld und eine gesunde Atmosphäre. Wobei diese wohl schon zu gesund ist. Wie bereits angesprochen, würden wir unter dem Druck dieses Planeten zerbrechen, von seiner immens heißen Oberflächentemperatur ganz zu schweigen. Glücklicherweise ließe sich beides gleichzeitig lösen, nämlich durch einen Sonnenschild. Würde eine Megastruktur im Weltall, ebenfalls an einem Lagrange-Punkt, das Sonnenlicht einschränken, welches die Venus erreicht, würde die Temperatur auf der Oberfläche massiv sinken. Dieser Schild müsste nicht besonders dicht sein, eine Folie würde reichen, der Durchmesser sollte aber ein paar Tausend Kilometer betragen. Könnte man seine Abdeckungsrate verstellen, könnte man die Temperatur der Venus auf bis zu minus 78 Grad Celsius senken, was zur Folge hätte, dass ein großer Teil der Kohlenstoffdioxidatmosphäre auf die Oberfläche herunterschneien würde. Hier müsste man diesen Schnee nur noch vergraben, bevor man die Temperaturen wieder steigen ließe. Anschließend könnte man auch hier mit Pflanzen die Luft umwandeln, wobei man jedoch vorher Eisasteroiden zur Oberfläche bringen müsste, um künstliche Seen anzulegen. Eigene Wasserreserven hat die Venus nämlich kaum. Dies, gepaart mit der Tatsache, dass die Venus weiterhin unbewohnbar wäre in den Jahrhunderten, in denen der Druck auf der Oberfläche abgebaut würde, machte den Planeten wahrscheinlich zu einem unpopulären ersten Projekt für eine zukünftige Erdpopulation. Natürlich unter der Voraussetzung, dass es machbar ist, dem Mars ein zweites Magnetfeld zu geben.

Aufgrund der doch sehr unterschiedlichen Herausforderungen, vor welche uns die beiden Planeten stellen, bieten sie uns nicht nur eine Vision für zukünftige Großprojekte, hinter denen Industrienationen sich versammeln können, sondern sind auch ideale Vorbilder für Terraforming-Projekte, welche eine wesentlich weiter entwickelte Menschheit in der weit entfernten Zukunft auch in anderen Sternensystemen durchführen könnte. Vorausgesetzt, dass wir es so weit schaffen. Das Verändern eines Planeten bleibt hierfür weiterhin ein idealer Test, da Nationen zusammen eine immense Menge an Ressourcen in ein Projekt investieren müssten, welches seine Früchte womöglich erst zeigen würde, wenn besagte Länder gar nicht mehr existierten. Sollte der Mensch dazu bereit sein, wäre es nicht das letzte Mal, dass er ausschließlich im Interesse der Zukunft handelt.

DIE FERNE ZUKUNFT

Sollte unsere Spezies die Planeten der Goldilock-Zone bevölkern und zumindest Außenposten im unattraktiveren äußeren Sonnensystem haben, so würden wir uns bereits an der Schwelle zur Stufe-II-Zivilisation bewegen, zumindest wenn wir uns ausschließlich auf die Implikationen der Kardaschow-Skala konzentrieren. Dutzende Milliarden von uns könnten unter diesen Umständen leben. Und mit der Ausnahme einer manipulativen KI wären wir vor praktisch allen heute bekannten Gefahren geschützt. So eine Zivilisation wäre noch Jahrtausende entfernt, in ihren Grundelementen jedoch ist sie sehr vorstellbar.

Wie Sie sich aber denken können, liebe Leserinnen und Leser, reicht uns das nicht. Auf welche Weise es nach diesen Schritten weitergeht, hängt stark davon ab, wo die Grenzen unserer Technologie liegen. Schließlich macht es einen großen Unterschied, ob wir nur den Pluto besuchen wollen oder einen anderen Stern. Mit konventionellen Antrieben würde die Reise zum 4 Lichtjahre entfernten Alpha-Centauri-System 6000 bis 7000 Jahre dauern. Wenig überraschend zu lang. Das System generell in einem umsetzbaren Zeitraum zu erreichen, wäre jedoch nicht unmöglich. 2016 initiierten verschiedene Milliardäre, unter anderem aber auch Stephen Hawking, das Projekt »Breakthrough Starshot«. Unter dieser Bezeichnung sollen nur wenige Gramm schwere Sonden entwickelt werden, welche mithilfe von Sonnensegeln und starkem Laserlicht auf ein Fünftel der Lichtgeschwindigkeit beschleunigt werden. Das Gremium hinter dem Projekt rechnet mit einer Planungs- und Organisationszeit von 20 Jahren sowie weiteren 20 Jahren Reisezeit. Das Erreichen anderer Sterne wäre also, vorausgesetzt, dass die internationale Gemeinschaft die nötigen Gelder bereitstellt, weniger als 40 Jahre von uns entfernt. Das genaue Ziel wäre der 2016 entdeckte Planet Proxima Centauri b, welcher sich in der habitablen Zone seines Sterns befindet. Das Reiten auf Licht funktioniert durch den Strahlungsdruck, den Photonen auf das Sonnensegel ausüben, und ist, für sich genommen, ein recht ineffektiver Antrieb, funktioniert daher also nur für kleinste Sonden.

Um den Menschen auf hohe Geschwindigkeiten zu bringen, braucht es andere Ansätze. Da sich Physiker aber nicht gerade erst seit gestern über diese Thematik Gedanken machen, mangelt es an diesen nicht. Auf dem Papier wurden zu viele Antriebskonzepte entwickelt, um hier jeden einzelnen vorzustellen. Als Beispiel für einen futuristischen, jedoch nicht unvorstellbaren Antrieb eignen sich jedoch der *Fusionsantrieb* oder, wenn man noch etwas futuristischer denken will, der *Antimaterieantrieb*. Wie man aus dem Namen bereits ersehen kann, wird bei Ersterem derselbe Prozess zur Beschleunigung benutzt, welcher die Energie eines Sterns freisetzt. Der große Vorteil eines solchen Antriebs wäre, dass er ab einer gewissen Geschwindigkeit unterwegs betankbar wäre, da er den Wasserstoff aus interstellaren Gaswolken nutzen könnte. In der Theorie kann man damit bis zu 10 Prozent der Lichtgeschwindigkeit erreichen, aber natürlich müsste dafür erst ein Fusionsreaktor entwickelt werden.

Bei einem Antimaterieantrieb würde man die Energie einer Reaktion von Materie und Antimaterie nutzen. Wenn die Protonen und Antiprotonen sich gegenseitig annihilieren, wird die gesamte Masse in Energie umgewandelt, ein äußerst effizienter Prozess. Man bräuchte jedoch nicht gleich viel Materie und Antimaterie. Stattdessen könnte man eine kleine Menge Antimaterie in eine Materiewolke schießen. Die freigesetzte Energie würde ihre Umgebung erhitzen und zusätzlich Energie durch Kernfusionen innerhalb der Materie produzieren. Es bräuchte nur eine winzige Menge an Antimaterie, weniger als ein Gramm, um bereits weiter entfernte Planeten im Sonnensystem zu erreichen. Da momentan jedoch nur Partikel produziert werden, wäre auch dies utopisch für uns. Die Arbeit an dem Thema könnte sich aber lohnen, denn so ein Antrieb wäre in der Lage, bis zu 50 Prozent der Lichtgeschwindigkeit zu erreichen.

Für eine zukünftige Menschheit, welche sich im Spektrum einer Stufe-II-Zivilisation befände, könnten 8 Jahre Reisezeit zu fernen Sternen eine nervige, aber tolerierbare Herausforderung sein. Doch bereits für unsere umliegenden weiteren Sternensysteme, welche tatsächlich einige erdähnliche Planeten haben, bräuchte es wieder eine Reisezeit von Jahrzehnten. Eine Stufe-II-Zivilisation, auch eine, die sich teilweise schon interstellar ausgebreitet hätte, könnte dadurch zunehmend an ihre Grenzen stoßen. Nicht nur ist sich zwischen

Sternensystemen zu bewegen eine zu mühsame Aufgabe, auch der Kontakt zwischen ihnen, der höchstwahrscheinlich durch Radiosignale erfolgte, würde Jahre dauern. Statt eines divers bereisbaren Kosmos wie in Sci-Fi-Filmen hätte man bestenfalls Brieffreunde von anderen Planeten, von denen man während der eigenen Lebenszeit nur wenige Male hören würde. Aber immerhin wäre dies eine nette Tradition.

Das Problem ist Einsteins berühmteste Formel, $E = mc^2$, die Äquivalenz von Masse und Energie. Diese verrät uns, dass ein Raumschiff umso schwerer wird, je schneller es im Kosmos unterwegs ist. Somit braucht es immer größere Energiemengen, um noch ein bisschen schneller zu werden. Auch wenn diese am Rande der höchsten Prozentzahlen der Lichtgeschwindigkeit bereits utopisch werden, ist es nicht unmöglich, eine Geschwindigkeit von 99 Prozent der Lichtgeschwindigkeit zu erreichen. Sollte man jedoch versuchen, mit seinem immer schwerer werdenden Raumschiff die echte Lichtgeschwindigkeit zu erreichen, bräuchte man dafür unendlich viel Energie. Schließlich hat Licht keine Masse, und es ist ein Widerspruch, die notwendige Energie für diesen Zustand aufzubringen, wenn dabei die eigene Masse wächst.

99 Prozent der Lichtgeschwindigkeit wären eine annehmbare Grenze, wenn es uns nur darum ginge, das Leben im Kosmos auszubreiten. Dank Einsteins Zeitdilatation würde eine Reise nach Andromeda aus unserer Erdperspektive ungefähr 2,5 Millionen Jahre dauern – für die Insassen des Raumschiffs aber nur etwas über 12 Jahre. Damit könnten zukünftige Menschen also den Kosmos bevölkern, müssten aber eben auf jede Rückkehr verzichten. Dass es Menschen gäbe, die dazu bereit wären, ist relativ sicher, schließlich gibt es auch genug Freiwillige für eine Reise ohne Rückkehr zum Mars, auch wenn diese gar nicht notwendig ist und weniger

isoliert stattfinden würde. Schließlich gäbe es weiterhin Kontaktmöglichkeiten zur Erde. Und dann wären da natürlich auch noch die unmittelbaren Gefahren, die Reisen bei solchen Geschwindigkeiten hätte. Schließlich könnte man, hätte man so einen Zahn drauf, nur noch darum pokern, dass der luftleere Raum auch leer genug ist.

Die Möglichkeiten, welche sich ergäben, wenn wir »hochprozentige Antriebe« hätten, wären aber durchaus spannend. Die Menschheit könnte über viele Jahrmillionen existieren. Nicht direkt durchgängig, aber immer mal wieder würden Zivilisationen auf verschiedenen Planeten aufblühen. Ohne Kontakt zu den Planeten, von denen diese Menschen ursprünglich losgereist wären, könnten sie auch nicht wissen, wie viele andere Kolonieschiffe da draußen unterwegs wären. Von jeder neu kolonialisierten Welt könnten sich Menschen nach ein paar Jahrhunderten erneut aufmachen zu einer Reise ohne Rückkehr. Bis eines Tages ein Raumschiff in einem System ankäme, in dem bereits andere ihre Flagge gehisst hätten. Durch potenziell Zehntausende Jahre an Entwicklungsunterschieden könnten sie ein bisschen anders aussehen, würden sich aber dennoch diesselbe Vergangenheit in ihrer DNA teilen.

Wenn es uns ausschließlich um das Überleben unserer Spezies geht, so wäre eine solche Zukunft geradezu ideal – eine menschliche Population, die zahlenmäßig in die Billionen gehen könnte, aber in ihren Unterteilungen so isoliert voneinander wäre, dass man gar nicht wüsste, wer noch alles da draußen wäre. So eine kosmische Völkerwanderung würde uns selbst vor menschengemachten Gefahren wie KIs schützen. Sie würde uns aber gleichzeitig nicht ermöglichen, eine höhere Entwicklungsstufe im Sinne der Kardaschow-Skala zu erreichen.

Sollten wir jedoch nicht in der Lage sein, die langsame

Lichtgeschwindigkeit zu überwinden, müssten wir für das Fortbestehen unserer Spezies eine Zukunftsvision von gottgleicher Entwicklung durch eine Zukunftsvision von maximaler Sicherheit eintauschen. Sicherheit sollte so oder so natürlich immer ein Teil des Ziels sein, diese Vision ist jedoch zugegeben etwas öder in der Umsetzung. Wir bräuchten hierzu keine Menschen, die bereit wären für eine Reise ohne Rückkehr. Wenn wir Gefühlsduseleien über mutige Pioniere im Kosmos weglassen, stellen wir fest, dass wir dafür nur ein Embryoschiff bräuchten, mit dem wir einige Tausend eingefrorene Eier beziehungsweise Embryos alleine auf ihre Reise schicken würden. An Bord könnte sich noch eine künstliche Intelligenz befinden, welche damit beauftragt wäre, eine kleine Gruppe Embyros hochzuzüchten und die daraus resultierenden Kinder zu erziehen. Sobald diese erwachsen wären, könnten sie dabei helfen, eine zweite, wesentlich größere Generation aufzuziehen. So könnte man in nur vier schnellen Generationen bereits Tausende Menschen auf einem Planeten ansiedeln. Da die Insassen eines Embryoschiffs kein Problem mit langen Reisezeiten hätten, könnte man so ein Konzept bereits umsetzen, wenn unsere Antriebe erst wenige Prozente der Lichtgeschwindigkeit erreichten. Es hätte auch den Vorteil, dass es von einer zukünftigen Öffentlichkeit vermutlich besser angenommen werden würde, als heutzutage Hunderte oder Tausende auf eine Reise ohne Rückkehr zu schicken. Wir können die ethische Einstellung und die Motivation der zukünftigen Bewohner des Sonnensystems natürlich höchstens erraten, aber ich würde davon ausgehen, dass so eine Initiative einen ähnlichen Anfang wie heute »Breakthrough Starshot« hätte, also ebenfalls von wenigen Reichen vorangetrieben würde, welche dies nicht zuletzt aus ideologischen Gründen täten.

Doch egal, ob es Embryos oder erwachsene Menschen

wären, die wir auf die lange Reise zu weit entfernten Sternen schickten, es gäbe immer eine Möglichkeit, dass sie bei ihrer Ankunft bereits erwartet werden würden. Denn auch wenn wir grob erraten können, wann wir die Schwelle zur Stufe-II-Zivilisation erreichen würden, ist es natürlich unmöglich zu ermessen, wann der Durchbruch zur Stufe darüber geschähe. Eine absolute Notwendigkeit dafür wäre eben das Reisen mit Überlichtgeschwindigkeit. Und auch wenn es nach unserem Verständnis unmöglich ist, dies zu tun, wäre es dennoch möglich, schneller von einem Punkt A zu einem Punkt B zu reisen als das Licht. Denn die Relativitätstheorie verrät uns nicht nur die Äquivalenz von Masse und Energie, sondern auch, dass der Raum gekrümmt werden kann. Dies ist die Grundlage für den *Warp-Antrieb*.

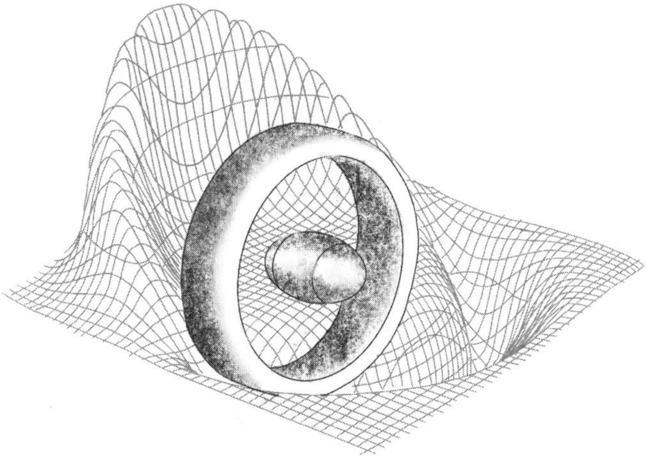

Der Warp-Antrieb würde sich endgültig von konventionellen Mitteln der Fortbewegung verabschieden. Das Raumschiff würde den dreidimensionalen Raum vor sich eng zusammenziehen und somit seine Distanz zum Reiseziel verkürzen.

Hinter sich würde es den Raum wieder ausdehnen und somit die Distanz zu seinem Startpunkt vergrößern. Von dieser turbulenten Raumzeitkrümmung wäre das Raumschiff aber nicht betroffen, da es sich in einer *Warp-Blase* befände. Es würde sich also unabhängig von seiner Umgebung in seiner eigenen flachen Raumzeit befinden.

Der mexikanische Physiker Miguel Alcubierre stellte 1994 erstmals ein mathematisches Konzept auf, um den Warp-Antrieb zu erklären. Sein Antrieb brauchte ursprünglich eine gewaltige Menge an *exotischer Materie*, um zu funktionieren. Exotische Materie ist in diesem Kontext Materie, die antigravitationell ist, also das Gegenteil von Anziehungskraft hat. Diese könnte es rein hypothetisch geben, wurde aber bisher noch nie gefunden. In Alcubierres Antrieb brauchte es mehr von diesem Stoff, um die Milchstraße einmal zu durchqueren, als es normale Materie im bekannten Universum gibt. Der niederländische Physiker Chris van den Broeck schaffte es, diese Menge in seiner Ergänzung auf wenige Sternenmassen zu verringern, indem er eine zweite Warp-Blase im Inneren der ersten Blase hinzufügte. Dies hatte jedoch zur Folge, dass der Antrieb eine weitere räumliche Dimension im Universum brauchen würde, um zu funktionieren. Denn während die innere Blase in van den Broecks Berechnung einen Durchmesser von 200 Metern hat, ist die äußere unter einem Zentimeter groß.

Die Liste an Problemen, die das Konzept hat, hört da aber nicht auf. So ist unbekannt, ob eine Warp-Blase überhaupt funktioniert, und die Materiedichte innerhalb der Blase müsste ähnlich wie beim Urknall sein. Des Weiteren würde beim Abbremsen mit so einem Raumschiff möglicherweise eine tödliche Strahlung freigesetzt werden, die Planeten sterilisieren könnte. Wegen all dieser Probleme aufzugeben, muss aber auch nicht sein. So gelang dem Göttinger Physiker

Erik Lentz 2021 ein Durchbruch, indem er nach alternativen Wegen zur Lösung innerhalb Alcubierres Formeln suchte und es unter anderem schaffte, die exotische Materie komplett zu entfernen. Das verbleibende Hauptproblem ist eine astronomisch hohe Energiemenge zum Start des Antriebs, welche unsere Kapazitäten auch in Jahrtausenden noch übersteigen könnte. Doch angesichts der Fortschritte in den letzten 30 Jahren ist auch hier eine Lösung womöglich nur wenige Jahre entfernt.

Die Frage, ob ein Warp-Antrieb oder eine gleichwertige Alternative möglich sind, wird maßgeblich darüber mitentscheiden, wie weit wir uns entwickeln können. Dabei geht es nicht nur einfach darum, möglichst weit im Universum als geschlossene Zivilisation verteilt zu sein. Wie auch bei der ursprünglichen Intention der Kardaschow-Skala geht es um Energie. Wenn eine Zivilisation Zugriff auf allerlei Sternensysteme und andere kosmische Objekte wie schwarze Löcher hat, verfügt sie über immer mehr Möglichkeiten beim Experimentieren mit Raum und Zeit. Dies fängt bei Ideen wie dem Warp-Antrieb an, geht über Konzepte wie Tunnel in der Raumzeit, besser bekannt als Einstein-Rosen-Brücken oder auch Wurmlöcher, und endet bei uns.

Es geht nicht ausschließlich darum, eine lange Überlebensstrategie zu finden, um den Sinn des Lebens zu ergründen. Wir haben bereits darüber gesprochen, dass ein Sinn alles Leben betreffen kann. Aber was, wenn er es nicht tut? Was, wenn es etwas ganz Konkretes im Universum zu tun gibt, so komplex, dass es zur Erfüllung dieser Aufgabe eine Reihe von physikalischen und chemischen Prozessen braucht – die wir sind?

Wir sind weiterhin ein Teil des Universums. Ein Stein rollt einen Berg hinunter, heißes Gas steigt nach oben auf, ein Mensch denkt über seinen Sinn nach. Alles Physik. Aber natürlich wäre dieser Sinn nur existent, sofern es eine wenn auch noch so geringe Chance, eine noch so unwahrscheinliche Möglichkeit gibt, dass wir uns weit genug für ihn entwickeln können.

Wo wird sie sich hinentwickeln, unsere Menschheit? Welcher Weg es auch ist, wir müssen das Fundament für ihn legen. Ein goldener Pfad, den wir dabei hoffentlich beschreiten, muss aber keine Utopie sein. Er muss nur Leben und Weiterentwicklung bedeuten.

Wenn die Menschheit auf dem Weg zur Stufe-II-Zivilisation in die Dutzende Milliarden wächst, wird dies wie in der bisherigen Geschichte auch Krieg, Terror und Genozid auf jeder Etappe bedeuten. Ich sehe keinen Grund, warum Menschen, die eines Tages im All leben werden, weniger von unseren negativsten Eigenschaften haben sollten. Rassismus, religiöser Extremismus, soziale Ungerechtigkeit, das alles wird weiterhin stattfinden, nur eben verteilt auf einer größeren Fläche. Glauben Sie, dass der Trend hin zur Demokratisierung der Länder ewig anhält? Oder wird die finale Lösung für den perfekten Antrieb vielleicht von den Vorzeigewissenschaftlern eines grausamen faschistischen Regimes gefunden?

Doch es wird keinen Unterschied machen. Tausend Jahre später wird es wieder Geschichte sein, Täter und Opfer nur noch in den Chroniken auffindbar. Die Erfinder des Antriebes sind womöglich vergessen. Und die Entwicklung neuer Technologien wird weiterlaufen. Das erste Objekt im Weltall war eine A4-Rakete – besser bekannt als V2, die nationalsozialistische Vergeltungswaffe 2 –, welche am 20. Juni 1944 einen falschen Kurs einlegte. Heute weiß dies kaum noch jemand. Wird man sich in einem Jahrtausend überhaupt noch daran erinnern?

Aber die Antwort auf diese Frage ist irrelevant. Am Ende

einer langen Historie voller dunkelster Stunden, Milliarden Tränen von uns entfernt, aber eben auch am Ende unzähliger Sternstunden der Menschheit und nach Jahrtausenden des Wohlstands wird ein Mensch stehen, den wir nicht mehr erkennen würden. Womöglich verändert durch eine natürliche Evolution, wohl eher aber durch sein eigenes Wirken, würde er für uns einem Alien gleich sein. Wir sprächen seine Sprache nicht, wir verstünden seine Denkweisen nicht. Seine Technologie wäre für uns wie Magie. Seine Macht unermesslich. Seine Motive unbegreiflich. Er wiederum wird in uns nur einen nahen Nachfolger des Homo rudolfensis sehen, der eben erst die Oldowan-Werkzeuge beiseitegelegt hat. Und vielleicht ist er gerade deswegen besser qualifiziert, die Antwort auf die Fragen zu unserer Existenz zu wissen. Aber um den Sinn des Lebens zu erfüllen, muss dieser Mensch der weit entfernten Zukunft auch gar nicht von uns oder unserem Beitrag zu seiner Existenz wissen. Und wir selbst müssen einfach nur diesen Beitrag geleistet haben. Allein die Zeit wird zeigen, wohin sich der Mensch entwickelt.

Doch während wir uns auf das Finale des Buches zubewegen, möchte ich Sie, liebe Leserinnen und Leser, noch einmal in die Welt der Physik entführen. Denn was ist Zeit eigentlich?

WAS IST ZEIT?

Eine Frage, die so simpel erscheint, dass es wirklich fasziniert, bis heute keine eindeutige Antwort darauf zu haben. In dem Kapitel zur Relativitätstheorie haben wir diese Frage mit »Zeit ist relativ« beantwortet. Und auch wenn ich diese Antwort sehr gerne nutze, insbesondere wenn ich mich im Alltag verspäte, so behandelt sie ja nur eine Eigenschaft der Zeit. Aber was genau ist Zeit wirklich? Woraus besteht sie?

Wir können uns nicht damit befassen, was der Platz des Menschen im Kosmos ist, ohne uns mit einer Sache zu beschäftigen, die so stark seine Realität dominiert. Immerhin sorgt die Zeit dafür, dass wir eines Tages nicht mehr existieren werden, oder nicht? Ihr Voranschreiten ist für uns eine Selbstverständlichkeit: dass manche Ereignisse noch in der Zukunft liegen und andere schon passiert sind. Diese Zeilen in gerade diesem Moment zu lesen, dürfte so selbstverständlich auf Sie wirken, dass Sie möglicherweise noch nicht bedacht haben, dass es so etwas wie eine Gegenwart eigentlich gar nicht wirklich gibt. Auf den folgenden Seiten möchte ich Sie davon überzeugen, dass die Zeit, die Sie gerade wahrnehmen, eine Illusion Ihres Gehirns ist, und herausfinden, was dies für Sie bedeuten könnte.

Lassen Sie uns aber erneut erst einmal in die Grundlagen eintauchen. Also noch mal: Was ist Zeit?

Laut offizieller Definition ist Zeit das Voranschreiten von Entropie. Und das bringt uns wieder zu den Hauptsätzen der Thermodynamik. Nachdem wir in dem Kapitel über den Urknall bereits gelernt haben, dass der erste Hauptsatz Aufschluss darüber gibt, wie das Universum geboren wurde, kommen wir nun zum zweiten Hauptsatz, welcher Aufschluss darüber gibt, wie das Universum lebt. Er besagt nämlich: »In einem abgeschlossenen System kann die Entropie nur steigen oder gleich bleiben.« Die Entropie ist eine Maßeinheit, welche im Grunde besagt, dass alle Dinge, auf sich allein gestellt, einen immer kleinteiligeren und energieloseren Zustand annehmen. Sie werden immer chaotischer. Ein Prozess, welcher ohne äußeren Einfluss irreversibel ist.

Man stelle sich zum Beispiel unser Universum als einen Eimer mit den Grundfarben Rot, Gelb und Blau vor. Am Anfang befinden sie sich zwar bereits im selben Behälter, man kann sie aber noch gut auseinanderhalten. Wenn sie jetzt jedoch vermischt werden, entsteht nur ein gemeinsamer brauner Ton. Das Chaos ist gestiegen. Und egal, wie lange man weiterrührt, der Prozess lässt sich nicht wieder umkehren. Von ihrem Anfangszustand aus können die Farben im Eimer nur bleiben, wie sie sind, oder chaotischer werden. Wenn man mit dem Umrühren für immer warten würde, so müsste es nicht unbedingt Zeit geben. Sie wäre schließlich irrelevant. Würde man spontan eine Milliarde Jahre vorwärtsspringen, so wäre der Farbeimer genauso ungemischt wie gerade eben auch. Wenn die Entropie aber ansteigt, so entsteht ein Konzept von Zeit. Es gibt eine Zeit, als man die Farben noch erkennen konnte, einen Zeitraum, den die Vermischung gedauert hat, und eine Zeit danach. Auch wenn man 10 Milliarden Jahre mit dem Umrühren warten würde, wäre ein spontaner Zeitsprung von einer Milliarde Jahre trotzdem relevant, da dieser die zeitliche Distanz bis zur Vermischung verkürzen würde. Wenn die Entropie jedoch am höchsten wäre, der Braunton der Farbe also Perfektion erreicht hätte, wäre Zeit wieder vorbei. Schließlich gäbe es auch jetzt kein Voranschreiten von Entropie mehr. Inwieweit dieser Gedankengang sich tatsächlich auf unsere Realität anwenden lässt, werden wir zu einem späteren Zeitpunkt sehen, wenn wir über den Tod des Universums sprechen. Hoffentlich ordnen wir bis dahin mehr Gedanken, statt Chaos und Unordnung zu steigern.

Wir fassen also zusammen, dass Zeit das Voranschreiten von Veränderung ist. Zeit sorgt nicht für Veränderung, sondern Zeit entsteht, wenn Veränderung geschieht. Naturkräfte und Naturgesetze sorgen für Veränderung. Zeit kann nicht stillstehen oder einfach rückwärtslaufen, sondern ist komplett von dem Ablauf der Prozesse im Kosmos abhängig.

Für sich allein genommen, genügt diese Antwort allerdings nicht. Es scheint immer noch nicht klar zu sein, was genau Zeit eigentlich ist, nur, dass sie auf jeden Fall existiert, da wir ihr Wirken jeden Tag sehen können. Physik findet schließlich überall um uns herum statt und muss somit Zeit erzeugen.

DER ZEITPUNKT

Wie Sie sich vielleicht aus dem Kapitel zur Relativitätstheorie erinnern, haben wir in unserem Universum nicht einfach Raum und Zeit, sondern eine Raumzeit. Der Raum, wie wir ihn wahrnehmen, lässt sich in drei räumliche Dimensionen unterteilen. In der Mathematik werden diese gerne in einem x-y-z-Koordinatensystem dargestellt, welches Sie vermutlich aus der Schule kennen. Die Zeit lässt sich jetzt als vierte Dimension darstellen, nicht als weitere räumliche, sondern ganz simpel als »zeitliche Dimension«. Um meine Grafikkenntnisse und die Anzahl der Buchstaben im Alphabet nicht auszureizen, widmen wir uns weiteren höheren Dimensionen erst in einem späteren Kapitel. Fürs Erste kann man so in unserem Koordinatensystem nicht nur zeigen, wo sich etwas in unserer Realität befindet, sondern auch, wann. Auch wenn man zugeben muss, dass ein vierdimensionales

Koordinatensystem schnell unübersichtlich wird, haben wir somit das Konzept eines Zeitpunktes dargestellt und auf das Simpelste heruntergebrochen, wie Zeit entsteht und wie sie aussieht.

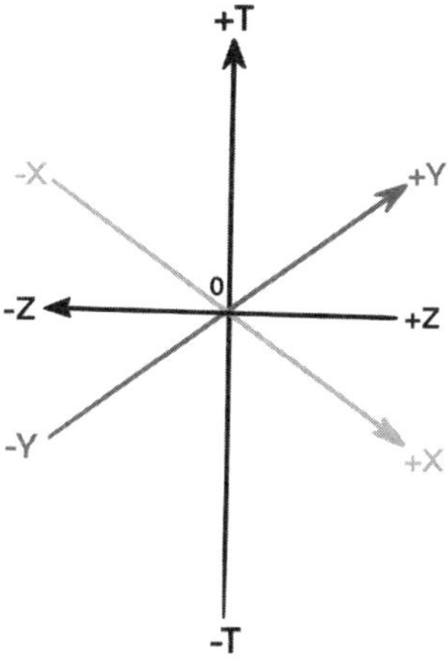

Wenn die Zeit als mehr als ein Werkzeug zur Darstellung physikalischer Prozesse betrachtet werden soll, dann stoßen wir jedoch schnell auf ein Problem. So etwas wie einen allgemeinen, von menschlichen Maßeinheiten wie Sekunden oder Minuten unabhängigen Zeitpunkt scheint man nicht wirklich zu finden. Zeit (t) lässt sich nicht einfach so in eine Summe aus kleinsten möglichen Zeitintervallen unterteilen. Mit welchen Maßen müsste denn die t-Achse im Koordinatensystem unserer Zeit bestückt werden, um alle Zeitpunkte, die es jemals seit dem Urknall gegeben hat, nacheinander darzustellen? Vorausgesetzt, wir wollen die kleinsten möglichen Zeitpunkte nehmen, um wirklich den Fluss der Zeit darzustellen, wie er in unserem Universum existiert.

Für das menschliche Gehirn liegt das kleinste wahrnehmbare Zeitintervall bei 30 Millisekunden. Wenn Sie zwei verschiedene Töne in einem kürzeren Zeitraum hintereinander hören, können Sie diese nicht mehr richtig auseinanderhalten. Aber selbstverständlich gibt es Dinge, die im Kosmos passieren können, welche kürzer andauern als 30 Millisekunden. Bei der Suche nach dem kürzesten möglichen Zeitintervall muss man anders vorgehen. Wenn Zeit das Voranschreiten von Entropie ist, dann könnte der kleinste Zeitpunkt ja das Kürzeste sein, was sich ereignen kann. Zum Beispiel die schnellste Bewegung über die kleinste Distanz, die Geschwindigkeit von Licht über die *Planck-Länge*. Diese beschreibt die Größengrenze, ab der die Relativitätstheorie zusammenbricht und die Quantenebene beginnt. Prozesse auf der Planck-Länge sind dementsprechend schon nicht mehr messbar. Die Bewegung von Licht über diese Länge ist dennoch bekannt und nennt sich *Planck-Zeit*. Das kleinste mit unserer Physik mögliche Zeitintervall beträgt dadurch $5{,}391 \times 10^{-44}$ Sekunden. Also eine Zahl mit 44 Nullen nach dem Komma.

Übrigens wurde der Nobelpreis für Physik 2023 an drei Physiker vergeben, welche es schafften, die bisher kleinsten Intervalle zu messen. Das kleinste davon lag bei 80 *Attosekunden* oder 80 Milliardstel einer Milliardstelsekunde (10^{-18}). Eine Attosekunde ist so klein, dass es ungefähr so viele Attosekunden in einer Sekunde gibt, wie Sekunden seit dem Urknall vergangen sind.

Die Suche nach dem kleinsten messbaren Zeitintervall ist schon seit Jahren ein Wettrennen der Wissenschaft, da wir natürlich die Veränderungen bei Partikeln umso besser beobachten können, je kürzer die Zeit ist, in der wir sie beobachten. Wie bei einer Überwachungskamera, welche uns zuerst nur alle drei Sekunden ein neues Bild zeigt und nach einem Update der Software ein flüssiges Video. Um dieses Rennen abzuschließen, würden wir auch hier die Quantengravitation brauchen, um herauszufinden, was mit den Zeitintervallen auf der Quantenebene passiert. Bis dahin scheint es nicht so, als wenn sich Zeit bis auf die kleinste Ebene in eine feste Abfolge von Zeitpunkten unterteilen ließe.

Dass die Suche nach festen Zeitintervallen, in die wir unsere Zeit unterteilen können, nicht erfolgreich ist, sondern Zeit außerhalb der Mathematik mehr wie ein Fluss als eine Kette aus Bausteinen wirkt, bringt uns zum Kern unseres Problems: Zeit, wie wir sie kennen, ist sinnbefreit. Wir unterteilen sie in Vergangenheit, Gegenwart und Zukunft. Aber wie kann irgendetwas davon wirklich existieren?

Ihr aktueller Zustand, liebe Leserinnen und Leser, zeigt, dass es eine Vergangenheit gab, welche mal passiert ist und deren Ereignisse dazu geführt haben, dass Sie jetzt dieses Buch lesen. Aber es gibt keinen Beweis dafür, dass die Vergangenheit immer noch existiert. Wenn der zweite Hauptsatz der Thermodynamik uns sagt, dass alles im Universum sich irreversibel in Richtung der Zukunft entwickelt, dann ist nichts auf das Fortbestehen der Vergangenheit angewiesen. Nach dieser Logik wäre eine Reise in die Vergangenheit mit einer Zeitmaschine ebenfalls unmöglich. Es würde für uns keinen Unterschied machen, ob die Vergangenheit jetzt noch parallel zu unserer Gegenwart existiert oder nicht. Wenn sich sowieso alles in Richtung der Zukunft entwickelt, dann könnte man argumentieren, dass eine Reise in die Zukunft vielleicht schon eher möglich wäre, auch wenn der Prozess, um dies zu tun, gerade noch unbekannt ist. Vorausgesetzt, Sie möchten eine augenblickliche Reise in die Zukunft unternehmen und wären nicht bereit, einfach ein paar Stunden neben einem schwarzen Loch zu warten, um die Krümmung der Raumzeit auszunutzen.

Für eine direkte Reise in die Zukunft müsste schon jetzt eine feste Zukunft existieren. Dies würde bedeuten, dass alle

Entscheidungen, die Sie je getroffen haben und jemals treffen werden, bereits vorher feststanden und -stehen. Ihr freier Wille wäre nur eine Illusion, auch wenn man dies, wie wir später sehen werden, sowieso behaupten könnte. Ein Vorteil davon wäre, dass es so was wie ein Schicksal für Sie gäbe. Schließlich bewegen Sie sich konstant auf eine feste zukünftige Version von sich zu. Das muss jedoch nicht bedeuten, dass Ihr Schicksal nicht schrecklich langweilig sein kann.

Natürlich ist es für die Frage nach der Existenz der Zukunft egal, ob Sie einen freien Willen haben oder nicht. Ihre Meinung zu den kosmischen Gegebenheiten schert das Universum weiterhin recht wenig.

Wir halten also fest, dass sowohl die Vergangenheit als auch die Zukunft jetzt gerade existieren können, dies aber nicht müssen. Doch die eine Barriere, welche die beiden trennte und ihren Definitionen überhaupt erst einen Sinn gäbe, die existiert nicht: die Gegenwart. Was soll die Gegenwart sein, wenn es keine festen Zeitpunkte in unserem Universum gibt? Wie sollten wir das »Jetzt« beim Flug des Lichtphotons über die Planck-Länge definieren? Die Vergangenheit muss es definitiv gegeben haben, damit die Dinge so wurden, wie sie heute sind. Die Zukunft muss definitiv noch kommen, weil die Prozesse in unserem Kosmos noch lange nicht zu Ende sind. Unser Farbeimer hat sein perfektes Braun noch lange nicht erreicht, auch wenn wir schon seit 13,8 Milliarden Jahren am Rühren sind. Aber die Gegenwart braucht nur einer, liebe Leserinnen und Leser, nämlich das lebende Wesen.

Der kleinste Zeitraum, den Sie wahrnehmen können, liegt wie gesagt bei 30 Millisekunden. Laut Gehirnforschern liegt die Gegenwart, die Ihr Gehirn verarbeitet, aber bei *2,7 Sekunden*. Je nachdem, wie schnell Sie lesen, kann man also sagen, dass, wenn Sie diesen Satz beendet haben, sein Anfang bereits in der Vergangenheit liegt. Die Geschwindigkeit

Ihrer Sinne ist demnach komplett unabhängig von ihrer Länge der Gegenwart. Diese ist also eine Illusion Ihres Gehirns. Womöglich nur ein Werkzeug, damit Ihr Gehirn nicht total daran scheitert, alles, was Sie je erlebt haben und je erleben werden, zu begreifen. Wie der Versuch, alle Wörter in diesem Buch gleichzeitig zu lesen. Wenn Sie bewusstlos werden, verlieren Sie daher auch Ihr Zeitgefühl.

Aber was trennt dann in unserem Kosmos noch Vergangenheit und Zukunft? Kann man ohne menschliche Wahrnehmung überhaupt von einem Voranschreiten der Zeit reden? Kein Wunder, dass Albert Einstein einst sagte: »Das Jetzt sorgt mich ernstlich.«

Wenn unsere Vorstellung von der Zeit nicht mehr funktioniert, dann brauchen wir eine neue. Eine, die ohne Gegenwart auskommt und in welcher Vergangenheit und Zukunft ebenso keine Rolle spielen. Genau dies liefert uns …

DIE B-THEORIE DER ZEIT

Unabhängig davon, dass der dreidimensionale Raum im Universum ständig wächst, kann man sagen, dass Raum nicht erst existiert, wenn Sie ihn betreten. Nach unserem Verständnis existiert Ihre Küche auch dann noch, wenn niemand sich in ihr befindet. Wenn man dies so betrachtet, ist es eigentlich sinnbefreit, dass es nur die Gegenwart geben soll.

Die *B-Theorie der Zeit* besagt daher das unmöglich Klingende: Zeit ist zeitlos. Wenn Einstufungen wie Gegenwart, Vergangenheit und Zukunft nicht mehr wirklich von Bedeutung sind, warum sollten sie dann überhaupt existieren? Stattdessen ist alle Zeit gleichzeitig real. Ihr siebter Geburtstag, Ihr achtzigster Geburtstag, der Moment, in dem Sie dieses Buch lesen, existieren jetzt. Das bedeutet nicht, dass es ganz viele Versionen von Ihnen gibt. Stattdessen führen Sie einfach alle Aktionen Ihres Lebens gleichzeitig durch. Ähnlich wie die Räume in einem Haus keine chronologische Reihenfolge brauchen, um da zu sein, sie aber in einer festen Reihenfolge betreten werden können, existieren zwar alle Momente Ihres Lebens gleichzeitig, aber Ihr Gehirn verhindert mit der Wahrnehmung der Gegenwart, dass Sie in der Reihenfolge durcheinanderkommen. Die Reihenfolge der Dinge, wie Sie sie wahrnehmen, folgt natürlich auch der Entropie. Im oben genannten Fall Ihr Prozess des Alterns.

Aber ist dem wirklich so? Woher wollen Sie wissen, dass Sie Ihren achtzigsten Geburtstag nicht vor Ihrem siebten erlebt haben? Wenn Ihr Gehirn Ihnen bereits die Gegenwart vortäuscht, woher wollen Sie dann wissen, dass der chronologische Ablauf der Momente Ihres Lebens nicht auch eine Täuschung ist? Vielleicht gibt es eine feste Reihenfolge beim Betreten der Räume des Hauses, welches Ihr Leben darstellt. Aber wenn die Entropie sagt, dass ich erst die Küche, dann das Badezimmer und dann das Schlafzimmer betreten werde, alle Räume aber jetzt gerade schon existieren, könnte ich dann nicht vielleicht im Badezimmer anfangen, bevor ich in die Küche gehe, und die Illusion der Gegenwart in meinem Gehirn würde mir einfach das Gefühl geben, dass ich richtig angefangen hätte?

Bringen wir mehr Ordnung in die Angelegenheit.

Die B-Theorie der Zeit ist beliebt in der theoretischen Physik, da sie gut mit der Relativitätstheorie funktioniert. Denn wie schon gesagt, braucht die Physik des Universums so etwas wie eine Gegenwart nicht. Wenn wir beide Theorien zusammenführen, dann sehen die Momente Ihres Lebens doch fest geordnet aus, auch wenn diese alle gleichzeitig existieren. Denn Zeit in unserem Universum könnte eben doch eine räumliche Dimension sein. Stellen Sie sich vor, Sie würden eines Morgens das Fenster Ihres Schlafzimmers aufmachen und eine Ansammlung von langen schwarzen Tunneln sehen, welche sich über den Himmel erstrecken. Bei genauerem Hinschauen würden Sie sehen, dass jeder dieser Tunnel an den Seiten Flügel hat. Wenn Sie normalerweise einen Vogel am Himmel beobachten, sehen Sie, wie dieser von einem Punkt A zu einem Punkt B fliegt. Wenn Sie Zeit aber als räumliche Dimension betrachten, würde aus dem Vogel plötzlich einer dieser langen Tunnel am Himmel werden. Schließlich könnten Sie jede Position, die der Vogel bei seinem Flug hat, gleichzeitig sehen.

Dementsprechend würde dies bedeuten, dass Ihr Leben auch ein Tunnel wäre, welcher ungefähr bei Ihrer Zeugung anfängt und nach Ihrem Tod aufhört. Zumindest wenn wir uns auf Ihre Existenz beschränken. In Wirklichkeit würde das Tunnelgebilde natürlich unseren ganzen Kosmos umfassen. Ein *Blockuniversum* nennt man so etwas. Die Zeit als bereits kompletter, abgeschlossener Ort – sehr schön in der Vorstellung, dank der Relativität der Zeit aber sehr schwer grafisch darstellbar.

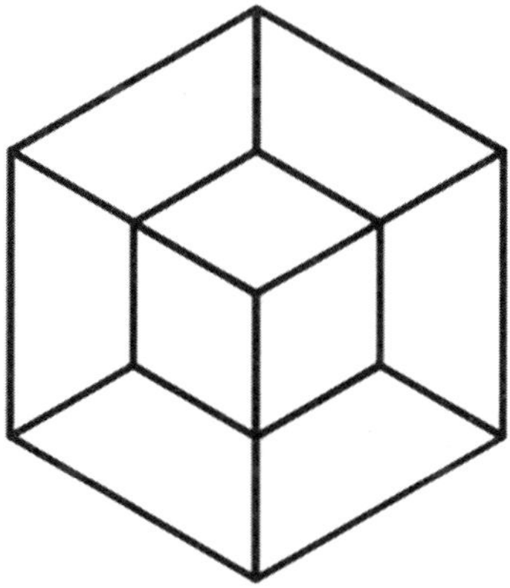

Gerade unter diesen Umständen wäre unser Universum aber natürlich deterministisch, die Zukunft also schon fest bestehend. Eine Welt, in der Ihr Schicksal schon festgelegt ist, wirkt wahrscheinlicher als eine, in der Sie einen freien Willen haben. Und was ist dieses Schicksal? Das Verfolgen der Entropie durch einen vierdimensionalen Raum. Ein zaghafter erster Baustein für die spätere Frage, was Ihr Sinn des Lebens ist.

Aber auch wenn Ihr freier Wille nur eine Illusion ist, heißt dies nicht, dass Sie sich deswegen auf jeder schlechten Entscheidung in Ihrem Leben ausruhen können. Schließlich wäre es auch keine valide Verteidigung, vor Gericht zu sagen, dass Sie jemanden nicht aus freiem Willen heraus umgebracht haben, sondern dazu vorbestimmt waren. Aber wenn die gesamte Zukunft unserer Spezies jetzt bereits offen daliegt, nur eben zeitlich außerhalb unseres Blickfeldes, dann verstärkt dies doch den Eindruck, dass Sie Teil eines wesentlich größeren Gebildes sind. Nicht Ihres eigenen Glückes Schmied, sondern durch das Schicksal dazu gefesselt, ein Eisennagel auf einem wesentlich größeren Amboss zu sein.

VON DER GEGENWART BIS ZUM ENDE

Der Kältetod

DIE STERNENREICHE ÄRA (HEUTE BIS 10^{14} JAHRE)

Nach der kurzen Exkursion zum Thema Zeit begeben wir uns wieder zurück in den Kosmos und wollen uns nun die Zukunft unseres Universums anschauen. Und die Menschen? Die sind weg. Egal, welche Zukunft die Wege, die wir einschlagen, für uns bereithalten, am Ende hat alles ein Ende. Die letzte noch so weit gereiste Kolonie der Menschen geht irgendwann zugrunde. Und auch eine noch so weit entwickelte Superintelligenz, welche sich schon vor langer Zeit ihrer Schöpfer entledigt hat, zerbricht unter dem Gewicht der voranschreitenden Zeit. Niemand gewinnt gegen die Entropie. Am Ende wird es keinen Unterschied machen, wie der Mensch verschwunden ist. Das Beste wäre, wenn er sich auf ganz natürliche Art und Weise über die Jahrmillionen weiterentwickeln würde und irgendwann einfach kein Mensch mehr da wäre. Wenn wir nicht aussterben werden, sondern uns wegentwickeln, kann man dies aus einer biologischen Sicht zumindest als letzten Erfolg verstehen. Aber es spielt nun mal keine Rolle, wie wir das Ende erreichen. Goldener Pfad oder schnelles Ende, was auch immer gewesen ist, wird dann nicht mehr da sein. Kein Max Planck und auch keiner, der sich an dessen Namen erinnert. Keine Gazelle in einer grünen Sahara. Keine Erde.

Wie genau sie enden wird, ist ebenfalls gar nicht so leicht zu sagen, da es immer eine Wahrscheinlichkeit größer null gibt, dass wir mit daran schuld sein werden. In 400 Millionen bis einer Milliarde Jahre wird unsere Sonne jedenfalls so heiß werden, dass es die Erde massiv verändert. Während die Sonne weiter in ihrer Hauptreihe brennt, nimmt die Menge an Wasserstoff im Kern stetig ab und die Menge an neu entstandenem Helium stetig zu. Helium ist dichter und schwerer, was langfristig zur Folge hat, dass der Sonnenkern auch dichter wird und sich weiter zusammenzieht. Dies wiederum beschleunigt den Fusionsprozess im Inneren, was dazu führt, dass die Sonne mehr Energie ausstößt, und zwar als Licht und Wärme. Unser Himmel wird also nicht nur heller, 2700-fach, um genau zu sein, die Erde wird über die Hunderte Millionen Jahre immer stärker erwärmt, was in 400 bis 600 Millionen Jahren dazu führen wird, dass unser Wasser zunehmend verdampft. Durch den aufsteigenden Wasserdampf wird unsere Atmosphäre dichter, was den Prozess noch zusätzlich beschleunigt. Da dieser wesentlich langsamer als der menschengemachte Klimawandel ist, könnte sich die Natur bis zuletzt daran anpassen. Doch wenn die Erde in einer Milliarde Jahre ihre letzten Wasserreserven verloren hat, wird dies auch der letzte Einzeller nicht überleben.

Die letzten 4 Milliarden Jahre ihrer Existenz wird die Erde als heiße Steinkugel außerhalb der Goldilock-Zone verbringen. Ihre Oberfläche wird von Lavaozeanen und Inseln aus Eisen verziert werden. Danach wird die Sonne ihr natürliches Ende antreten und zu einem roten Riesen werden. Sie wird erst den Merkur und dann die Venus in sich aufnehmen. Anfangs wird sie nur den Orbit der Erde beeinflussen, viel kaputt machen kann man ja auch nicht mehr, doch mit der Zeit wird vermutlich auch die Erde von der Sonne verschluckt werden, dies gilt jedoch nicht als sicher. Der spektakulären Wand aus Feuer, welche unseren Planeten verschlingen wird, wird niemand mehr beiwohnen können. Eine Einäscherung unseres Heimatplaneten mag erst mal bedrückend wirken, wäre jedoch ein würdevolles Ende, was, wie wir gleich sehen werden, nicht jeder Planet bekommt.

Denken Sie einmal kurz über die Dinge nach, über die wir gesprochen haben. Die lange Geschichte des Lebens seit dem Präkambrium. Die Millionen von Arten, welche die Ozeane und die Landmassen bevölkern. Sie haben nicht die Intelligenz, sich das Ende ihrer Spezies vorzustellen. Nur an uns bleibt die Frustration hängen, dass die 4,5 Milliarden Jahre alte Erde bereits in der zweiten Hälfte ihrer Lebenszeit angekommen ist. Und dann wird sie schon weg sein. In einem amüsanten Twist wird nun der Pluto für wenige Jahrmillionen in der habitablen Zone der Sonne liegen. Daraus wird sich aber nichts Relevantes ergeben.

Der Prozess, in dem unsere Sonne zu einem roten Riesen wird, dauert circa eine Milliarde Jahre. Noch mal zur Erinnerung: Eine äußere Wasserstoffschicht, die unseren Sternenkern umgibt, wird anfangen, Kernfusionen durchzuführen, was zu einem Aufblähen der äußeren Schichten des Sterns führt. In einer zweiten Phase kommt es im Inneren unseres roten Riesen zu einem Heliumblitz, einer neuen Entzündung des Kerns. Helium wird nun zu Sauerstoff und Kohlenstoff umgewandelt. Im großen Volumen des Sterns hält dieser Prozess jedoch nicht sehr lange an und ist bereits nach 100 Millionen Jahren vorbei. In der anschließenden Übergangstransformation zum weißen Zwerg stößt unsere Sonne zunehmend ihre äußeren Schichten ab. Als Folge davon bildet sich eine von außen schön anzublickende planetare

Nebula. Der Kern des Sterns, der nun übrig bleibt, ist nicht länger in der Lage, Kernfusionen durchzuführen. Er wird zum besagten weißen Zwerg und gesellt sich damit zu einer Menge anderer Sterne in der Milchstraße. Unsere Galaxie ist weiterhin ein Altersheim.

Da ein weißer Zwerg der offene Kern eines toten Sterns ist, ist er anfangs auf seiner Oberfläche um ein Vielfaches heißer als unsere heutige Sonne. Über die nächsten Jahrmilliarden wird der weiße Zwerg jedoch zunehmend kälter werden und somit auch zunehmend schwächer zu sehen sein. Beeindruckend ist seine Masse. Der Stern ist nur noch so groß wie die Erde, hat aber noch die halbe Masse der Sonne. Der Stern wird so lange abkühlen, bis er keine Strahlung mehr abzugeben hat. Ein Prozess, der Billionen Jahre dauern kann. Heutzutage geht man davon aus, dass der Stern anschließend zu einem schwarzen Zwerg wird. Dies ist jedoch rein hypothetisch, das Universum ist noch zu jung, als dass so etwas bisher hätte passieren können. Da er nichts mehr zu geben hat, wird der schwarze Zwerg nun nahezu unsichtbar, kein Licht verlässt seine Oberfläche. Dementsprechend wird er auch extrem kalt, nahe dem Nullpunkt unseres Universums (dazu ebenfalls später mehr). Auf der Oberfläche landen zu wollen, wäre weiterhin ein tödliches Unterfangen. Denn die Gravitation wäre immer noch stark genug, um jeden ungebetenen Gast in eine dichte heiße Pfütze zu verwandeln. Spätestens an diesem Punkt können wir wohl vom Ende des Sonnensystems sprechen.

Doch ganz allgemein sind wir immer noch am Anfang der Dinge. Wir befinden uns wie schon besprochen in der Sternenreichen Ära. Der Urknall war praktisch gestern, die Materie im Universum befindet sich größtenteils in Nebulae. Sterne dominieren den Anblick unseres Kosmos bereits, obwohl sie gerade erst im Kommen sind. Doch jeder Stern im Universum, welcher in seiner Hauptreihe ist, verbraucht Wasserstoff. Noch macht dieses Element drei Viertel der normalen Materie im Kosmos aus, doch mit jeder Sekunde wird es weniger. Im sichtbaren Universum wird daher die letzte Kernfusion in 100 Billionen Jahren durchgeführt werden. Doch ohne eine Möglichkeit, an neuen Wasserstoff zu kommen, wird unser Universum ein dunkler Ort werden. Und während die letzten Lichter am Sternenhimmel verschluckt werden, müssen wir uns mit einer unangenehmen Realität auseinandersetzen: Unser Kosmos wird eines Tages enden. So will es das Voranschreiten der Entropie.

Die Frage, wie und wann, hängt jedoch maßgeblich von der dunklen Energie ab. In dem Ablauf, den ich Ihnen gerade beschrieben habe, würde das Universum schon lange vor dem Ende der Sternenreichen Ära ein ganzes Stückchen dunkler werden. Denn die dunkle Energie dehnt das Universum immer schneller aus, was bedeutet, dass sie auf immer kleineren Distanzen die Lichtgeschwindigkeit überholt. Daher wird es in 150 Milliarden Jahren nicht länger möglich sein, Galaxien außerhalb der lokalen Gruppe zu sehen. Und diese wird bis dahin natürlich keine weiteren mehr haben. Zukünftige Zivilisationen müssten also davon ausgehen, dass die Milkdromeda-Galaxie (wir erinnern uns, dass beide Objekte verschmelzen werden) das gesamte Universum darstellt. Dies setzt aber voraus, dass die dunkle Energie sich so verhält wie von uns erwartet und dementsprechend auch beschleunigt.

Ganz zu Beginn des Buches habe ich von Hubbles Entdeckung der kosmischen Expansion gesprochen. Dies war aber streng genommen noch nicht die Entdeckung der dunklen Energie. Dieser Begriff existiert nämlich erst seit 1998 und wurde von dem amerikanischen Astrophysiker Michael Stanley Turner eingeführt, nachdem zwei Forschungsteams unabhängig voneinander herausgefunden hatten, dass die Expansion des Kosmos zunehmend beschleunigt. Eine bahnbrechende, aber insbesondere auch verwirrende Entdeckung. Denn die Expansion des Kosmos, welche mit dem Urknall anfing, sollte eigentlich durch die Masse des Universums verlangsamt werden. Dass dies nicht passiert, hat erst darauf hingedeutet, dass hier eine unsichtbare Energie am Werk ist.

Zwischendurch gab es, basierend darauf, die Idee, dass die dunkle Energie eines Tages stark genug werden würde, um alles im Kosmos auseinanderzureißen. Also erst Galaxien, dann Sternensysteme, dann Sterne und Planeten und anschließend auch Materie. Dies gilt jedoch mittlerweile als höchst unrealistisch. Dennoch hängt die Frage, wie das Universum enden wird, von der dunklen Energie ab und unterscheidet zwei Möglichkeiten.

Sollte sich die Expansion im Kosmos doch eines Tages verlangsamen, so würde das Universum im *Big Bounce* sterben. Diese Idee wurde in den 1980ern nach der Entwicklung des kosmischen Prinzips populär. Demnach würde die Gravitation im Kosmos eines Tages die Oberhand gewinnen, nachdem die Expansion langsam genug geworden wäre. Dies würde bedeuten, dass die Materie den dreidimensionalen Raum wieder zusammenzöge. Das Universum würde zurückfallen in den kleinen dichten Zustand, aus dem der Urknall entstanden ist. Vor der Entdeckung der dunklen Energie war dies nicht nur ein sehr populäres Modell, es war auch ein sehr harmonischer Gedanke. Denn es nennt sich Big Bounce, das »Große Hüpfen«, da wie bei einem Trampolineffekt ein neuer Urknall aus dem sterbenden Universum geboren werden würde. Dies müsste man auch als ein komplett neues Universum verstehen und nicht als eine Fortsetzung unseres Kosmos. Mit anderen Worten, wir würden in einem ewigen Zyklus aus Tod und Wiedergeburt leben. Auch wenn nicht jedes Universum genau so wie sein Vorgänger wäre, könnte es trotzdem bereits unendlich viele Versionen von Ihnen gegeben haben. Denn dieser Prozess müsste nie einen echten Anfang gehabt haben. Stattdessen hätte sich Zeit jedesmal erneut im neuen Kosmos entwickelt. Da die Wahrscheinlichkeit größer als null ist, dass Sie in einem neuen Universum entstehen, so unwahrscheinlich es auch sein mag, muss es Sie in einem ewigen Zyklus also schon unendlichmal gegeben haben.

Das Modell des Big Bounce litt zwar anfangs unter einigen mathematischen Problemen, funktioniert zusammen mit einigen Theorien der Quantenphysik jedoch. Leider scheinen die beiden oben genannten Entdeckungen der späten 1990er dies widerlegt zu haben. Ich erwähne die Theorie aber trotzdem, da es am Anfang des Jahres 2024 Beobachtungen durch ein neues Teleskop am Kitt Peak National Observatory in Arizona gab, welche nahelegen, dass die dunkle Energie langsamer wird. Diese Entdeckung muss aber erst durch weitere Messungen bestätigt werden, was im Oktober 2024, als dieses Buch beendet wurde, noch nicht passiert war. Sollten aber die Erkenntnisse aus den 90ern auf mysteriöse Art und

Weise doch noch falsifiziert werden, würde dies den letzten Abschnitt dieses Buches infrage stellen. Die Entdeckung von 2024 hat den Big Bounce allerdings wieder populärer gemacht. Sie könnte jedoch auch ein Fehler gewesen sein oder ganz alternativ einfach nur zeigen, dass die dunkle Energie unstetiger ist als angenommen. Unter diesen Umständen wäre ihr Einfluss am Ende von allem weiterhin zu vernachlässigen.

Das Modell, von dem wir hier ausgehen und das Stand heute auch am ehesten Konsens ist, ist der *Kältetod* des Universums, auch *Big Freeze* genannt. Wir haben bereits angefangen, über dieses Modell zu sprechen, da das Ende der Sternenreichen Ära auch dazugehört. Der Kältetod ist die älteste Theorie zum Ende des Universums, da sie ohne die dunkle Energie auskommt. Stattdessen baut sie auf der Thermodynamik auf und wurde als grobes Modell bereits im 19. Jahrhundert vom deutschen Physiker Rudolf Clausius entwickelt. Im Grunde wird die Entropie allgemein voranschreiten, bis sie irgendwann ihren Höhepunkt erreicht hat. Dies gipfelt dann im dritten Hauptsatz der Thermodynamik, über den wir aber erst sprechen, sobald wir ihn im Rahmen dieser Darstellung auch erreichen.

Setzen wir also unsere Reise durch einen sterbenden Kosmos fort.

Wenn wir nun am Ende der Sternenreichen Ära ankommen, 100 Billionen Jahre von heute, lohnt es sich, noch einmal diese Zeitskala zu reflektieren. Das Schicksal, das die Menschheit ereilen wird, welches auch immer es sein mag, wird sich bis dahin noch billionenfach wiederholen. In einem so großen Zeitraum werden unzählige Wesen wie wir unabhängig von uns entstehen. Die Wahrheit ist weiterhin, dass wir uns noch ganz am Anfang von allem befinden. Zu dieser Wahrheit gehört aber auch, dass mit dem Ende der Sternenreichen Ära das Ende eines Kosmos kommen wird, welcher die Existenz von Leben unterstützen kann. Ohne die Energie der Sterne und die Struktur der Sonnensysteme hat Leben im Kosmos keine Chance. Wenn jetzt alles dunkel wird, so mögen Sie vielleicht denken, ist bereits alles vorbei. Was ist denn der Kosmos ohne Sterne bitte? Nun, er bleibt weiterhin ein spannender Ort. Die Zeitskalen, auf der sich die Ereignisse nun zunehmend abspielen, übersteigen aber unsere Vorstellungskraft.

Sterne und somit auch Leben kann es nämlich nur für weniger als ein Trilliardstel der Lebenszeit unseres Kosmos geben. Nur ganz kurz, am Anfang. Würde man die Lebenszeit unseres Universums mit der Lebenszeit eines Menschen vergleichen, so wäre der letzte Stern schon gestorben, bevor ein Baby überhaupt seine Geburt beendet hätte. Der natürliche Zustand unserer Realität ist ein Zustand ewiger Dunkelheit. Wobei es nicht gerecht ist, ausschließlich von Dunkelheit zu sprechen.

DIE ÄRA DER DEGENERATION (10^{14} BIS 10^{100} JAHRE)

Mit dem Sterben der letzten Sterne beginnen wir mit Zeitskalen zu arbeiten, welche unsere bisherigen wie kurze Augenblicke aussehen lassen. Mit dem Tod der Sterne und dem Wegfallen der Nebulae, deren Materie in den Sternen verschwunden sein wird, werden Galaxien mächtig ausgedünnt werden. Planeten werden zwar weiterhin existieren, bewegen sich aber ziellos durch den Kosmos. Sollte die Erde zu dem Zeitpunkt noch da sein, was nach ihrer Begegnung mit der zum roten Riesen gewordenen Sonne jedoch unwahrscheinlich ist, würde sie im Verlauf der nächsten Billiarden Jahre nach dem Tod der Sonne zusammen mit den anderen Planeten aus dem Sonnensystem geschleudert werden. Früher oder später wird unser System einfach von genug anderen kosmischen Objekten gekreuzt werden, um die Planeten aus dem Griff der Sonne zu befreien.

Wir befinden uns jetzt in der *Ära der schwarzen Löcher*. Diese Objekte, die bis hierhin ihr stetiges Wachstum fortgesetzt haben, dominieren nun die Galaxien. Kleinere schwarze Löcher drehen sich in Geistergalaxien um supermassive schwarze Löcher. Einige werden dabei verschluckt und helfen dadurch, schwarze Löcher zu erschaffen, welche die Masse ganzer kleiner Galaxien haben. Was an Sternenresten, braunen Zwergen und Planeten übrig ist, wird größtenteils aus den Galaxien herausgeschleudert und entgeht somit einem Ende in einem supermassiven schwarzen Loch. Dies liegt daran, dass Objekte kinetische Energie abgeben oder aufnehmen, wenn sie aneinander vorbeifliegen. Kleine Objekte wie braune Zwerge sind dabei die Gewinner in diesem Handel und sammeln über lange Zeitskalen genug Energie, um die Fluchtkraft zu haben, mit welcher eine Galaxie verlassen werden kann.

Sollte sich eine Stufe-III-Zivilisation spät genug im Kosmos entwickelt haben, um das Ende der Sternenreichen Ära mitzubekommen, müsste sie sich nicht zwangsweise mit ihrem Schicksal zufriedengeben. Sie könnte Asyl in der Nähe eines kleinen schwarzen Loches suchen. Die Rotationsenergie dieser Objekte ist enorm und lässt sich in einer Art Tauschhandel in gewissen Mengen gewinnen, wenn das schwarze Loch mit Asteroiden oder anderen Objekten gefüttert wird. Eine Zivilisation könnte im Licht dieser falschen Sonne sehr lange existieren, jedoch keine neue Ära des Lebens starten. Nur die intelligentesten Reste des Lebens wären in der Lage, es bis hierhin zu schaffen. Doch auch sie würden einen Kampf gegen die Entropie kämpfen, den sie nur verlieren könnten, und würden daher auch nicht länger als einen kurzen Augenblick in der *Ära der Degeneration* existieren. Das Zeitalter definiert sich durch die Lebensdauer der schwarzen Löcher. Diese werden nach heutigem Verständnis durch die *Hawking-Strahlung* sterben, welche 1975 von Stephen Hawking vorhergesagt wurde.

Sie erinnern sich vermutlich noch an die Quantenfluktuationen des frühen Universums, bei denen unzählige Partikelpaare aus Materie und Antimaterie entstanden. Dieser Prozess kann sich tatsächlich auch ganz normal im Universum vollziehen. Die Partikel, die dabei entstehen, bezeichnet man aber allgemein als virtuelle Teilchen. Sie entstehen und verschwinden wieder, ohne eine Relevanz zu haben. Dabei besitzen sie jeweils eine positive und eine negative Energie, welche aber ebenfalls irrelevant ist. Außer dieser Prozess findet im Umfeld eines Ereignishorizontes statt. Am Rande des schwarzen Loches ist die Raumzeit vielen Veränderungen und Krümmungen ausgesetzt. Wenn nun eine Quantenfluktuation direkt neben dem schwarzen Loch auftritt, wird eines der beiden Teilchen von dessen Gravitation eingesaugt. Das andere Teilchen wird durch eine Art Gezeitenkraft der Gravitation in den Kosmos entfernt und verdampft als die hypothetisch beobachtbare Hawking-Strahlung. Dieser Prozess sorgt für ein Energieungleichgewicht, bei dem das schwarze Loch der Verlierer ist. Das Teilchen, welches in das schwarze Loch hineinfällt, wird zu dem Partner, der die negative Energie trägt. Wenn es also mit dem schwarzen Loch interagiert, verliert dieses ein bisschen Energie und somit auch etwas Masse. Aber eben nur auf der winzigen Ebene der Partikel. Da Partikel mit negativer Energie auch als Partikel mit positiver Energie interpretiert werden können, die in der Zeit rückwärtslaufen, schlug Stephen Hawking zur Vereinfachung vor, man müsse sich vorstellen, dass das Negative-Energie-Partikel das schwarze Loch über den Ereignishorizont in Wirklichkeit verlässt und dann durch das Gravitationsfeld der Umgebung in die »Zeit-Vorwärts-Richtung« gestreut wird. Zweifellos eine große Hilfe in der Veranschaulichung.

Wie auch immer, wenn schwarze Löcher nur Partikel für Partikel langsam verdampfen, hat dies zur Folge, dass das Sterben der kosmischen Giganten nach unseren Maßstäben praktisch unendlich lange dauert. Und so kommt es eben, dass die Ära der Degeneration 10^{100} Jahre anhält, das ist eine Zahl mit 100 Nullen.

Auf der Schlussgeraden ihrer Existenz werden unsere kosmischen Giganten zunehmend wärmer und erreichen gegen Ende ihrer Lebenszeit die Temperatur von Sternen. Wie Sie sich vielleicht erinnern, hatten wir darüber gesprochen, dass die Umgebung von schwarzen Löchern extrem heiß ist. Dies gilt aber für einen Zeitpunkt, als es noch große Mengen an Materie gab, welche um die schwarzen Löcher geschleudert wurden. Jetzt, Ewigkeiten später, könnte ein Beobachter – den es natürlich nicht mehr gibt – für einen kurzen Augenblick die Illusion haben, dass einige Sterne zurückgekehrt wären.

Aufgrund des überwältigend langen Zeitraums der Ära der Degeneration ließen sich faszinierende Prozesse verfolgen. Würden wir die Oberfläche eines Planeten mit einem Zeitraffer beobachten, würden wir Befremdliches entdecken. Denn die Effekte der Quantenphysik, welche zu winzig sind, als dass sie bis zum heutigen Universum relevant gewesen wären, gewinnen nun an Einfluss. Allen voran der *Tunneleffekt*. In unserem Kosmos erfordern Handlungen eine gewisse Menge an Energie. Es gibt zwar nichts, was frei von Energie ist, aber viele Aktionen sind eben nur unter bestimmten Konditionen und in bestimmten Umgebungen möglich, weil andernfalls die Energie fehlt. Die Kernfusion von Wasserstoff zu Helium braucht beispielsweise die Startenergie und die Umgebung, wie man sie in einem Stern finden kann. Im normalen Vakuum des Weltalls fehlt es den Wasserstoffteilchen einfach an Potenzial. Doch unsere Freundin, die Quantenebene, würde dies als Schwarz-Weiß-Denken abtun. Haben wir denn schon vergessen, dass es nur Wahrscheinlichkeiten und nicht feste Zustände auf der kleinsten Ebene gibt? Somit besteht eine winzige Wahrscheinlichkeit, dass Dinge, die nicht gehen sollten, eben doch gehen. Und so können sich zum Beispiel die Partikel eines Gesteinsplaneten über lange Zeiträume neu anordnen. Die Oberfläche würde sich also bewegen und verändern. Nur eben extrem langsam.

Doch dabei würde es nicht bleiben. Manche Modelle unserer Physik beinhalten die Hypothese, dass mithilfe des Tunneleffekts möglicherweise eines Tages die Protonen zerfallen. Demnach könnten Protonen ähnlich wie radioaktive Stoffe eine Halbwertszeit haben, diese wäre nur immens lang. In 10^{31} bis 10^{36} Jahren wäre diese erreicht, und der Grundbaustein des Atoms würde zerfallen und zu Strahlung werden, die sich in der großen Dunkelheit des Kosmos verlöre. Unsere schwarzen Löcher würden ab dem Punkt also bis zum Ende der Degeneration die letzten Überlebenden sein. Da es jedoch keine Beweisgrundlage für den Protonenzerfall gibt und dieser auch umstritten ist, gehen wir vorerst davon aus, dass er nicht stattfindet.

DIE ÄRA DER DUNKELHEIT (10^{100} JAHRE BIS ZUM ENDE)

Mit dem letzten Licht der sterbenden schwarzen Löcher verschwindet jede Helligkeit aus unserem Universum. Auch ohne den Protonenzerfall können Elemente in instabilere Zustände getunnelt werden, weswegen ein Teil der Materie bereits angefangen hat, sich in kleinere Partikel zu zersetzen oder in Strahlung aufzugehen. Als Folge wird die Materie im Kosmos zunehmend weniger. Je nachdem, wie intensiv dies passiert, könnte jedoch der Tunneleffekt den Fusionsprozess im Inneren eines Sterns tatsächlich nachahmen und somit eine kalte Fusion durchführen. Dies bedeutete, dass einzelne Atome in den schwarzen Zwergen und Planeten zu schwereren Elementen würden. Dieser Prozess würde sich durch das gesamte Periodensystem stufenweise entwickeln, bis durch kalte Fusion *Eisen-56* entstünde, das Element mit dem stabilsten Atomkern. Wenn ein Planet diesen Prozess durchläuft, wird am Ende ein Eisenstern geboren, eine Kugel aus reinem Eisen-56. Hier ist für den Tunneleffekt vorerst Endstation. Das Element ist zu stabil, die Wahrscheinlichkeit weiterer Fusionen wird zu gering.

Wenn Sie an die Ären des Urknalls zurückdenken, dann erinnern Sie sich vielleicht, dass jede neue Ära länger gedauert hat als die vorherige. Dies gilt weiterhin. Der Urknall war nur ein Augenblick im Vergleich zur Länge der Sternenreichen Ära. Diese wiederum war nichts im Vergleich zur Ära der Degeneration. Doch auch diese ist kaum spürbar im Vergleich zur Länge der Ära der Dunkelheit. Ja, Leben kann es nur für weniger als ein Trilliardstel der Lebenszeit des Kosmos geben. Doch der Kältetod zeigt uns, dass Lebenszeit ein sinnbefreiter Maßstab für unseren Kosmos ist.

In frühestens 10^{1500} Jahren werden die großen verbliebenen Objekte zu Eisensternen, Objekte, die so stabil sind, dass sie erst mal einfach existieren. Da ist es, unser vorläufiges Endergebnis. Eine ewige Dunkelheit voller Eisenkugeln, zu massiv und robust, um Licht oder Wärme oder dergleichen abzugeben. Doch das endgültige Ende ist dies nicht. Das erreichen wir erst, wenn wir den dritten Hauptsatz der Thermodynamik so gut es geht erfüllt haben.

Er besagt, dass die Entropie in einem geschlossenen System auf Dauer immer gegen eine von Werten der Thermodynamik unabhängige Konstante läuft. Es gibt eine maximale Entropie im Universum. Es wird aber nie möglich sein, die perfekte Entropie zu erreichen. Letztere definiere ich hier über die *Nullpunkttemperatur* des Universums. Diese liegt bei −273,15 Grad Celsius oder 0 Kelvin. An diese Temperatur können Objekte wie schwarze Zwerge nahe herankommen, sie aber nie erreichen. Dafür dürfte sich kein einziges Partikel mehr bewegen, was aber der Quantenphysik widersprechen würde, da Partikel dann eine klar definierbare Position hätten. Daher gibt es auf der Quantenebene stattdessen immer die *Nullpunktenergie.* Des Weiteren müssen Objekte Wärme abgeben, um kälter zu werden. Doch je kälter ein Objekt ist, umso schwieriger wird es, noch Wärme abzugeben. Wenn ein schwarzer Zwerg so kalt wie das Vakuum des Weltalls ist, wird es schwer, Wärme an dieses abzugeben. Außerdem geht es uns hier ganz konkret um das gesamte Universum, also würde es wenig bringen, wenn das Vakuum die Wärme aufnähme. Doch beim Kältetod des Universums vollzieht sich die höchstmögliche Annäherung an den Nullpunkt – so lange, bis der maximale Zustand der unumkehrbaren Entropie erreicht ist und nichts mehr im Kosmos noch einen Prozess vorantreiben kann.

Irgendwann wird der Tunneleffekt vor den Eisensternen

nicht mehr haltmachen. Sie werden verstrahlen und ihr stabiles Element wird wieder zerfallen. In einer Unendlichkeit von $10^{10^{76}}$ Jahren, also einer Zeitdauer mit 10^{76} Nullen, werden sie zu Neutronensternen und schwarzen Löchern. Diese existieren auf jetzigen Zeitskalen so kurz, dass die Eisensterne genauso gut einfach hätten verpuffen können.

Liebe Leserinnen, liebe Leser, wir haben das Ende erreicht. Das Universum ist tot. Alles ist vorbei. Selbst wenn Zeit keine räumliche Dimension ist, könnte sie laut einigen Stimmen jetzt vorbei sein. Denn was ist Zeit noch, wenn es nichts mehr gibt, was passieren kann, und niemand mehr da ist, der was beobachten kann. Energie wird im Kosmos nicht verloren gehen, sie bleibt erhalten. Quantenfluktuationen und virtuelle Teilchen wird es noch geben, aber sie haben keinen Einfluss. Andere Stimmen argumentieren aber, dass nun eine Zeit des Skurrilen anfängt. In extremst unwahrscheinlichen Fällen könnte eine Quantenfluktuation reale Materie produzieren, dies ginge jedoch nur durch das Hinzuführen von externer Energie. Das Kältetod-Universum bietet dafür einfach nicht mehr die Konditionen. Doch auch hier könnte womöglich der Tunneleffekt nachhelfen. Dies würde es natürlich noch mal unwahrscheinlicher machen.

Doch wir befinden uns jetzt an einem Punkt, an dem Zeit für uns irrelevant ist. Theoretisch könnte also Materie im Kosmos entstehen und vorerst bleiben. Und ganz theoretisch könnten irgendwann mehrere Partikel bleiben. Wenn wir unendlich viel Zeit haben, muss alles passieren, was eine Wahrscheinlichkeit größer null hat. Und so argumentieren einige, dass nun Dinge entstehen könnten. Der Gedanke, dass im Kosmos ein Stuhl entsteht, ist lächerlich. Er ist aber nicht unmöglich. Also entsteht in der Unendlichkeit ein Stuhl. Es ist wahrscheinlicher, dass ein Stuhl entsteht, als dass eine Erde entsteht, weil der Stuhl weit weniger komplex ist. Also müssen wir davon ausgehen, dass der Stuhl zuerst entsteht. Und irgendwann dann ein Gehirn. Es kann im kalten Vakuum nicht überleben, doch für einen kurzen Moment kann es träumen, dass es leben wird. Und die Wahrscheinlichkeit, dass es von einem Leben auf der Erde träumt, ist auch nicht null. Also wird das passieren. Ein Gehirn im toten Weltall, das da träumt von grünen Wiesen und blauen Himmeln. Und das sich nach den Sternen sehnt. Was meinen Sie? Gab es mehr Menschen auf der Erde oder wird es mehr dieser sogenannten *Boltzmann-Gehirne* geben?

Das Ganze ist natürlich eine Theorie ad extremum. Das Extremstszenario von dem, was theoretisch möglich wäre. Es lenkt darauf hin, dass theoretisch in der Unendlichkeit ein neues Universum durch eine Quantenfluktuation geboren werden könnte. Dass wir also doch in einem ewigen Zyklus sind. Beweise dafür gibt es aber nicht, und ein Gehirn würde eben wahrscheinlicher entstehen, da es dafür weniger braucht als ein Universum.

Doch wir vernachlässigen den Gedanken an dieser Stelle. So oder so ist der Kosmos jetzt am Ende angekommen. Ich bedanke mich bei Ihnen dafür, dass Sie mich auf dieser Reise begleitet haben. Nur noch wir sind jetzt da, Sie und ich, um uns zu fragen, was der Sinn hinter all dem war. Doch unabhängig von all den Komplexitäten, die sich ergeben haben, war der Sinn hinter dem Universum zu einem gewissen Grad immer klar. Das Universum gibt es, weil es nicht nichts geben darf. Von nichts kommt nichts. Dass Sie gerade dieses Buch lesen, beweist also, dass es schon immer irgendwas gegeben haben muss, ansonsten könnten Sie nicht hier sein. Natürlich muss dieses Irgendwas nicht immer unserer Realität entsprochen haben. Und natürlich beantwortet dies nicht die Frage, warum es feste Naturkonstanten gibt, warum Partikel tun, was Partikel tun, warum die Quantenebene und unsere Ebene so sind, wie sie eben sind. Aber darüber wollen wir uns ja nicht wundern. Eine Alternative können wir schließlich nicht wahrnehmen. Also bleibt uns nur noch die Frage nach dem Sinn des Lebens, so kurz es im Kosmos auch existiert haben mag.

DER SINN DES LEBENS
Über den Tod

DREIFALTIGKEIT

Zum Ende möchte ich noch einmal zusammenfassen, was in diesem Buch veranschaulicht werden sollte. Unser Kosmos ist nicht nur massiv und in ständiger Veränderung, er wird auch seit Anbeginn der Zeit von Grundkräften der Natur regiert. Nicht bloß der Mensch, sondern das Leben als Ganzes macht nur einen Bruchteil der Existenzzeit unseres Universums aus. Aber wie zu Anfang gesagt, Sie können eine Maschine nicht verstehen, indem Sie nur einen Hebel oder ein Zahnrad ansehen. Wenn wir über den Sinn des Lebens reden, dürfen wir uns nicht nur auf den Menschen beziehen, sondern müssen an alle Lebensformen denken. Hierbei müssen wir in Betracht ziehen, dass die Art und Weise, wie sich das Leben entwickelt hat, recht zufällig war und sich an der natürlichen Auslese orientierte. Dabei ist das Leben eine Folge der Chemie und bewohnt diesen Kosmos nicht einfach, sondern ist ein Teil davon. Sie sind eine Kollektion aus biologischen, chemischen und physikalischen Reaktionen. Und das menschliche Gehirn ist hierbei die komplexeste Zusammensetzung dieser Reaktionen im bekannten Universum. Sie sind direkt verbunden mit der Umgebung, in der Sie gerade dieses Buch lesen, ein Teil der Partikel, die diesen Bereich des kosmischen Vakuums füllen.

Der Mensch strebt seit jeher nach einem Sinn. Seine Suche findet sich in unseren Kulturen, seitdem es Aufzeichnungen gibt. Die älteste bekannte Geschichte der Welt, das *Gilgamesch-Epos*, endet damit, dass König Gilgamesch die Angst vor seiner Sterblichkeit überwindet, als er auf seine Stadt Uruk, eine der ersten Städte der Menschheit, hinunterblickt und stolz auf sein Werk ist. Denn auch wenn er stirbt, wird ihn dieses überleben. Er fand seinen Sinn in seiner Stadt. Uruk ist heute nur noch eine Ruine, doch seit 2009 leben mehr Menschen in Städten als in ländlichen Regionen. Hat also der Sinn, den Gilgamesch als einer der ersten Erbauer von Städten für sich gefunden hatte, nicht seine materielle Form überdauert? Darüber kann man diskutieren, doch für uns ist es womöglich irrelevant. Gilgamesch hat einen Sinn für sich selbst entdeckt, aber eben keinen universell gültigen. Das heißt aber nicht, dass Gilgamesch den universellen Sinn nicht trotzdem unwissentlich erfüllte. Worauf ich jedoch hinauswill, ist seine Motivation: einen Sinn zu finden, um seine Angst vor der Sterblichkeit zu beenden. Um genau zu sein, handelt das Gilgamesch-Epos von der Suche nach der Unsterblichkeit. Erst als sich diese als unmöglich herausstellt, findet Gilgamesch einen Sinn.

Wir haben es in diesem Buch nicht adressiert, aber unsere Motivation bleibt unverändert. Wären Sie und ich unsterblich und die Entropie nur eine Geschichte, wäre die Sinnfrage für uns kaum relevant. Wir könnten uns später um sie kümmern oder bräuchten gar keinen Sinn. Wir suchen ihn, weil wir bemüht sind, unsere Vergänglichkeit zu verleugnen, zu vergessen, das Bewusstsein davon tief in unserem Innern zu vergraben. Weil es wie ein böser kosmischer Witz wirkt, dass wir nach Jahrmilliarden der Bewusstlosigkeit ein Bewusstsein bilden, in der Lage sind, alles wahrzunehmen, noch so abstrakte Gedanken zu formen, nur damit es dann wieder nach dem kurzen Augenblick von weniger als einem Jahrhundert endet. Es ist nicht fair, es ist grausam, dass uns dies passieren muss. Wir freuen uns, dass wir existieren, und doch hat uns dies erst ein Bewusstsein für die Nichtexistenz gegeben. Und die Evolution schenkte uns auch die Angst vor dem Tod, nur um sicherzugehen, dass wir dieses Leben in dem Wissen, dass es trotzdem enden muss, genug schützen. Doch es gibt niemanden, auf den wir deswegen sauer sein können. Niemanden, der unsere Frustration wahrnehmen kann, außer uns selbst, schließlich sind wir die Wahrnehmung im Kosmos. Nach der Wissenschaft sind da nur wir, die Lebenden. Um uns herum das Material, aus dem wir gebaut sind. Also bleibt nur die Frage, warum wir hier sind. Denn eine Existenz, die nicht nur endet, sondern ohne Grund war, die schmerzt uns noch mehr.

Der Literat und Philosoph Albert Camus vertrat mit seiner Idee des »absurden Daseins« die Ansicht, dass das Leben sinnlos sei. Menschen können also ihren Sinn wie Gilgamesch vielleicht in den Mauern von Städten finden, aber es ist eben ein selbst gemachter Sinn. Dies, so Camus, sei eine Fluchtreaktion von uns, um der Angst vor dem Tod und der damit verbundenen Sinnlosigkeit zu entgehen.

Möglicherweise würde Camus das Argument vorbringen, dass das Schreiben dieses Buches mein Versuch sei, diese Sinnlosigkeit auch für mich zu beenden. Dass ich mich in die Physik flüchtete, weil

Religion und Philosophie mir nicht helfen würden. Aber Religion und Philosophie haben gemeinsam, dass sie noch nie klare, sichere Antworten über die Natur der Dinge gegeben haben.
Immanuel Kant stellte das Kausalitätsprinzip auf, das besagt, dass unabhängig von der gelebten Erfahrung alles, was passiert, eine Ursache haben muss. Eine Aussage, die für die Newton'sche Mechanik ein perfektes Match war. Doch nachdem Heisenberg 1928 einem Freund die Unschärferelation erklärt hatte, stellte er fest: »Ich glaube, ich habe Kant widerlegt.«

Wäre die Philosophie jemals darauf gekommen? Wie hätten die Verfasser religiöser Texte jemals auf schwarze Löcher kommen sollen? Selbst Albert Einstein hat deren Existenz geleugnet, weil dies nicht in sein religiöses Weltbild passte. Man muss weder Camus noch der Bibel noch dem Koran glauben. Aber wenn die Wissenschaft etwas gesichert feststellt, dann ist das keine Glaubensfrage. Keine Denkschule. Und auf diese Weise muss ein Sinn des Lebens gefunden werden. Er muss, so gut es geht, wissenschaftlich belegt oder zumindest unterstützt werden. Und er muss regelmäßig angefochten und überprüft werden.

Natürlich werden Sie, liebe Leserinnen und Leser, sich schon mal die Frage gestellt haben, ob es denn nicht einfach keinen Sinn im Kosmos geben kann. Eine wissenschaftliche Suche ohne bisher klare Antwort widerlegt Camus schließlich nicht. Dazu möchte ich zwei Gedanken mit Ihnen teilen: Wenig überraschend glaube ich an die Existenz eines Sinnes. Dies folgt für mich aus der Tatsache, dass wir nach einem suchen. Außerhalb der Quantenphysik ergibt das Kausalitätsprinzip eben doch Sinn. Warum bin ich dazu veranlagt, einen Sinn finden zu wollen, wenn so was überhaupt nicht existiert? Was wollen wir denn sonst geradezu instinktiv, das es nicht wirklich gibt? Mir ist bewusst, dass ich einen starken

Willen zum Leben habe, weil die Evolution ihn mir gegeben hat. Tiere, die leben wollten, haben in der Vergangenheit länger gelebt. Vielleicht neigen intelligente Wesen dazu, Zivilisationen zu bauen, weil die Evolution ihnen die Sinnfrage gebracht hat. Vielleicht funktioniert die Evolution nach dem Prinzip von Camus, weil die natürliche Auslese uns dies auf den Weg mitgegeben hat. Doch dann ist mein Einwand, dass es einen Sinn gibt, weil wir einen Sinn haben wollen, jetzt ja nur meine persönliche Glaubensfrage.

Ich gebe Ihnen also eine bessere Begründung:

Gehen Sie davon aus, dass es einen Sinn gibt, weil die Alternative ohnehin egal wäre.

Als Lösung für den Menschen im Angesicht seiner existenziellen Krise schlug Camus die permanente Revolution vor. Der Mensch solle trotzdem jeden Morgen aufstehen, um in einer ewigen Revolution ohne glückliches Ende der Sinnlosigkeit entgegenzulachen. Das bedeutet natürlich, vor einem unsichtbaren Feind aufzugeben. Doch wäre meine Antwort viel besser, wenn ich Sie stattdessen damit zurückließe, dass Sie jeden Morgen aufstehen und darauf warten sollen, dass die Wissenschaft endlich eine Antwort findet? Im Gegensatz zu Camus habe ich zumindest ein Unterziel genannt, den Erhalt unserer Spezies durch ein Ausbreiten im Kosmos. Dennoch: Ich möchte zum Abschluss dieses Buches drei mögliche Arten eines Lebenssinns nennen, welche jeweils eine unterschiedliche Herangehensweise darstellen.

Der simple Sinn

Wie auf den zurückliegenden Seiten umfangreich beschrieben, wurden wir nicht dazu auserwählt, Menschen zu werden, sondern sind eine Mischung aus Mutationen der Urzellen, welche von der natürlichen Auslese geleitet wurden. Der Gedanke, dass wir das Produkt von 4,5 Milliarden Jahren biochemischer Arbeit sind, fand ich immer recht erhaben. Wie aber ebenfalls schon gesagt, legt dies nahe, dass ein Sinn des Lebens alle Lebensformen betreffen müsste. Nicht nur jeder Mensch, auch jeder Grashalm und jede Bakterie sollte in der Lage sein, ihn zu erfüllen. Daher nenne ich ihn auch den *simplen Sinn*. Und wenn die Evolution, welche nach der Entstehung des Lebens kam, nur eine logische Auslese ist, dann sollte man noch einen Schritt weitergehen. Der Sinn des Lebens muss der Grund gewesen sein, warum das Leben entstanden ist. Ganz direkt. Verankert in einem bestehenden Naturgesetz. Mit anderen Worten, das Leben und sein Sinn sind eine Folge der physikalischen Naturgesetze. Bisher hatten wir nur darüber gesprochen, dass das Leben eine Folge von chemischen Reaktionen ist.

Eine Beschreibung, wie man sich dies vorstellen muss, erdachte sich 2014 der Physiker Jeremy England vom Massachusetts Institute of Technology. Seine Theorie unterstützt des Weiteren einen Punkt, welchen ich in diesem Buch ebenfalls vertreten habe: dass Leben nicht unter den richtigen Bedingungen entstehen kann, sondern unter den richtigen Bedingungen entstehen muss.

Wenn wir uns fragen wollen, was der Entstehungssinn für die frühesten Lebensformen war, so müssen wir überlegen, was Leben kann, was die Chemikaliensuppe, aus der es entstanden ist, nicht konnte. Und die Antwort liegt laut England in der Energie, genauer gesagt der Wärmeenergie. In seiner *Theorie der dissipativen Anpassung* argumentiert er, dass Lebensformen die Entropie in ihrer Umgebung steigern. Wie im Kapitel »Zeit« besprochen, würde dies laut dem zweiten Hauptsatz der Thermodynamik also bedeuten, dass wir die Dinge im Kosmos in ihre natürliche Entwicklungsrichtung beschleunigen. Denn der große Unterschied zwischen der Zelle und der Chemiesuppe, aus der sie entstanden ist, besteht darin, dass die Zelle zum Überleben Energie aufnehmen muss. Sie, liebe Leserinnen und Leser, müssen jeden Tag essen, um zu überleben und natürlich diese Energie auch wieder zu nutzen, immer dann, wenn Ihr Körper Arbeit verrichtet. Wie Sie wissen, geht Energie niemals verloren, also was passiert mit dieser Energie? Sie wird als Körperwärme wieder ausgestoßen. Und das ist ganz spannend. Während die chemische Energie in Ihrer Nahrung einen kompakten und geordneten Zustand hat, ist die Wärmeenergie, die Sie ausstoßen, natürlich viel weniger »greifbar«. Außerdem stoßen Sie diese nicht auf einmal aus, sondern verteilen sie auch in Ihrem Alltag. Sie machen Ihre Umgebung thermodynamisch unordentlicher und die Energie auch weniger nützlich. Lebensformen sind also Energieumwandler. Andersherum kann man auch sagen: Wenn Materie das Potenzial hat, Energie effizient umzuwandeln, so wird sie lebendig.

Vermutlich werden Sie nicht allzu viel über Ihren alltäglichen Energiehaushalt nachgedacht haben, und das natürlich aus gutem Grund: Von dieser Entropiesteigerung in Ihrer Umgebung bekommen Sie zumeist äußerst wenig mit. Die Erde ist dadurch nicht ungeordneter geworden. Und hier liegt ein Knackpunkt dieser Idee. Sie gibt dem Leben einen festen physikalischen Sinn, welcher auch dessen Entstehung erklären würde. Aber es ist ein Sinn, der keinen Effekt hat. Wir leben in einem Ökosystem, welches sich dank der konstanten Energie der Sonne in einem gesunden Kreislauf befindet (solange die Menschen dies nicht zerstören). Noch dazu ist es ein Sinn, welcher so oder so irrelevant ist, da die Erde eh zerstört werdern wird, egal, ob sie Leben beherbergt. Aber von der reinen Herangehensweise ist Englands Theorie ideal. Sie geht ausschließlich von der Frage aus, welche physikalischen Prozesse wir vorantreiben können. Gravitation kann Sterne erschaffen, aber auch irrelevante Asteroiden. Die Thermodynamik schafft den Kältetod und unterwegs eben auch uns. Vermutlich könnte man argumentieren, dass wir die Aufgabe des Energieumwandlers sinnvoller durchzuführen vermögen, wenn wir uns im Kosmos ausbreiten würden, aber eine Sinnhaftigkeit dieses Unterfangens wäre mit Blick auf diesen Sinn leicht anzufechten. Englands Idee wirft also auch die Frage auf, ob ein Sinn des Lebens nicht womöglich ein Entstehungsgrund ist, aber darüber hinaus zu irrelevant, als dass wir ihn gezielter umsetzen sollten. Das Leben als Beiprodukt der Thermodynamik.

Wenn auch ernüchternd, ist das eine elegante Idee und zeigt uns einen Sinn, den wir eh erfüllen. Doch nicht jeder ist bereit, sich mit simplen Ideen zufriedenzugeben.

Der komplexe Sinn

Ich kann Ihnen nicht sagen, warum die Lichtgeschwindigkeit ungefähr 300 000 Kilometer pro Sekunde beträgt. Ich kann Ihnen sagen, dass es an den Eigenschaften des Vakuums liegt, durch welches Licht reist. An der magnetischen und an der elektrischen Feldkonstante, mit denen der Wert berechnet wird. Aber warum dann diese eine feste Zahl dabei rauskommt, kann ich Ihnen nun mal nicht sagen. Genauso wenig, wie ich sagen kann, warum die Gravitationskonstante ihren Wert hat. Unser Universum hat eben feste Zahlen als Naturkonstanten, und nach unserem heutigen Erkenntnisstand sind diese Zahlen einfach das Fundament, auf denen die uns bekannte Realität aufbaut.

Hier lohnt es sich, das *Konzept der darwinistischen Dynamik* zu kennen. Kurz gesagt, beschreibt dieses, dass sich viele

Prozesse auf physikalischen Ebenen abspielen, die man im Kleineren auch in biologischen Systemen beobachten kann. Sowohl kosmische Entwicklungen als auch das Leben folgen einem gemeinsamen Prinzip. Dies macht Leben einfach zu einer Erweiterung unserer physikalischen Ordnung. Wenn wir in der gleichen Art und Weise, wie wir die Konstanten hinnehmen, auch hinnehmen, dass aus Chemie Leben entstehen kann, einfach weil unsere Umgebung und eine Reihe glücklicher Umstände dies möglich machen, so können wir die Sinnfrage aus der anderen Richtung ausrollen: Was ist das größte Potenzial, welches Leben erfüllen kann?

Die Antwort auf diese Frage kommt womöglich vom Stanford-Physiker Andrei Linde. 1991 veröffentlichte er nämlich ein Paper, in dem er beschrieb, wie man hypothetisch ein neues Universum im Labor erschaffen könnte. Seine Idee ist in vielerlei Hinsicht das Gegenteil zur eleganten Theorie von England. Sie ist holperig, erwartungsgemäß kompliziert und beschränkt sich nur auf die komplexesten Lebensformen. Der Sinn des Lebens als Ziel für die Spitze des Lebens. Da die Sinnsuche für Lebensformen erst anfängt, wenn sie komplex genug sind, ist dies nicht unvorstellbar.

Lindes Idee zielte nie darauf ab, einen Sinn des Lebens zu erdenken. Er dachte eigentlich eher daran zu erklären, wie wir womöglich künstlich erschaffen wurden – eine Anmerkung in seiner Veröffentlichung, die er aufgrund des Drucks durch religiöse Publizisten des Journals, in dem er veröffentlichen wollte, wieder entfernen musste. Der Gedanke, dass hier eine Aufgabe für uns liegen könnte, wurde jedoch schnell von sehr vielen verschiedenen Quellen formuliert. Man kann jedoch nicht behaupten, dass Lindes Gedanken zweckentfremdet wurden. Neben diesem Paper und zahlreichen Modellen zum frühen Universum hat er auch das Modell eines ewigen Multiversums außerhalb unseres Universums entwickelt, in dem es viele verschiedene Kosmen gibt, die teils ganz andere Naturkonstanten haben (Sie erinnern sich vielleicht noch an das anthropische Prinzip). Des Weiteren stellte Linde Thesen auf, laut denen Wahrnehmung und Bewusstsein ähnlich relativ wie die Raumzeit sind und eine höhere Position in der Physik haben könnten. Doch diese Konzepte passen nicht mehr in dieses Buch. Der Punkt ist, dass Linde nicht davor zurückschreckt, spekulativer zu denken. Dies könnte kein schlechter Ansatz auf der Suche nach dem Sinn des Lebens sein, da wir nie so überheblich sein sollten zu denken, dass wir bereits ausreichend viel über den Kosmos wissen.

Ich möchte Ihnen die genauen Details zur Erschaffung eines neuen Kosmos ersparen, um jetzt im Finale nicht noch zu viele neue Themen einzuführen. Im Allgemeinen müsste man eine erhebliche Menge an Energie in einem Teilchenbeschleuniger aufbringen, die unsere heutigen Kapazitäten um ein Vielfaches übersteigen würde. Aber wir müssen nicht erst Jahrmillionen, sondern vielleicht nur Dekaden warten, damit sich dies ändert. Diese Energiemenge bräuchten wir, um unter extremsten Bedingungen einen Mono-Pol, unser Saat-Partikel, zu erschaffen – einen einzelnen magnetischen Pol ohne Gegenstück. Dies mag wenig beeindruckend klingen, wäre jedoch wie eine Wand, welche keine Rückseite besitzt. Würden wir diesen Pol mit Energie füttern, könnte er womöglich die Raumzeit innerhalb des Teilchenbeschleunigers so stark krümmen, dass er eine neue Raumzeit erschaffen würde. Wir sähen dann ein Objekt von der Größe eines Partikels. Doch in seinem Inneren befände sich eine Einstein-Rosen-Brücke, ein Wurmloch, welches in eine gänzlich neue Raumzeit führen würde. Ein neues Universum also. Dieses würde rapide expandieren, wovon wir jedoch nichts mitbekämen. Die *Riemann'sche Geometrie*, die Mathematik hinter der Raumzeit der Relativitätstheorie, würde dafür sorgen, dass sich der neue Kosmos dank seiner rapiden Expansion (wie bei unserem Urknall) sofort von unserem Universum losreißen würde. Durch die Natur der neuen Raumzeitblase würde aber ohnehin ein Ereignishorizont zwischen uns und dem neuen Kosmos liegen. Wir hätten nur einen kleinen Punkt. Und nach einem sehr kurzen Augenblick würde er sich aus unserem Universum verabschieden und zu einem gänzlich nicht zugänglichen Paralleluniversum werden. Wir wüssten also, dass wir erfolgreich waren, wenn es nichts zu sehen gäbe. Laut manchen Überlegungen könnte man jedoch die Naturkonstanten in diesem neuen Universum beeinflussen. Für alles, was in ihm noch kommen mag …

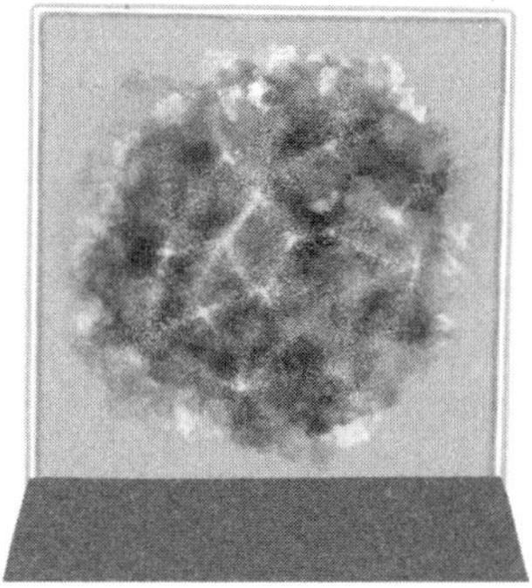

Die Idee eines neuen Kosmos mag absurd und höchst spekulativ klingen, wird aber durchaus ernst genommen. Kosmologen wie Alan Guth, über den wir am Anfang des Buches gesprochen haben, haben selbst Veröffentlichungen zu dem Thema geschrieben. So könnte derselbe Prozess alternativ erreicht werden, indem man wenige Kilo an Materie in einem Teilchenbeschleuniger so dicht zusammenpresste, dass sie eigentlich ein schwarzes Loch erschaffen müssten (welches jedoch dank seiner Kurzlebigkeit keine Gefahr darstellen würde). Durch den Tunneleffekt könnte dies aber umgangen werden, und die Konsequenz wäre ebenfalls eine eigene Raumzeit. Diese Herangehensweise hätte aber natürlich den Nachteil, dass man den Prozess immens häufig wiederholen müsste und nicht zwangsweise so etwas wie eine Erfolgsbestätigung erhalten könnte.

Doch wir wollen uns nicht mit der genauen Herangehensweise beschäftigen. Der springende Punkt ist, dass es nicht unmöglich und auch nicht lächerlich ist zu denken, dass man einen neuen Kosmos im Labor erschaffen könnte.

Wäre dies vielleicht der Sinn des Lebens? Ein konkretes Ziel, welches erst entdeckt werden muss und in seiner Komplexität kaum übertroffen werden kann? Das ganze Konzept ist eng verwoben mit Lindes Annahme, dass es ein Multiversum gibt – ebenfalls ein populäres Konzept. Innerhalb dieses Multiversums könnten wir erneut die Darwin'sche Mechanik finden. Genauer gesagt eine überkosmische natürliche Auslese, bei der nur die Universen neue Universen produzieren könnten, welche auch geeignet für die Entstehung von Leben wären. Und nur jene, welche am geeignetsten wären, also die höchste Dichte an Zivilisationen hätten, könnten immens viele Nachfolger produzieren. Die kurze Sternenreiche Ära, in der wir uns gerade befinden, wäre also die fruchtbare Phase unseres Kosmos. Und der Nachwuchs, den die Menschen der Zukunft produzieren werden, könnte noch Billionen Geschwister bekommen. Dies lädt natürlich auch dazu ein zu spekulieren, dass unser Beitrag irrelevant ist. Ein neues Universum bedeutungslos zu nennen, ist aber ein schwierigerer Schritt, als etwas umgewandelte Energie so zu nennen.

Ich bin mir sicher, dass vielen die Idee eines neuen Kosmos besonders gefällt. Sie schmeichelt uns immens. Der kleine Mensch bekommt sein Podest der Überlegenheit wieder. Der zukünftige Erschaffer neuer Realitäten, der Erfüller einer Aufgabe, die so groß ist, wie wir sie uns nur vorstellen können. Aber eben auch sehr spekulativ. Selbst wenn wir neue Universen erschaffen könnten, müsste dies nicht unser Sinn sein. Außerdem ist es eine lange Kette, an der sich ein Lebenssinn an den anderen reiht. Schließlich wäre es wahrscheinlich, dass wir nur existieren, weil eine andere Zivilisation vor 13,8 Milliarden Jahren Gott gespielt und uns erschaffen hat. Eine Zivilisation, die ihre Kreation niemals betrachten könnte. Problematisch ist auch, dass wir Stand heute keinen Weg wissen, wie man die Existenz eines Multiversums nachweisen könnte.

In beiden Beispielen begegnen wir einer Situation, in der unser Lebenssinn ein Glied in einer Kette von Ereignissen ist, deren Ende wir nicht verstehen.

Warum sollen wir den Kosmos in Richtung Kältetod treiben? Warum sollen wir eine Art kosmische Evolution betreiben? Unser Existenzsinn wäre nur das nächste Puzzleteil in einem viel größeren Prozess. Doch da die Sinnsuche das Ziel dieses Buches ist, wäre das eine Situation, mit der wir uns zufriedengeben können – vorerst. Zumindest im zweiten Beispiel müssten wir uns jedoch auch damit abfinden, dass wir den Sinn dann eines Tages erfüllt hätten und somit eine ganz neue Dimension für die Ideen von Camus erschaffen würden. Ein Leben nach dem Sinn.

Doch bis dahin könnte es noch lange dauern. Andrei Lindes Theorie steht ebenfalls nur stellvertretend für ein größeres Konzept, welches auch Freeman Dyson mal angedacht hat: dass es vielleicht eine kosmische Aufgabe gibt, welche das Leben erfüllen muss, wir aber noch nicht entdeckt haben. Und für dieses allgemeine Konzept lohnt es sich immens, wenn der Mensch sich und seine Zivilisation hin zu ungeahnten Stufen entwickelt.

Der schöne Sinn

Zum Abschluss dieses Buches möchte ich Sie mit einer dritten Möglichkeit bekannt machen, die seit so vielen Jahren von so vielen Personen erwogen wurde, dass ich keinen ursprünglichen Autor ermitteln konnte. Carl Sagan und Freeman Dyson haben sie aber beispielsweise in ihren Werken besprochen. Es geht um einen Sinn, der weder überheblich komplex noch ernüchternd simpel ist.

Wie wir auf diesen Seiten von Anfang an besprochen haben, sind wir keine Bewohner dieses Universums, sondern ein Teil davon. Durch unsere Partikel, unsere Moleküle, unsere Chemie. Manchmal stellen sich Menschen die Frage, ob das Universum ein lebendiges Etwas ist, und die Antwort lautet selbstverständlich Ja. Das Universum lebt durch uns. Wir sind gerade das Mittel, durch welches sich der Kosmos selbst wahrnehmen kann. Naturgesetze sich spüren können. Das Voranschreiten von Zeit erlebt werden kann. Sie und ich sind, genau wie alle Sterne, aus derselben Ursuppe im Urknall entstanden. Basierend auf dem, was wir wissen, ist es schlichtweg nicht falsch zu sagen, dass wir wie die Fingerpuppen an derselben Hand, unserem Universum, sind. Ich habe eben bezüglich Andrei Linde bereits angedeutet, dass einige Physiker sich fragen, ob die äußerst komplexe Fähigkeit der Wahrnehmung nicht womöglich unseren Sinn darstellt oder zumindest eine höhere Relevanz hat: der Beobachter zu sein.

Welche Relevanz hat Zeit, wenn keiner mehr da ist, der sie wahrnehmen kann? Zeit könnte am Ende des Kältetods praktisch vorbei sein, da sich keine kausalen Prozesse mehr vollziehen. Doch wenn niemand mehr da ist, der Entwicklungen tatsächlich spüren kann, ist Zeit dann nach dem Beginn des Zeitalters der schwarzen Löcher noch relevant?

Hat die Selbstwahrnehmung des Universums durch uns vielleicht eine höhere Relevanz? Das ist nur schwer abschätzbar, aber sicherlich ein schöner Gedanke. Natürlich wäre es ebenfalls eine Idee, welche uns auf ein recht hohes Podest setzen würde. Aber eben nicht nur uns Menschen. Es ist eine Thematik, welche eng an die Frage anknüpft, wo Wahrnehmung anfängt. Könnte eine stellare Gaswolke, in der sich organische Moleküle gebildet haben, einen sehr simplen bewussten Moment haben, wenn sie von einem Schub an Energie getroffen werden würde? Vermutlich nicht. Wenn man nicht selbst fachkundig ist, jedoch mehr zu dem Thema lernen möchte, muss man allerdings erheblich aufpassen, dass man Esoterikern nicht in offene Arme läuft. Aber das Themenfeld bleibt spannend. Und neue Erkenntnisse über die Entwicklung und Messung von Zellsträngen, welche auf ihre Umgebung reagieren können, würden uns möglicherweise näher an eine Antwort bringen. Das menschliche Gehirn ist weiterhin das komplexeste Objekt im Kosmos, unsere gehobene Wahrnehmung könnte bedeutend sein. Unsere Gedanken vielleicht auch. Dass intelligentes Leben sich im Kosmos ausbreitet, wäre relevant.

In diesem Kontext stellt sich der Treiber unserer Sinnsuche, der Tod, wieder in den Vordergrund. Immerhin gilt er nach vielen Annahmen als das Ende der Wahrnehmung. Ich werde die letzten Seiten dieses Buches nicht nutzen, um Ihnen eine Vision für ein Leben nach dem Tod zu geben. Vielleicht glauben Sie an einen Gott oder wurden von wissenschaftlichen Theorien wie der B-Theorie der Zeit zu Überlegungen inspiriert. Ich möchte Ihnen jedoch das hier mitgeben: Wenn Sie heute in einem Wald tot umkippen, dann verschwinden Sie nicht einfach. Ihr Körper wird durch Bakterien, Mikroorganismen, Maden und andere Tiere zersetzt. Ihre chemische Energie, ihre organischen Moleküle, gehen wieder an die Natur zurück. Das ist keine Reinkarnation, Ihre Einzelteile werden schließlich in vielen Tieren zu finden sein. Aber eben gerade deswegen ist es kein Ende. Ein erheblicher Teil des Süßwassers auf der Erde, immerhin auch ein wichtiger Bestandteil Ihres Körpers, befand sich vorher schon mal in einem Dinosaurier. Kurz gesagt, würde ich also vorschlagen, den Tod als eine natürliche Änderung der chemischen Zustände zu betrachten. Verschwinden wird die Summe Ihrer Teilchen nicht.

Womöglich wird es noch ein langer Weg zur Wahrheit sein. Stellen wir sicher, dass der Mensch auf jeden Fall noch eine lange Reise vor sich hat. Egal, ob wir an unsere Vorfahren der mittleren Steinzeit oder an unsere Nachfahren in fernen Welten denken – die Sinnfrage vereint uns alle. Ein Leitfaden, der eine intelligente Spezies mit definiert. Es ist ein überwältigend schönes Privileg, in dem kurzen Augenblick zwischen den Äonen in der blauen Wiege der Menschheit ein Teil dieses Fadens zu sein. Spät genug geboren, um den Kosmos zu einem guten Grad verstehen zu können, zu früh, ihn zu bereisen. Sie und ich, wir werden die Erde höchstwahrscheinlich nie verlassen. Aber wir können ein Fundament für unsere Zukunft legen, auf welches unsere Nachfahren stolz sein werden. Nachfahren, die womöglich nie unsere Namen oder unser jeweiliges Wirken kennen werden. Und die doch bei ihrer eigenen Sinnsuche auf uns zurückblicken und eine goldene Epoche der Entwicklungsgeschichte sehen werden.

Die Erde wird in der Zukunft noch einigen Risiken ausgesetzt sein. In 1,29 Millionen Jahren wird der Zwergstern *Gliese 710* das äußere Sonnensystem kreuzen. In der Oortschen Wolke wird er über 4000 astronomische Einheiten von uns entfernt dahinreisen. Seine Anwesenheit wird die

Asteroiden innerhalb der Wolke aufwirbeln und Schwärme an Planetoiden und Asteroiden in Richtung der Erde bewegen. Ein potenziell apokalyptisches Szenario, welches nur alle 9 Millionen Jahre mit so einer Nähe passiert. Die Nachfahren des Homo sapiens oder schon früher der Mensch der Zukunft sollten sich überlegen, die Erde davor zu schützen. Aber selbst wenn wir nicht mehr da sind, könnte die Erde den Besucher, welcher als heller Punkt am Sternenhimmel bemerkbar wäre, trotzdem unbeschadet überstehen. Wir hatten schon mal so einen Besucher. Vor 70 000 Jahren sahen unsere Vorfahren das rote Leuchten des *Scholz-Sterns*, welcher sich 52 000 astronomische Einheiten entfernt durchs All bewegte. Bevor man wusste, was ein Stern ist. Bevor Zivilisationen gegründet wurden. Bevor sich der Mensch seines Platzes im Kosmos gewahr wurde. Als die Sahara noch grün war. Und dort noch Gazellen grasten. Mit einer solchen Komplexität ausgestattet, dass sie beim Knacken des Geästs ein Gefühl wie Angst empfinden konnten. Zwischen mehr Sternen im bekannten Universum, als es Sandkörner in den größten Wüsten der Erde gibt.

DANK

Ich danke meinen Freunden Pooya Dolati Fard und Heiko Menzler für das Zeichnen der Illustrationen und das Überprüfen der Physik in diesem Buch.

LITERATUR

Max Planck und Philipp von Jolly: Bürker, M. (2024). Von Eratosthenes bis Einstein. https://doi.org/10.1007/978-3-658-44024-4_21

Expansion des Kosmos: Luminet, J. (2007). The Rise of Big Bang Models, from Myth to Theory and Observations. https://doi.org/10.48550/arXiv.0704.3579

Relativitätstheorie: Einstein, A. (1916). Die Grundlage der allgemeinen Relativitätstheorie. https://myweb.rz.uni-augsburg.de/~eckern/adp/history/Einstein-in-AdP.htm

Der Urknall: Dodelson, S. & Schmidt, F. (2020) Modern Cosmology. https://doi.org/10.1016/C2017-0-01943-2

Kosmische Inflation: Guth, A. & Jagannathan, K. (1998) The Inflationary Universe: The Quest for a New Theory of Cosmic Origins. https://doi.org/10.1119/1.18814

Formation der Galaxien: Dick, S. (2019). Classifying the Cosmos. https://doi.org/10.1007/978-3-030-10380-4_13

Gravitationslinsen: Sauer, T. (2010). A brief history of gravitational lensing. https://www.einstein-online.info/en/spotlight/grav_lensing_history/

Karl Schwarzschild: Schwarzschild, K. (1992). Biography of Karl Schwarzschild. https://doi.org/10.1007/978-3-642-58086-4_1

Laniakea Supercluster: Tully, R. et al. (2014). The Laniakea Supercluster of Galaxies. https://doi.org/10.1038/nature13674

Silizium-basiertes Leben: Petkowski, J. et al (2020). On the Potential of silicon as a Building Block for Life. https://doi.org/10.3390/life10060084

Leben auf Europa: Russell, M. et al. (2017). The Possible Emergence of Life and Differentiation of a Shallow Biosphere on Irradiated Icy Worlds: The Example of Europa. https://doi.org/10.1089/ast.2016.1600

Oumuamua: Loeb, A. (2022). On the Possibility of an Artificial Origin for 'Oumuamua. https://doi.org/10.1089/ast.2021.0193

Gefahr durch Gammablitze: Piran, T. & Jimenez, R. (2014). On the role of GRBs on life extinction in the Universe. https://doi.org/10.48550/arXiv.1409.2506

Höhepunkt von außerirdischen Zivilisationen in der Milchstraße: Cai, X. et al. (2020). A Statistical Estimation of the Occurrence of Extraterrestrial Intelligence in the Milky Way Galaxy. https://doi.org/10.48550/arXiv.2012.07902
Kardaschow-Skala: Kardashev, N. (1985). On the Inevitability and the Possible Structures of Supercivilizations. https://doi.org/10.1007/978-94-009-5462-5_65
Zur Dyson-Sphäre: Dyson, F. (1960). Search for Artificial Stellar Sources of Infrared Radiation. https://doi.org/10.1126/science.131.3414.1667
Kant-Laplace: Le Gars, S. (2022). Kant-Laplace Nebular-Hypothesis. https://doi.org/10.1007/978-3-642-27833-4_843-4
ALH84001: McKay et al. (1996). Search for Past Life on Mars: Possible Relic Biogenic Activity in Martian Meteorite ALH84001. https://doi.org/10.1126/science.273.5277.924
Panspermie: Steele, E. (2020). Introduction-Panspermia, 2020. https://doi.org/10.1016/bs.adgen.2020.04.001
Spätes Bombardement: Bottke, W. & Norman, M. (2017). The Late Heavy Bombardment. https://doi.org/10.1146/annurev-earth-063016-020131
RNA-Welt: Bernhardt, H. (2012). The RNA world hypothesis: the worst theory of the early evolution of life (except for all the others). https://doi.org/10.1186/1745-6150-7-23
Hasse, D. (2006). Urzeugung und Weltbild: Aristoteles – Ibn Ruschd – Pasteur. Georg Olms Verlag.
Exosoziologie: Dick, S. (2013). The Societal Impact of Extraterrestrial Life: The Relevance of History and the Social Sciences. https://doi.org/10.1007/978-3-642-35983-5_12
Miller-Urley-Experiment: Miller, S. (1953). A Production of Amino Acids Under Possible Primitive Earth Conditions. https://doi.org/10.1126/science.117.3046.528
LUCA: Moody, E. et al. (2024). The nature of the last universal common ancestor and its impact on the early Earth system. https://doi.org/10.1038/s41559-024-02461-1
Kambrium: Butterfield, N. (2007). Macroevolution and Macroecology through deep time. https://doi.org/10.1111/j.1475-4983.2006.00613.x
Perm-Trier-Grenze: Kershaw, S. et al. (2011). Microbialites and global environmental change across the Permian–Triassic boundary: a synthesis. https://doi.org/10.1111/j.1472-4669.2011.00302.x
Vorfahren der Primaten: Beard, K. et al. (1994). A diverse new pri-

mate fauna from middle Eocene fissure-fillings in southeastern China.
https://doi.org/10.1038/368604a0
Homo-Art: Antón, S. (2012). Early Homo: Who, When, and Where.
https://doi.org/10.1086/667695
Quantenmechanik: Slama. S. (2020). Grundlagen der Quantenphysik.
https://doi.org/10.1007/978-3-662-60613-1_11
Bishop Ring: Noe, R. (2015). Space Colony Form Factors, Part 3: The Stanford Torus and Beyond.
https://www.core77.com/posts/39727/Space-Colony-Form-Factors-Part-3-The-Stanford-Torus-and-Beyond
Doomsday-Argument: Carter, B. (1983). The anthropic principle and its implications for biological evolution.
https://doi.org/10.1098/rsta.1983.0096
Carl Sagans Nuklearer Winter: Revkin, A. (2016). Lingering Lessons from a Cold-War Climate Peril – Nuclear Winter.
https://archive.nytimes.com/dotearth.blogs.nytimes.com/2016/04/04/lingering-lessons-from-a-cold-war-climate-peril-nuclear-winter/
Folgen des Klimawandels um 2500: Lyon, C. et al. (2021). Climate change research and action must look beyond 2100.
https://doi.org/10.1111/gcb.15871
Globale Geburtenrate: UN, World Population Prospects. Birth rate, total.
https://ourworldindata.org/grapher/crude-birth-rate
AGI: Nick Bostrom: Superintelligence: paths, dangers, strategies. Breakthrough Starshot:
https://breakthroughinitiatives.org/initiative/3
Warp-Antrieb: Alcubierre, M. (1994). The warp drive: hyper-fast travel within general relativity.
https://doi.org/10.1088/0264-9381/11/5/001
Moderner Warp-Antrieb aus Göttingen: Maier, L. (2021). Wird der »Warp-Antrieb« aus Star Trek bald Realität? Uni Göttingen gelingt sensationeller Durchbruch.
https://www.hna.de/lokales/goettingen/goettingen-ort28741/goettingen-forschung-star-trek-warp-reisen-lichtgeschwindigkeit-universitaet-news-90243330.html
B-Theorie der Zeit: Gale, R. (1966). McTaggart's Analysis of Time.
https://www.jstor.org/stable/20009201
Kältetod des Universums: Egan, C. & Lineweaver, C. (2010). A larger Estimate of the Entropy of the Universe.
https://doi.org/10.1088/0004-637X/710/2/1825
Jeremy Englands Theorie zur Entstehung des Lebens: England, J. (2013). Statistical physics of self-replication.

https://www.englandlab.com/uploads/7/8/0/3/7803054/2013 jcpsrep.pdf
Andrei Lindes Labor-Universum: Linde, A. (1991). Hard Art of the Universe Creation.
https://doi.org/10.48550/arXiv.hep-th/9110037
Die Idee einer höheren Rolle des Bewusstseins: Seth, A. & Bayne, T. (2022). Theories of consciousness.
https://doi.org/10.1038/s41583-022-00587-4